高等职业教育工程造价专业系列教材

建筑工程计量与计价

第 2 版

主　编　马丽华　宋丽娟

副主编　王秀英　石灵娥　王起兵

参　编　郭素芳　樊金枝　马　悦

　　　　刘新林

主　审　张　鑫

机械工业出版社

本书针对高等职业教育应用型人才培养目标的要求编写，内容选取和编排上以企业需求为依据，以就业为导向，以学生为中心，体现教学组织的科学性和灵活性。

本书共十六个学习情境，包括：概述，房屋建筑与装饰工程预算定额，计价原理及建筑面积计算，土石方工程，地基处理与边坡支护工程，桩基工程，砌筑工程，混凝土及钢筋混凝土工程，金属结构工程，木结构工程，门窗工程，屋面及防水工程，保温、隔热、防腐工程，措施项目，建设工程造价的确定，房屋建筑工程实例。每个学习情境前均设置了知识目标和能力目标，提纲挈领；每个学习情境后均设置了项目小结和同步测试（除学习情境十六），以加深学生对知识点的掌握。本书内容新颖、结构合理、理论与实践紧密结合，可作为高等职业院校、高等专科院校、成人高校、民办高校及本科院校的二级职业技术学院工程造价等相关专业的教学用书，并可作为社会从业人士的业务参考书及培训用书。鉴于预算定额的地区性很强，故本书尤其适合内蒙古地区在岗工程造价人员学习参考使用。

本书配有电子课件、习题答案等教学资源，凡选用本书作为教材的教师可登录机械工业出版社教育服务网 www.cmpedu.com 下载。咨询电话：010-88379375。

图书在版编目（CIP）数据

建筑工程计量与计价/马丽华，宋丽娟主编. —2 版. —北京：机械工业出版社，2019.9（2021.8 重印）
高等职业教育工程造价专业系列教材
ISBN 978-7-111-62737-1

Ⅰ.①建⋯　Ⅱ.①马⋯②宋⋯　Ⅲ.①建筑工程-计量-高等职业教育-教材②建筑造价-高等职业教育-教材　Ⅳ.①TU723.32

中国版本图书馆 CIP 数据核字（2019）第 091437 号

机械工业出版社（北京市百万庄大街 22 号　邮政编码 100037）
策划编辑：王靖辉　责任编辑：饶雯婧　覃密道　王靖辉
责任校对：李　杉　封面设计：陈　沛
责任印制：单爱军
北京虎彩文化传播有限公司印刷
2021 年 8 月第 2 版第 4 次印刷
184mm×260mm · 16.25 印张 · 401 千字
标准书号：ISBN 978-7-111-62737-1
定价：45.00 元

电话服务　　　　　　　　　网络服务
客服电话：010-88361066　　机　工　官　网：www.cmpbook.com
　　　　　010-88379833　　机　工　官　博：weibo.com/cmp1952
　　　　　010-68326294　　金　书　网：www.golden-book.com
封底无防伪标均为盗版　　机工教育服务网：www.cmpedu.com

第 2 版前言

"建筑工程计量与计价"这门课程的教学，操作性、地域性很强。本书以国家和内蒙古地区的有关建筑业管理法规、《内蒙古自治区建设工程计价依据》（DNM3-101—2017）及现行建设工程造价管理文件为基本依据，针对高等职业技术教育应用型专门人才培养的目标和要求而编写，在已经设置"建筑识图与房屋构造""建筑工程施工技术""建筑经济"等作为先修课程的基础上，力求使学生能够理解和掌握建筑工程计价的基本理论和编制方法，同时附有典型工程实例，简单易懂，又具有代表性，有利于提高学生的实际工程应用能力。

本书由内蒙古建筑职业技术学院马丽华、宋丽娟任主编，内蒙古建筑职业技术学院王秀英、石灵娥、王起兵任副主编。具体编写分工如下：学习情境一、学习情境三、学习情境十四的单元二由马丽华编写；学习情境二、学习情境十二、学习情境十三由马悦编写；学习情境四，学习情境六，学习情境七，学习情境八的单元一、单元二、单元三由樊金枝、郭素芳编写；学习情境五、学习情境十四的单元六、学习情境十六由宋丽娟编写；学习情境八的单元四由王秀英编写；学习情境九由内蒙古迪克工程项目管理有限公司刘新林编写；学习情境十、学习情境十一由王起兵编写；学习情境十四的单元一、单元三、单元四、单元五，学习情境十五由石灵娥编写。全书由马丽华统稿，内蒙古自治区建设工程标准定额总站高级工程师张鑫主审。

内蒙古绘智建筑设计咨询有限责任公司、内蒙古中房新雅建设有限公司高级工程师丰云为本书的编写提供了工程实例资料，编者在此表示衷心的谢意！

由于编写时间仓促，编者水平所限，书中难免会有不当之处，恳请广大读者批评指正。

编　者

目 录

学习情境一
概述

知识目标

- 了解本课程研究的对象与任务及基本建设程序
- 熟悉工程建设各阶段对应的计价文件
- 掌握基本建设项目的划分

能力目标

- 理解工程建设各阶段对应的计价文件
- 理解建设项目的基本内容

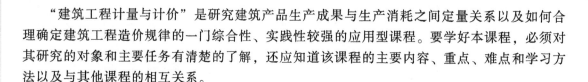
单元一 建筑工程计量与计价学习的内容与方法

"建筑工程计量与计价"是研究建筑产品生产成果与生产消耗之间定量关系以及如何合理确定建筑工程造价规律的一门综合性、实践性较强的应用型课程。要学好本课程，必须对其研究的对象和主要任务有清楚的了解，还应知道该课程的主要内容、重点、难点和学习方法以及与其他课程的相互关系。

一、课程研究的对象与任务

1. 课程研究的对象

随着我国社会主义市场经济的逐步完善，建筑产品也是商品这一概念已经确立，并被人们所接受。建筑产品既然是商品，就应具有商品价格运动共有的规律，即价值规律和竞争规律。另外，建筑产品除了具有一般商品的价值规律外，由于自身生产过程中的特性（产品固定性、生产人员的流动性等）决定了其价值确定的特殊性。因此，认识建筑产品价格运动的特殊性，把握建筑产品的价值实质，依据建筑工程定额及有关标准，通过编制建筑工程计价的方法，确定建筑产品的合理价格，是本课程研究的对象。

2. 课程的任务

在市场经济条件下，建筑工程专业的学生不仅应掌握工程技术，还应学懂建筑技术经济学。培养学生能依据国家相关政策及有关规定，依据工程图、定额和现场条件，正确计算建筑安装工程的造价，是本课程的主要任务。

二、课程的重点及难点

1. 课程的重点

本书介绍了建筑工程定额、建筑工程计价、建设工程费用、工程实例等知识内容，其核心内容是建筑工程计价。本书详细阐述了工程计价定额的有关说明、工程量计算规则及计价方法，要求学生在教师的指导下能够编制建筑工程计价文件。

2. 课程的难点

（1）工程量计算　应了解工程量计算规则，并理解其含义。

（2）措施项目费计算　各项费用的组成计算，特别是对其施工组织设计或施工方案的了解尤为重要。

三、课程的学习方法

本课程是一门综合性较强的课程，内容较多，涉及的知识面较广，它以政治经济学、建筑经济学和社会主义市场经济基本理论为理论基础，以建筑识图与房屋构造、建筑材料、建筑施工技术等课程为专业基础，同时又与建筑施工组织、施工企业会计、建筑企业经营管理、建筑企业统计等课程有着密切的关系。

本课程有着较强的政策性和实践性。为了培养学生的动手能力，在学习中应突出以应用为重点，坚持理论与实践相结合，采用边学边练，学练结合的学习方法。在学习过程中，学生必须独立完成各种作业,通过编制建筑工程计价的全过程,掌握编制工程计价的基本方法。同时,教师在教学过程中应及时向学生介绍国家和当地工程造价管理部门的有关法规、政策,使学生能够及时了解工程造价管理的最新内容。

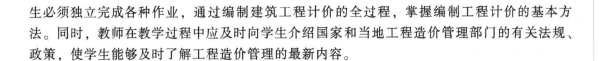

单元二 基本建设程序及基本建设项目的划分

一、基本建设的概念

基本建设是指人们把一定的建设材料、机械设备和资金,通过购置、建造和安装等活动转化为固定资产,形成新的生产能力或使用效益的经济活动。凡是固定资产扩大再生产的新建、扩建、改建及与之有关的活动均称为基本建设,如工厂、矿井、铁路、公路、水利、商店、住宅、医院、学校等工程建设和机器、车辆、船舶等设备购置。可见,基本建设是社会扩大再生产的重要手段,是发展国民经济的物质基础。其实质就是通过投资形成新的固定资产,从而形成新的生产能力或使用效益,满足生产或生活的需要。

二、基本建设的内容

1. 建筑及民用安装工程

建筑及民用安装工程包括永久性和临时性的建筑物、构筑物、设备基础的建造;照明、水卫、暖通等设备的安装;建筑场地的清理、平整、排水;竣工后的整理、绿化以及水利、铁路、公路、桥梁、电力线路、防空设施等的建设。

2. 设备安装工程

设备安装工程包括生产、电力、起重、运输、传动、医疗、试验等各种机器设备的安装、装配工程;与设备相连的工作台、梯子等的装设;附属于被安装设备的管线敷设和设备的绝缘、保温、油漆等,以及为测定安装质量对整个设备进行的各种试运行工作。

3. 设备购置

设备购置包括各种机械设备、电气设备和工具、器具的购置。

4. 勘察与设计工作

勘察与设计工作包括地质勘察、地形测量及工程设计方面的工作。

5. 其他基本建设工作

其他基本建设工作是指除上述各项之外的基本建设工作,包括筹建机构、征用土地、培训工人以及其他生产准备工作。

三、基本建设程序

基本建设程序是指建设项目从设想、选择、评估、决策、设计、施工到竣工验收、投入生产整个过程中应当遵守的内在规律和组织制度。基本建设程序主要包括以下几个阶段:

1. 项目建议书阶段

项目建议书是建设某一具体项目的建议文件。项目建议书阶段是建设过程中最初的阶

段，主要任务是投资决策前对拟建项目提出轮廓设想。

2. 可行性研究阶段

项目建议书批准后，应紧接着进行可行性研究。可行性研究是对项目在技术上是否可行和经济上是否合理进行科学的分析和论证。在可行性研究的基础上，编制可行性研究报告并报告审批。可行性研究报告被批准后，不得随意修改和变更。

3. 建设地点的选择阶段

选择建设地点主要考虑三个问题：一是工程地质、水文地质等自然条件是否可靠；二是建设时所需水、电、运输条件是否落实；三是项目建成投产后原材料、燃料等是否具备，同时对生产人员的生活条件、生产环境等也应全面考虑。

4. 设计工作阶段

设计是对拟建工程的实施在技术上和经济上所进行的全面而详细的安排，是项目建设计划的具体化，是组织施工的依据。一般项目进行两阶段设计，即初步设计和施工图设计。技术上复杂而又缺乏设计经验的项目，在初步设计后加上技术设计阶段。

5. 建设准备阶段

建设准备阶段的主要内容包括：征地、拆迁和场地平整；完成施工用水、电、路等工程；组织设备、材料订货；准备必要的施工图；组织施工招标投标，择优选定施工单位，签订承包合同。

6. 编制年度建设投资计划阶段

建设项目要根据经过批准的总概算和工期，合理地安排分年度投资。年度计划投资的安排要与长远规划的要求相适应，保证按期建成。

7. 建设施工阶段

建设项目经批准新开工建设，项目便进入建设施工阶段。这是项目决策的实施、建成投产发挥效益的关键环节。新开工建设的时间，是指项目计划文件中规定的任何一项永久性工程第一次破土开槽开始施工的日期。建设工期从新开工的时间算起。

8. 生产准备阶段

生产准备的内容很多，不同类型的项目对生产准备的要求也各不相同，但从总的方面看，生产准备的主要内容有：招收和培训人员、生产组织准备、生产技术准备和生产物资准备。

9. 竣工验收阶段

竣工验收是工程建设过程的最后一环，是全面考核建设成本、检验设计和施工质量的重要步骤，也是项目由建设转入生产或使用的标志。通过竣工验收，一是检验设计和工程质量，保证项目按设计要求的技术经济指标正常生产；二是有关部门和单位可以总结经验教训；三是建设单位对经验收合格的项目可以及时移交固定资产，使其由建设系统转入生产系统或投入使用。

10. 项目后评价阶段

项目后评价就是在项目建成投产或投入使用后的一定时间，对项目的运行进行全面评价，即对投资项目的实际成本、效益进行系统审计，将项目的预期效果与项目实施后的终期实际结果进行全面对比考核，对建设项目投资的财务、经济、社会和环境等方面的效益与影

响进行全面科学的评价。

建设项目的类型不同，后评价的内容也有所不同。一般来说，后评价包括以下几方面内容：

1）目标评价，即通过实际产生的一些经济、技术指标与项目审批决策时的目标进行比较，检查项目是否达到了预期目标或达到目标的程度，从而判断项目是否成功。

2）执行情况评价：包括成本效益评价和影响评价，即对项目建成投产后对国家及项目所在地区的社会发展、经济发展、健康教育、生态环境所产生的实际影响所进行的评价，据此判断项目的决策宗旨是否实现。

3）持续性评价，即对项目在未来运营中实现既定目标以及持续发挥效益的可能性进行预测分析。这几方面的内容是针对项目后评价的整体而言的，在进行具体评价时，应根据项目的具体情况选择基本建设程序各阶段中的主要工作。

虽然会因为工程类型的不同而在程序上有所差异，但进行基本建设工作必须遵循先勘察后设计、先设计后施工、先验收后使用的程序。这一程序是基本建设活动全过程中的自然规律和经济规律的客观反映。我们只有遵循这一客观规律，坚持按基本建设程序办事，才能使每一个基本建设项目都取得较好的经济效益。

四、工程项目的划分

工程项目就是具体的基本建设项目（简称建设项目）。项目是指一次性的任务，"一次性"是项目的根本特征。按照建设过程的不同，可以把建设项目称为筹建项目、设计项目、施工项目、竣工项目等；按照建设性质的不同，可以把建设项目称为新建项目、改建项目、扩建项目、恢复项目等。

按照工程项目管理和确定工程造价的需要，可以把建设工程划分为建设项目、单项工程、单位工程、分部工程、分项工程五个层次。

1. 建设项目

建设项目是指具有独立设计文件，建成后可以独立发挥生产能力或效益的一个配套齐全的工程项目。它是按一个总体设计进行建设的一个或几个单项工程的总和。

一个建设项目一般相当于一个独立核算的机关或企事业法人单位，如一个工厂、一所学校、某个机关单位等。

2. 单项工程

单项工程是指具有独立设计文件，建成后可以独立发挥生产能力或效益的一个配套齐全的工程项目。从施工的角度来看，单项工程是一个独立的交工系统，在建设项目总体施工部署和管理目标的指导下，形成自身的项目管理方案和目标，按其投资和质量的要求，如期建成并交付生产和使用。一个建设项目有时包括多个单项工程，也可能仅有一个单项工程。

单项工程是具有独立存在意义的一个完整的建筑及设备安装工程，也是一个很复杂的综合体。例如，一座工厂的一个车间、一栋仓库、一座锅炉房等；民用建筑的一幢住宅楼、一幢教学楼、一个图书馆等都是单项工程。为了便于计算工程造价，单项工程需进一步分解为若干个单位工程。

3. 单位工程

各单项工程可分解为若干个能够独立施工的单位工程，一个单位工程往往不能单独形成

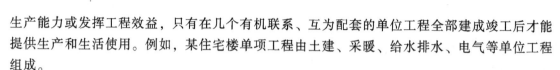

生产能力或发挥工程效益，只有在几个有机联系、互为配套的单位工程全部建成竣工后才能提供生产和生活使用。例如，某住宅楼单项工程由土建、采暖、给水排水、电气等单位工程组成。

4. 分部工程

分部工程是按单位工程的结构形式、工程部位、构件性质、使用材料、设备种类等的不同而划分的工程项目。若干个相关的有联系的分项工程组成分部工程。

为便于编制建筑工程计价文件，分部工程通常按所用材料划分为人工土石方工程、机械土石方工程、桩基础工程、砌筑工程、混凝土及钢筋混凝土工程、机械化吊装及运输工程、木结构及木装修工程、楼地面工程、屋面工程、金属结构制作及安装工程、场院道路及排水工程、构筑物工程等分部工程。

5. 分项工程

按照不同的施工方法、构造及规格，可以把分部工程进一步划分为若干个分项工程。分项工程是能用较简单的施工过程生产出来的、可以用适量的计量单位计算并便于测定或计算的工程基本构造要素，是假定的建筑安装产品，没有独立存在、买卖或使用的意义。分项工程是建筑产品的最小的计量项目，基本上就是预算定额基价表上的各个定额编号项目。分项工程是建筑安装工程的基本构造要素，是组织管理施工项目和合理确定工程造价的基础。例如，分部工程中的砌筑工程可划分为砖基础、砖内墙、砖外墙、空心砖墙、砖柱、小型砌体、墙面勾缝等分项工程。

综上所述，一个建设项目是由一个或几个单项工程组成的，一个单项工程是由几个单位工程组成的，一个单位工程又可划分为若干分部工程，一个分部工程又可划分成许多分项工程。基本建设项目的划分如图1-1所示。

图 1-1 基本建设项目的划分

a）某起重机厂基本建设项目划分 b）某建筑工程学院基本建设项目划分

◎ 单元三 工程造价计价特点 ◎

建设工程产品的固定性、多样性、体积大及其生产上的流动性、单件性、周期长等特点决定了建设工程造价具有单件性计价，多次性计价，分解、组合计价等特点。

一、单件性计价

每一项建设工程都有指定的专门用途，所以也就有不同的结构、造型和装饰，不同的体积和面积，建设时要采用不同的工艺设备和建筑材料。即使是用途相同的建设工程，技术水平、建筑等级和建筑标准也有差别。建设工程还必须在结构、造型等方面适应工程所在地的气候、地质、地震、水文等自然条件，适应当地的风俗习惯，这就使建设工程的实物形态千差万别；再加上不同地区构成投资费用的各种价值要素的差异，最终导致工程造价的千差万别。因此，对于建设工程就不能像对一般工业产品那样按品种、规格、质量成批定价，只能是单件计价。也就是说，如此多样性的建设工程一般不能由国家或企业规定统一的造价，只能就各个项目，通过特殊的程序（编制估算、概算、预算，确定合同价、结算价，最后编制竣工审计等）来计算工程造价。

二、多次性计价

建设工程产品体积大、生产周期长。为了适应工程建设过程中各方经济关系的建立，适应项目管理和工程造价管理的要求，需要在决策、设计、施工、竣工验收各阶段多次进行计价。不同阶段相对应地有不同的计价方式，其流程如图1-2所示。

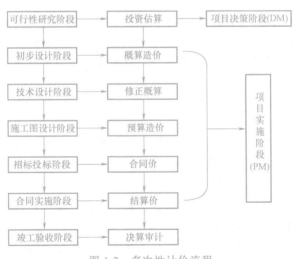

图 1-2 多次性计价流程

1. 投资估算

在提出项目建议书、进行可行性研究阶段（即投资决策阶段），一般可按规定的投资估算指标、类似工程的造价资料、现行的设备材料价格并结合工程实际情况进行投资估算。投资估算是指在可行性研究阶段对建设工程预期造价所进行的优化、计算、核定及相应文件的编制，所预计和核定的工程造价称为估算造价。投资估算是判断项目可行性和进行项目决策的重要依据之一，并作为工程造价的目标限额，为以后编制概预算做好准备。

2. 设计概算（概算造价和修正概算）

在初步设计阶段，总承包设计单位要根据初步设计的总体布置、工程项目、各单项工程的主要结构和设备清单，采用有关概算定额或概算指标等编制建设项目的总概算。它包括从筹建到竣工验收的全部建设费用。设计概算是指在初步设计阶段对建设工程预期造价所进行的优化、计算、核定及相应文件的编制。初步设计阶段的概算（含修正概算）所预计和核定的工程造价称为概算造价。经批准的设计总概算是确定建设项目总造价、编制固定资产投资计划、签订建设项目承包总合同和贷款总合同的依据，也是控制基本建设拨款和施工图预算以及考核设计经济合理性的依据。

3. 预算造价

在建筑安装工程开工前，要求由设计单位根据施工图设计确定的工程量，套用有关预算定额单价和计取间接费定额费率等编制施工图预算造价。施工图预算造价是指在施工图设计阶段对建设工程预期造价所进行的优化、计算、核定及相应文件的编制。施工图设计阶段的施工图预算所预计和核定的工程造价称为预算造价。预算造价经审查批准后，成为签订建筑安装工程承包合同、实行建筑安装工程造价包干和办理建筑安装工程价款结算的依据。实行招标的工程，预算造价是编制招标控制价或施工单位确定报价的基础。

4. 合同价

在签订建设项目总承包合同、建筑安装工程承包合同、设备材料采购合同时，要在对设备材料价格发展趋势等进行分析和预测的基础上，通过招标投标，由发包方和承包方共同确定一致同意的合同价，作为双方结算的基础。所谓合同价款是指按有关规定或协议条款约定的各种取费标准计算的用以支付给承包方按照合同要求完成工程内容的价款总额。

5. 结算价

结算价是指施工单位在工程实施过程中，依据承包合同中有关付款条件的规定和已经完成的工程量，按照规定的程序向建设单位收取的工程价款。在合同实施阶段，对于影响工程造价的设备、材料价差及设计变更等，应按合同规定的调整范围及调价方法对合同价进行必要的修正，确定结算价。结算价是该工程的实际价格。

6. 决算审计

决算审计是建设项目审计的一个重要环节，它是指建设项目正式竣工验收前，由审计人员依法对建设项目竣工结算的正确性、真实性、合法性和实现的经济效益、社会效益及环境效益进行的检查、评价和鉴证。其主要目的是保障建设资金合理、合法使用，正确评价投资效果，促进总结建设经验，提高建设项目管理水平。

综上所述，从投资估算、概算造价、修正概算、预算造价，到招投标合同价、各项工程结算价，最后在结算价基础上编制竣工决算审计，整个计价过程是一个由粗到细、由浅到深、最后确定工程实际造价的过程；计价过程各环节之间相互衔接，前者制约后者，后者补充前者。

三、分解、组合计价

建设项目的规模一般比较大，在计价时一般采用逐步分解的方式，即单项工程、单位工程、分部工程和分项工程等，以便用适当的计量单位计算并测定工程基本构成要素。分项计价后，逐步汇总就可形成各部分造价。

工程建设项目从决策到竣工交付，都有一个较长的建设期。在整个建设期内，构成工程造价的任何因素变化都必然会影响工程造价的变动，不能一次确定可靠的价格（造价），要到竣工决算后才能最终确定工程造价，因此需对建设程序的各个阶段进行计价，以保证工程造价确定和控制的科学性。工程造价的多次性计价反映了不同的计价主体对工程造价的逐步深化、逐步细化、逐步接近和最终确定工程造价的过程。

小 结

本学习情境主要对基本建设概念、基本建设内容、基本建设程序、工程项目的划分、基本建设项目计价的流程等进行全面讲解。

通过本学习情境的学习，学生应熟悉建设项目的概念与组成，掌握建筑工程造价的分类及与基本建设的关系。

同 步 测 试

一、单项选择题

1. 下列属于单项工程的是（ ）。

A. 教学楼　　　　B. 一所学校　　　　C. 土建工程　　　　D. 基础工程

2. 建筑安装工程的基本构造要素是（ ），我们也把它称为"假定建筑产品"。

A. 单项工程　　　B. 单位工程　　　　C. 分部工程　　　　D. 分项工程

3. 合理控制投资的关键是在（ ）。

A. 投资阶段　　　B. 设计阶段　　　　C. 施工阶段　　　　D. 竣工验收阶段

4. 在建筑安装工程开工前，由施工单位根据施工图编制的是（ ）。

A. 投资估算　　　B. 概算造价　　　　C. 预算造价　　　　D. 合同价

5. 项目决策的实施、建成投产发挥效益的关键环节是（ ）。

A. 投资阶段　　　B. 设计工作阶段　　C. 建设施工阶段　　D. 竣工验收阶段

二、多项选择题

1. 基本建设的内容由（ ）构成。

A. 建筑及民用安装工程　　　　B. 装饰工程　　　　C. 设备安装工程

D. 设备购置　　　　E. 勘察与设计工作

2. 下列说法正确的是（ ）。

A. 一个建设项目是由一个单项工程组成的

B. 一个建设项目是由一个或几个单项工程组成的

C. 一个单项工程是由几个单位工程组成的

D. 一个单位工程又可划分为若干分部工程

E. 一个分部工程又可划分成许多分项工程

3. 工程造价计价的特点有（　　　）。

A. 单价性　　　　　B. 一次性　　　　　C. 多次性　　　　　D. 周期性

E. 按构成的分部分项工程计价性

4. 不同阶段相对应不同的计价方式有（　　　）。

A. 概算造价　　　　　　　　　B. 预算造价　　　　　C. 施工预算

D. 竣工结算　　　　　　　　　E. 决算审计

三、问答题

1. 什么是基本建设？它包括哪些内容？

2. 基本建设程序包括哪些主要内容？

3. 基本建设项目是如何划分的？试举例说明。

4. 工程造价计价的特点是什么？

学习情境二
房屋建筑与装饰工程预算定额

知识目标

- 了解房屋建筑与装饰工程预算定额的定义、性质
- 熟悉房屋建筑与装饰工程预算定额的内容
- 掌握房屋建筑与装饰工程预算定额的应用

能力目标

- 能够熟练进行定额的直接套用
- 能够进行定额的换算
- 能够确定材料信息价，并进行材料价差调整

单元一 房屋建筑与装饰工程预算定额的定义、性质及组成

一、房屋建筑与装饰工程预算定额的定义

定额中的"定"就是规定,"额"就是额度。从广义上来说,定额是以一定标准规定的额度。

房屋建筑与装饰工程预算定额,是指在正常合理的施工组织和施工条件下,完成规定计量单位合格建筑产品所需人工、材料、机械台班的消耗量标准。它是按照目前建筑施工企业的施工机械装备程度,以合理的施工工期、施工工艺、劳动组织为基础编制的,是编制地区单位估价表的基础,反映的是社会平均消耗水平。

房屋建筑与装饰工程预算定额是消耗量的反映,不反映预算价格;单位估价表则是价格的反映,它是将预算定额中的人工、材料、机械台班消耗量指标,即"三量",分别乘以相应地区的人工单价、材料预算价格、机械台班单价,即"三价",计算出人工费、材料费和机械费,即"三费",和综合管理费、利润汇总形成基价。为了编制预算的方便,各地区通常采用将预算定额和单位估价表以合并的形式来编制,使预算定额和地区单位估价表融为一体。

定额的水平反映了当时的生产力发展水平。一般把定额所反映的资源消耗量的大小称为定额水平,它是衡量定额消耗量高低的指标。定额水平受一定时期的生产力发展水平的制约。一般来说,生产力发展水平高,则生产效率高,生产过程中的消耗就少,定额所规定的资源消耗就应相应降低,称为定额水平高;反之,生产力发展水平低,则生产效率低,生产过程中的消耗就多,定额所规定的资源消耗量就应相应提高,称为定额水平低。目前施工定额水平为平均先进水平,预算定额为社会平均水平。

实行定额的目的是为了力求用最少的人力、物力、财力的消耗,生产出符合质量标准的建筑产品,取得最好的经济效益。定额既是使建筑安装活动中的计划、设计、施工、安装等各项工作取得最佳经济效益的有效工具和杠杆,又是衡量、考核上述各项工作经济效益的尺度。定额是企业实行科学管理的必要条件。

二、房屋建筑与装饰工程预算定额的性质

1. 科学性

定额的科学性,表现在定额是遵循客观规律的要求,在认真调查研究和总结生产实践经验的基础上,实事求是地运用科学的方法制定的。定额的内容,采用了经过实践证明成熟的、行之有效的先进技术和先进操作方法,同时在编制定额的技术方法上,吸取了现代科学管理的成就,具有严密的、科学的确定定额水平的手段和方法。因此,定额中各种消耗指标,能正确反映当前社会生产力的发展水平。

2. 权威性

在计划经济条件下,定额具有法令性,即定额经国家机关或地方主管部门批准颁发后才能采用,具有经济法规的性质,执行定额的各方必须严格遵守,未经允许,不得随意改变定

额的内容和水平。

但是，在市场经济条件下，定额要体现市场经济的特点，定额应是社会公认的，具有指导意义的，具有权威的控制量。业主和承包商可以在一定范围内根据具体情况适当调整控制量，在定额的指导下，根据市场的供求情况，合理确定工程造价。这种具有权威性的定额更加符合市场经济条件下建筑产品的生产规律。

3. 群众性

定额的群众性表现在定额的制定和执行都具有广泛的群众基础，定额的水平主要取决于建筑安装工人所创造的劳动生产能力的水平，因此定额中各种消耗的数量标准，是建筑企业职工群众劳动和智慧的结晶。定额的制定是在工人直接参与下进行的，使得定额能从实际水平出发，又能保持一定先进性，既反映了群众的愿望和要求，又能把国家、企业和个人三者的利益结合起来，使群众乐于接受并认真贯彻执行。

4. 稳定性和时效性

任何一种定额都是一定时期社会生产力发展水平的反映，在一段时间内应是稳定的，如果定额处于经常修改的变动状态中，势必造成执行中的困难与混乱，使人们对定额的科学性产生怀疑。然而，定额的稳定性又是相对的，任何一种定额仅能反映一定时期的生产力发展水平，而生产力是社会生活中最活跃的因素，始终处于不断发展变化中。当生产力向前发展后，就要求定额水平与之相适应。所以从长远看，定额又处于不断完善中，具有时效性。

三、房屋建筑与装饰工程预算定额的组成

房屋建筑与装饰工程预算定额主要由内建工〔2017〕558 号文件、总说明、目录、分部说明及工程量计算规则、定额项目表、附录六项内容组成。

1. 内蒙古自治区住房和城乡建设厅文件　内建工〔2017〕558 号（略）

2.《内蒙古自治区房屋建筑与装饰工程预算定额》总说明

1)《内蒙古自治区房屋建筑与装饰工程预算定额》（以下简称本定额）包括：土石方工程，地基处理及边坡支护工程，桩基工程，砌筑工程，混凝土及钢筋混凝土工程，金属结构工程，木结构工程，门窗工程，屋面及防水工程，保温、隔热、防腐工程，楼地面装饰工程，墙柱面装饰工程，天棚装饰工程，油漆、涂料、裱糊装饰工程，其他装饰工程，蒙元文化装饰工程，措施项目共十七章。

2) 本定额以国家和内蒙古自治区发布的现行设计规范、施工验收规范、技术操作规程、质量评定标准、产品标准和安全操作规程、现行工程量清单计价规范、计算规范和有关定额为依据，并参考有关地区和行业标准、定额，以及典型工程设计、施工和其他资料编制。

3) 本定额按正常施工条件，内蒙古自治区范围内大多数施工企业采用的施工方法、机械化程度和合理的劳动组织及工期进行编制。

4) 关于定额中需要说明的问题。

① 本定额中除特殊说明外，大理石和花岗岩均按工程半成品石材考虑，消耗量中仅包括了场内运输、施工及零星切割的损耗。

② 混凝土、砌筑砂浆、抹灰砂浆及各种胶泥等均按半成品消耗量以体积 "m³" 表示，其配合比按照《内蒙古自治区砂浆、混凝土配合比定额》执行。

③ 本定额中所使用的砂浆均按干混预拌砂浆编制，若实际使用现拌砂浆或湿拌预拌砂

浆时，按以下方法调整：

a. 用现拌砂浆的，除将定额中的干混预拌砂浆调换为现拌砂浆外，砌筑定额按每立方米砂浆增加：综合用工 0.382 工日、200L 灰浆搅拌机 0.167 台班，同时，扣除原定额中干混砂浆罐式搅拌机台班；其余定额按每立方米砂浆增加人工 0.382 工日，同时，将原定额中干混砂浆罐式搅拌机调换为 200L 灰浆搅拌机，台班含量不变。

b. 使用湿拌预拌砂浆的，除将定额中的干混预拌砂浆调换为湿拌预拌砂浆外，另按相应定额中每立方米砂浆扣除人工 0.20 工日，并扣除干混砂浆罐式搅拌机台班数量。

④ 本定额中木材不分板材与方材，均以松木板方材取定。木种分类如下：

第一、二类：红松、水桐木、樟木松、白松（云杉、冷杉）、杉木、杨木、柳木、椴木。

第三、四类：青松、黄花松、秋子木、马尾松、东北榆木、柏木、苦楝木、梓木、黄波萝、椿木、楠木、柚木、樟木、栎木（柞木）、檀木、色木、槐木、荔木、麻栗木（麻栎、青刚）、桦木、荷木、水曲柳、华北榆木、榉木、橡木、枫木、核桃木、樱桃木。

本定额装饰项目中以木质饰面板、装饰线条表示的，其材质包括：榉木、橡木、柚木、枫木、核桃木、樱桃木、檀木、色木、水曲柳等；部分列有榉木或橡木、枫木等的项目，如设计使用的材质与定额取定的不符者，可以换算。

⑤ 本定额所采用的材料、半成品、成品品种、规格型号与设计不符时，可按各章规定调整。

⑥ 本定额中的周转性材料按不同施工方法、不同类别、材质，计算出一次摊销量进入定额。

⑦ 对于用量少、低值易耗的零星材料，列为其他材料。

⑧ 现浇混凝土工程的承重支模架，搭设高度 8m 以上或搭设跨度 18m 以上执行高大模板支撑体系定额项目。

⑨ 挖掘机械、打桩机械、吊装机械、运输机械（包括推土机、铲运机及构件运输机械等）分别按机械、容量或性能及工作物对象，按单机或主机与配合辅助机械，分别以台班消耗量表示。

⑩ 凡单位价值 2000 元以内、使用年限在一年以内的不构成固定资产的施工机械，不列入机械台班消耗量，作为工具用具在建筑安装工程费中的企业管理费考虑，其消耗的燃料动力等已列入材料内。

5）关于水平和垂直运输。

① 材料、成品、半成品：包括自施工单位现场仓库或现场指定堆放地点运至安装地点的水平和垂直运输。

② 建筑物、构筑物垂直运输檐高以设计室外地坪标高作为基准面。

平屋顶建筑，算至檐口滴水处标高，如图 2-1 所示。

有女儿墙的建筑，算至屋顶结构上皮标高，如图 2-2 所示。

坡屋顶或其他曲面屋顶算至墙的中心线与屋面板交点的高度，如图 2-3 所示。

阶梯式建筑物按最高层的建筑计算檐高，如图 2-4 所示。

构筑物算至构筑物本身的顶端高度（不包括避雷针、航标指示灯）。

突出屋面的水箱间、电梯间、亭台楼阁等均不计算檐高。

6）本定额按建筑面积计算的综合脚手架、垂直运输、超高增加费等，是按整体工程考虑的。如遇结构与装饰分别发包，按建筑 80%、装饰 20% 分别计算。

7）本定额除注明高度的以外，均按单层建筑物檐高 20m、多层建筑物 6 层（不含地下室）以内编制，单层建筑物檐高在 20m 以上、多层建筑物在 6 层（不含地下室）以上的工程，其降效应增加的人工、机械及有关费用，另按本定额中的建筑物超高增加费计算。

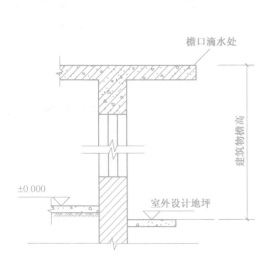

图 2-1 平屋顶建筑物檐高

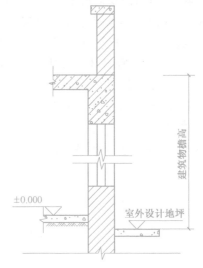

图 2-2 有女儿墙的建筑物檐高

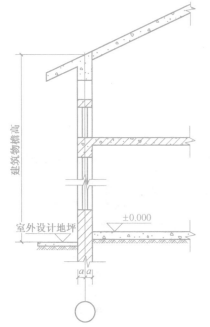

图 2-3 坡屋顶建筑物檐高

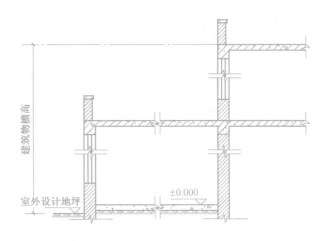

图 2-4 阶梯式建筑物檐高

8）本定额注有"××以内"或"××以下"及"小于"者，均包括××本身；"××以外"或"××以上"及"大于"者，则不包括××本身。定额说明中未注明（或省略）尺寸单位的宽度、厚度、断面等，均以"mm"为单位。

9）凡本说明未尽事宜，详见各章说明和附录。

3. 目录

设置目录便于我们查阅分项工程（定额子目）在定额中的页数，也便于了解建筑工程预算定额的基本内容。

4. 分部说明及工程量计算规则

《内蒙古自治区房屋建筑与装饰工程预算定额》主要介绍了 17 个分部工程（即十七章）包括的主要内容，编制中有关问题说明，执行中的一些规定，特殊情况的处理，各分部工程量计算规则，以及定额中规定允许换算和不做换算的具体规定。它是本定额的重要部分，是执行定额和进行工程量计算的基准，必须全面掌握。

5. 定额项目表

定额项目表是本定额的主要构成部分，一般由工作内容、定额单位、项目表组成。

6. 附录

附录由示意图和选用材料价格表两项内容组成。

单元二　房屋建筑与装饰工程预算定额的应用

一、房屋建筑与装饰工程预算定额的套用

1. 定额费用的组成

基价 = 人工费+材料费+机械费+管理费+利润

人工费 = 定额人工工日消耗量×定额日工资单价

材料费 = Σ（定额材料消耗量×材料预算价格）

机械费 = Σ（定额机械台班消耗量×机械台班单价）

管理费、利润 = 人工费×（管理费费率+利润费率）

【例 2-1】　根据表 2-1 完成该项定额项目表中各项费用构成。

表 2-1　砖墙定额项目表

工作内容：调、运、铺砂浆，运、砌砖，安防木砖、垫块。　　　　　　　　　　　　　　单位：10m³

定 额 编 号			4-15
项 目 名 称			混水多孔砖墙（1 砖）
基价（元）			3417.97
人工费（元）			1078.11
材料费（元）			1907.47
机械费（元）			44.27
管理费、利润（元）			388.12
名 称	单位	单价（元）	数 量
人工 综合工日	工日	112.35	9.596
材料 烧结多孔砖 240×115×90	千块	411.84	3.397
砌筑用混合砂浆 M10	m³	264.07	1.892
水	m³	5.27	1.170
其他材料费	元	—	2.667
机械 干混砂浆罐式搅拌机 20000L	台班	234.25	0.189
其他 管理费	%	—	20.000
利润	%	—	16.000

解：人工费：9.596×112.35 元/10m³＝1078.11 元/10m³

材料费：（3.397 × 411.84 + 1.892 × 264.07 + 1.170 × 5.27 + 2.667）元/10m³ ＝ 1907.47 元/10m³

机械费：0.189×234.25 元/10m³＝44.27 元/10m³

管理费、利润：［1078.11×（20.000%＋16.000%）］元/10m³＝388.12 元/10m³

基价：（1078.11＋1907.47＋44.27＋388.12）元/10m³＝3417.97 元/10m³

2. 定额的直接套用

1）当工程项目的设计要求，材料做法等与定额项目的工作内容规定两者一致时，可以直接套用，这种情况比较普遍。

【例 2-2】　84.20m³毛石条形基础，砂浆采用预拌混合砂浆 M10，计算分部分项工程费并提取人工费。

解：根据定额项目表 2-2 进行计算，费用计算见表 2-3 。

表 2-2　石砌体定额项目表

工作内容：运石，调、运、铺砂浆，砌筑。　　　　　　　　　　　　　　　　　　　单位：10m³

定　额　编　号			4-68	
项　目　名　称			毛料石基础（条形）	
基价（元）			3171.45	
人工费（元） 材料费（元） 机械费（元） 管理费、利润（元）			976.32 1750.18 93.47 351.48	
名　　称		单位	单价（元）	数　量
人工	综合工日	工日	112.35	8.690
材料	毛石综合 料石 水 砌筑用混合砂浆 M10	m³ m³ m³ 元	61.78 128.70 5.27 264.07	11.220 — 0.790 3.987
机械	干混砂浆罐式搅拌机 20000L	台班	234.25	0.399
其他	管理费 利润	% %	— —	20.000 16.000

t4-68　分部分项工程费　　84.20m³×317.15 元/m³＝26704 元

其中：人工费　　84.20m³×97.63 元/m³＝8220 元

表 2-3　工程预算表

序号	定额号	工程项目名称	单位	工程量	单价（元）	合价（元）	定额人工费（元）	
							单价	合价
1	t4-68	毛石条形基础 预拌混合砂浆 M10	m³	84.20	317.15	26704	97.63	8220
合计						26704		8220

2）有些工程项目在定额中没有子目，但与某些定额项目内容基本一致，则可直接套用定额中的相关子目，如女儿墙则可套用砖墙的相应子目。

【例2-3】 卫生间墙体下的上反梁35.63m³，预拌混凝土C20，计算分部分项工程费并提取人工费。

解：根据定额项目表2-4进行计算，费用计算见表2-5。

表2-4 梁混凝土定额项目表

工作内容：浇筑、振捣、养护等。 单位：10m³

定 额 编 号			5-25
项 目 名 称			圈梁混凝土
基价(元)			3888.52
人工费(元)			941.83
材料费(元)			2607.63
机械费(元)			—
管理费、利润(元)			339.06
名 称		单位	单价(元)	数 量
人工	综合工日	工日	112.35	8.383
材料	预拌混凝土 C20	m³	252.20	10.100
	塑料薄膜	m²	0.73	61.865
	水	m³	5.27	2.640
	电	kW·h	0.58	2.310
其他	管理费	%	—	20.000
	利润	%	—	16.000

t5-25 分部分项工程费 35.63m³×388.85 元/m³=13855 元
其 中：人工费 35.63m³×94.18 元/m³=3356 元

表2-5 工程预算表

序号	定额号	工程项目名称	单 位	工程量	单价(元)	合价(元)	定额人工费(元)	
							单价	合价
1	t5-25	卫生间上反梁 预拌混凝土 C20	m³	35.63	388.85	13855	94.18	3356
合 计						13855		3356

3. 定额的换算

当工程项目的设计要求或现场实际情况的某些部分与定额项目的内容及条件不完全一致时，定额中规定允许换算，则应根据定额的有关规定进行换算。

常见的换算类型有运距换算，厚度换算，系数换算，配合比换算，现场搅拌混凝土、砂浆换算。

（1）运距换算

【例2-4】 某工程自卸汽车外运土3800.00m³，运距7km，计算分部分项工程费并提取人工费。

解：根据定额项目表2-6进行计算，费用计算见表2-7。

表 2-6　自卸汽车运土定额项目表

工作内容：运土、弃土、维护行驶道路。　　　　　　　　　　　　　　　　　单位：10m³

定　额　编　号			1-141	1-145
项　目　名　称			自卸汽车运土 5km 以内	自卸汽车运土每增 1km
基价(元)			86.08	13.22
人工费(元)			2.55	—
材料费(元)			—	—
机械费(元)			83.07	13.22
管理费、利润(元)			0.46	—
名　称	单位	单价(元)	数　量	数　量
人工	综合工日	工日	98.02	0.026	—
机械	自卸汽车 15t	台班	943.97	0.088	0.014
其他	管理费	%	—	10.000	—
	利润	%	—	8.000	—

t1-141　　　分部分项工程费　　3800.00m³×8.61 元/m³＝32718 元
　　　　　　其中：人工费　　　3800.00m³×0.26 元/m³＝988 元

t1-145×2　　分部分项工程费　　3800.00m³×1.32 元/m³×2＝10032 元
　　　　　　其中：人工费　　　3800.00m³×0 元/m³×2＝0 元

表 2-7　工程预算表

序号	定额号	工程项目名称	单位	工程量	单价(元)	合价(元)	定额人工费(元) 单价	定额人工费(元) 合价
1	t1-141	自卸汽车外运土运距 5km 以内	m³	3800.00	8.61	32718	0.26	988
2	t1-145×2	自卸汽车外运土运距每增 1km	m³	3800.00	1.32×2	10032	0	0
合　计						42750		988

（2）厚度换算

【例 2-5】　卫生间聚氨酯防水层 650.00m²（平面），设计厚度 1.5mm，计算分部分项工程费并提取人工费。

解：根据定额项目表 2-8 进行计算，费用计算见表 2-9 。

表 2-8　地面防水定额项目表

工作内容：清理基层，调配及涂刷涂料。　　　　　　　　　　　　　　　　　单位：100m²

定　额　编　号			9-219	9-221
项　目　名　称			聚氨酯防水涂膜	
			2mm 厚(平面)	每增减 0.5mm 厚(平面)
基价(元)			4098.28	1082.80
人工费(元)			375.59	94.15
材料费(元)			3587.48	954.76
机械费(元)			—	—
管理费、利润(元)			135.21	33.89
名　称	单位	单价(元)	数　量	数　量
人工	综合工日	工日	112.35	3.343	0.838
材料	聚氨酯甲乙料	kg	12.87	270.680	71.080
	二甲苯	kg	8.24	12.600	4.850
其他	管理费	%	—	20.000	20.000
	利润	%	—	16.000	16.000

t9-219　　分部分项工程费　　650.00m² × 40.98 元/m² = 26637 元

　　　　　　其 中:人工费　　650.00m² × 3.76 元/m² = 2444 元

t9-221　　分部分项工程费　　650.00m² × (−10.83 元/m²) = −7040 元

　　　　　　其 中:人工费　　650.00m² × (−0.94 元/m²) = −611 元

表 2-9　工程预算表

序号	定额号	工程项目名称	单 位	工程量	单价(元)	合价(元)	定额人工费(元)	
							单价	合价
1	t9-219	卫生间聚氨酯防水涂膜平面 2mm 厚	m²	650.00	40.98	26637	3.76	2444
2	t9-221	卫生间聚氨酯防水涂膜平面每减 0.5mm 厚	m²	650.00	−10.83	−7040	−0.94	−611
		合 计				19597		1833

(3) 系数换算

乘系数:按要求在定额基价上乘系数;按要求在人工费、材料费、机械费某一项或几项上乘系数。

【例 2-6】　机械回填场区土方 3740.00m³,计算分部分项工程费并提取人工费。

根据本定额第一章,场区土方回填,相应项目人工、机械乘以系数 0.90。

解:根据定额项目表 2-10 进行计算,费用计算见表 2-11。

表 2-10　机械回填土定额项目表

工作内容:碎土、5m 内就地取土,分层填土,洒水,打夯,平整。　　　　　　　　　单位:10m³

定　额　编　号			1-130
项　目　名　称			机械夯填地坪
基价(元)			81.68
人工费(元)			54.30
材料费(元)			—
机械费(元)			17.61
管理费、利润(元)			9.77
名　称	单位	单价(元)	数　量
人工　综合工日	工日	98.02	0.554
材料　水	m³	5.27	—
机械　电动夯实机	台班	24.12	0.730
其他　管理费	%	—	10.000
利润	%	—	8.000

t1-130H　　81.68 × 0.90 元/10m³ = 73.51 元/10m³

　　　　　分部分项工程费　　3740.00m³ × 7.35 元/m³ = 27489 元

　　　　　其 中:人工费　　3740.00m³ × 5.43 × 0.9 元/m³ = 18277 元

(4) 配合比换算

定额换算的基本思路为

换算后基价=换算前基价+换入费用−换出费用

换算后基价=换算前基价+定额含量×(设计强度等级单价−定额强度等级单价)

表 2-11　工程预算表

序号	定额号	工程项目名称	单位	工程量	单价(元)	合价(元)	定额人工费(元)	
							单价	合价
1	t1-130H	机械回填场区土方	m³	3740.00	7.35	27489	5.43×0.9	18277
		合　计				27489		18277

1) 混凝土强度等级换算。

【例 2-7】　某框架结构矩形柱工程量 133.82m³，采用 C30 预拌混凝土，计算分部分项工程费并提取人工费。

解：根据《房屋建筑与装饰工程定额选用材料价格表》查得：预拌混凝土 C30 除税单价 281.30 元/m³，定额项目表见表 2-12，费用计算见表 2-13。

表 2-12　矩形柱混凝土定额项目表

工作内容：浇筑、振捣、养护等。　　　　　　　　　　　　　　　　　　　　单位：10m³

定　额　编　号			5-16
项　目　名　称			矩形柱混凝土
基价(元)			3642.72
人工费(元) 材料费(元) 机械费(元) 管理费、利润(元)			810.16 2540.90 — 291.66
名　称	单位	单价(元)	数　量
人工	综合工日	工日	112.35	7.211
材料	预拌混凝土 C20	m³	252.20	9.797
	预拌水泥砂浆	m³	197.34	0.303
	塑料薄膜	m²	0.73	4.560
	水	m³	5.27	0.911
	电	kW·h	0.58	3.750
其他	管理费	%	—	20.000
	利润	%	—	16.000

t5-16H　　[3642.72+9.797×(281.30−252.20)]元/10m³=3927.81 元/10m³

　　　　分部分项工程费　　133.82m³×392.78 元/m³=52562 元

　　　　其中：人工费　　　133.82m³×81.02 元/m³=10842 元

表 2-13　工程预算表

序号	定额号	工程项目名称	单位	工程量	单价(元)	合价(元)	定额人工费(元)	
							单价	合价
1	t5-16H	矩形柱混凝土预拌混凝土 C30	m³	133.82	392.78	52562	81.02	10842
		合　计				52562		10842

2）砌筑砂浆强度等级换算。

【例 2-8】 1 砖厚混水多孔砖墙 159.00m³，采用 M7.5 预拌混合砂浆，计算分部分项工程费并提取人工费。

解：定额项目表见表 2-14，费用计算见表 2-15，材料价格调整见表 2-23。

表 2-14 砖墙定额项目表

工作内容：调、运、铺砂浆，运、砌砖，安放木砖、垫块。　　　　　　　　　　　　　　　　单位：10m³

定　　额　　编　　号				4-15
项 目 名 称				混水多孔砖墙（1砖）
基价（元）				3417.97
人工费（元）				1078.11
材料费（元）				1907.47
机械费（元）				44.27
管理费、利润（元）				388.12
	名 称	单位	单价（元）	数 量
人工	综合工日	工日	112.35	9.596
材料	烧结多孔砖 240×115×90	千块	411.84	3.397
	砌筑用混合砂浆 M10	m³	264.07	1.892
	水	m³	5.27	1.170
	其他材料费	元	—	2.667
机械	干混砂浆罐式搅拌机 20000L	台班	234.25	0.189
其他	管理费	%	—	20.000
	利润	%	—	16.000

t4-15　分部分项工程费　159.00m³×341.80 元/m³ = 54346 元
　　　其中：人工费　159.00m³×107.81 元/m³ = 17142 元

表 2-15　工程预算表

序号	定额号	工程项目名称	单 位	工程量	单价（元）	合价（元）	定额人工费（元）	
							单价	合价
1	t4-15	1 砖厚混水多孔砖墙 M7.5 预拌混合砂浆	m³	159.00	341.80	54346	107.81	17142
		合 计				54346		17142

（5）现场搅拌混凝土、砂浆换算

1）现场搅拌混凝土换算。

【例 2-9】 某砖混结构工程，构造柱工程量 88.82m³，采用 C25-40-4（碎）现场搅拌混凝土，计算分部分项工程费并提取人工费。

解：根据《内蒙古自治区混凝土及砂浆配合比定额》表 2-16 查得：现浇混凝土（碎石）C25-40-4（定额编号 80210491）单价 160.80 元/m³，定额项目表见表 2-17 和表 2-18，费用计算见表 2-19。

表 2-16　现浇碎石混凝土配合比定额项目表　　　　　　　　　　单位：10m³

定　额　编　号			80210491
项　目　名　称			现浇混凝土（碎石）C25-40-4
价格（元）			160.80
名　　称	单位	单价（元）	数　量
水泥 32.5	t	188.76	—
水泥 42.5	t	253.11	0.351
砂子中粗砂	m³	48.50	0.386
碎石 31.5mm	m³	67.90	0.770
水	m³	5.27	0.180

表 2-17　构造柱混凝土定额项目表

工作内容：浇筑、振捣、养护等。　　　　　　　　　　　　　　单位：10m³

	定　额　编　号			5-17
	项　目　名　称			构造柱混凝土
	基价（元）			4391.63
	人工费（元）			1356.29
	材料费（元）			2547.08
	机械费（元）			—
	管理费、利润（元）			488.26
	名　　称	单位	单价（元）	数　量
人工	综合工日	工日	112.35	12.072
材料	预拌混凝土 C20	m³	252.20	9.797
	预拌水泥砂浆	m³	197.34	0.303
	塑料薄膜	m²	0.73	4.425
	水	m³	5.27	2.105
	电	kW·h	0.58	3.720
其他	管理费	%	—	20.000
	利润	%	—	16.000

t5-17H　　[4391.63+9.797×(160.80-252.20)]元/10m³ = 3496.18 元/10m³

分部分项工程费　　88.82m³×349.62 元/m³ = 31053 元

其　中：人工费　　88.82m³×135.63 元/m³ = 12047 元

表 2-18　现场搅拌混凝土调整费定额项目表

工作内容：混凝土搅拌、水平运输等。　　　　　　　　　　　　单位：10m³

	定　额　编　号			5-97
	项　目　名　称			构造柱混凝土
	基价（元）			1110.40
	人工费（元）			759.94
	材料费（元）			2.00
	机械费（元）			74.88
	管理费、利润（元）			273.58
	名　　称	单位	单价（元）	数　量
人工	综合工日	工日	112.35	6.764

（续）

	名　称	单位	单价（元）	数　量
材料	水	m³	5.27	0.380
机械	双锥反转出料式砼搅拌机 500L	台班	249.59	0.300
其他	管理费 利润	% %	— —	20.000 16.000

t5-97　分部分项工程费　88.82m³×111.04 元/m³ = 9863 元

其中：人工费　88.82m³×75.99 元/m³ = 6749 元

表 2-19　工程预算表

序号	定额号	工程项目名称	单位	工程量	单价（元）	合价（元）	定额人工费（元）	
							单价	合价
1	t5-17H	构造柱混凝土 现拌混凝土 C25-40-4（碎石）	m³	88.82	349.62	31053	135.63	12047
2	t5-97	现场搅拌混凝土调整费	m³	88.82	111.04	9863	75.99	6749
合　计						40916		18796

2）现场搅拌砂浆换算。

【例 2-10】　1 砖厚混水多孔砖墙 159.00m³，采用 M7.5 现场搅拌混合砂浆（32.5 级水泥），计算分部分项工程费并提取人工费。

解：根据《内蒙古自治区混凝土及砂浆配合比定额》（定额编号 80050030）查得：M7.5-H-3 单价 105.43 元/m³；由机械台班定额查得 200L 灰浆搅拌机台班单价：192.26 元/台班，定额项目表见表 2-15。

根据本定额"宣贯"中的要求，用现拌砂浆的砌筑工程，除将定额中的干混预拌砂浆调换为现拌砂浆外，砌筑砂浆每立方米砂浆增加：综合用工 0.382 工日，200L 灰浆搅拌机 0.167 台班，同时，扣除原定额中干混砂浆罐式搅拌机台班。

根据表 2-14 可知，10m³ 1 砖厚混水多孔砖墙中，砌筑砂浆消耗量：1.892m³；

则：增加综合用工：0.382×1.892 工日 = 0.723 工日

增加 200L 灰浆搅拌机：0.167×1.892 台班/10m³ = 0.316 台班/10m³

调整后人工费：112.35×（9.596+0.723）元/10m³ = 1159.34 元/10m³

材料费：［1907.47+1.892×（105.43−264.07）］元/10m³ = 1607.32 元/10m³

机械费：0.316×192.26 元/10m³ = 60.75 元/10m³

管理费、利润：［1159.34×（20.000%+16.000%）］元/10m³ = 417.36 元/10m³

基价：（1159.34+1607.32+60.75+417.36）元/10m³ = 3244.77 元/10m³

调整后的砖墙定额项目表见表 2-20。

表 2-20 调整后的砖墙定额项目表

工作内容：调、运、铺砂浆，运、砌砖，安放木砖、垫块。　　　　　　　　　　　　单位：10m³

定　额　编　号				4-15
项　目　名　称				混水多孔砖墙（1砖）
基价（元）				3244.77
人工费（元）				1159.34
材料费（元）				1607.32
机械费（元）				60.75
管理费、利润（元）				417.36
名　称		单位	单价（元）	数　量
人工	综合工日	工日	112.35	9.596+0.723
材料	烧结多孔砖 240×115×90	千块	411.84	3.397
	M7.5 现场搅拌混合砂浆(32.5级水泥)	m³	105.43	1.892
	水	m³	5.27	1.170
	其他材料费	元	—	2.667
机械	200L 灰浆搅拌机	台班	192.26	0.316
其他	管理费	%	—	20.000
	利润	%	—	16.000

t4-15H　　分部分项工程费　　159.00m³×324.48 元/m³ = 51592 元

　　　　　　　其　中：人工费　　159.00m³×115.93 元/m³ = 18433 元

费用计算见表 2-21。

表 2-21 工程预算表

序号	定额号	工程项目名称	单位	工程量	单价（元）	合价（元）	定额人工费（元）	
							单价	合价
1	t4-15H	1 砖厚混水多孔砖墙现拌 M7.5 混合砂浆(32.5级水泥)	m³	159.00	324.48	51592	115.93	18433
合　计						51592		18433

二、工料分析

1. 工料分析的作用

1）工料分析是生产计划部门编制施工计划，安排生产，统计完成工作量的依据。

2）工料分析是劳资部门组织、调配劳动力，编制工资计划的依据。

3）工料分析是材料部门编制材料供应计划，储备材料，安排加工订货的依据。

4）工料分析是财务部门进行经济活动分析，进行"两算"对比的依据。

5）工料分析是向建设单位提供三大主材指标及特殊材料数量的依据。

6）工料分析是招标投标的重要基础资料，也是进行材差调整的依据。

2. 采用表格进行工料分析

采用表格进行工料分析的步骤如下：

1）按预算书所列定额编号及分部分项工程名称、单位、数量顺序抄写在工料分析表中。

2）从定额中查出所分析项目单位用工、用料数量，填入表格中所对应的单量栏中。

3）用各工程项目数量乘以相应的单位用工、用料数量，并计算出相应各种人工总量及各种材料的总量。

4）累计单位工程各种用工、用料的总量。

5）当定额材料用量把砂浆、混凝土等作为一种材料出现时，应进行二次再分析，先分析出砂浆、混凝土数量，再分析水泥、砂子、石子数量。

前面例题的材料消耗分析表见表 2-22、表 2-23。

表2-22　材料消耗分析表（一）

题号	定额编号	工程项目名称	单位	工程量	电(kW·h) 单量	电(kW·h) 合量	水(m³) 单量	水(m³) 合量	柴油(kg) 单量	柴油(kg) 合量	毛石(m³) 单量	毛石(m³) 合量	预拌混合砂浆M10(m³) 单量	预拌混合砂浆M10(m³) 合量	预拌混凝土C20(m³) 单量	预拌混凝土C20(m³) 合量	预拌混凝土C30(m³) 单量	预拌混凝土C30(m³) 合量
例2-2	t4-68	毛石条形基础预拌混合砂浆M10	m³	84.20	0.0399×28.510	95.782	0.079	6.652			1.122	94.472	0.3987	33.571				
例2-3	t5-25	卫生间上反梁预拌混凝土C20	m³	35.63	0.2310	8.231	0.264	9.406							1.010	35.986		
例2-4	t1-141	自卸汽车外运土运距5km以内	m³	3800.00					0.0088×52.930	1769.979								
例2-4	t1-145×2	自卸汽车外运土运距 每增1km	m³	3800.00					0.0014×2×52.930	563.175								
例2-6	t1-130H	机械回填场区土方	m³	3740.00	16.600×0.073×0.9	4078.919												
例2-7	t5-16H	矩形柱混凝土预拌混凝土C30	m³	133.82	0.3750	50.183	0.091	12.178									0.9797	131.103
合计						4233.115		28.236		2333.154		94.472		33.571		35.986		131.103

表2-23　材料消耗分析表（二）

题号	定额编号	工程项目名称	单位	工程量	水泥42.5(t) 单量	水泥42.5(t) 合量	水泥32.5(t) 单量	水泥32.5(t) 合量	中粗砂(m³) 单量	中粗砂(m³) 合量	石灰膏(m³) 单量	石灰膏(m³) 合量	碎石(m³) 单量	碎石(m³) 合量	预拌混合砂浆M7.5(m³) 单量	预拌混合砂浆M7.5(m³) 合量	多孔砖(千块) 单量	多孔砖(千块) 合量	水(m³) 单量	水(m³) 合量
例2-8	t4-15H	1砖厚混水多孔砖墙 M10预拌混合砂浆（材差表调M7.5）	m³	159.00											0.189	30.051	0.3397	54.012	0.117	18.603
例2-9	t5-17H	构造柱混凝土 现浇混凝土C25-04(碎石)	m³	88.82	0.9797×0.351	30.543			0.9797×0.386	33.589			0.980×0.770	67.003					0.980×0.180	15.668
例2-10	t4-15H	1砖厚混水多孔砖墙 现拌M7.5混合砂浆	m³	159.00			0.245×0.1892	7.370	1.020×0.1892	30.684	0.080×0.1892	2.404					0.3397	54.012	0.280×0.1892	8.423
合计						30.543		7.370		64.273		2.404		67.003		30.051		108.025		42.694

三、材料价差调整

1. 材料价差产生的原因

凡是套用定额中基价编制工程造价，一般都要调整材料价差。

目前，定额中的材料费是根据编制定额所在地区的省会所在地的材料预算价格乘以材料数量计算出的。但是，材料预算价格具有两个显著的特点，即地区性和时间性。地区性是指同一材料在不同地区其价格不同；时间性是指同一材料在不同时期其价格不同。所以，为了解决地区性和时间性的矛盾，用工料单价法计算直接工程费后，一般还要根据工程所在地的材料预算价格调整材料价差。

2. 材料价差调整方法

材料价差的调整有两种方法，即单项材料价差调整法和材料系数价差调整法。

（1）单项材料价差调整（主材调整）　当采用工料单价法计算直接工程费时，一般对影响工程造价较大的主要材料进行单项材料价差调整。

单项材料价差调整 = ∑［某种材料消耗量×（材料信息价或市场实际价−材料定额预算价格）］

【例2-11】　根据某建筑工程的材料消耗量和呼和浩特市地区2018年第二期材料信息价调整材料价差。

解：建筑工程单项材料价差调整表见表2-24。

表2-24　建筑工程单项材料价差调整表

编号	材料名称	单位	数量	定额价（元）	除税价（元）	价差（元）	价差合计（元）
1	电	kW·h	4233.114	0.58	0.585	0.01	21.17
2	基建用水	m³	70.938	5.27	5.360	0.09	6.38
3	柴油	kg	2333.154	6.39	6.470	0.08	186.65
4	毛石	m³	94.472	61.78	111.650	49.87	4711.32
5	预拌混合砂浆 M10	m³	33.571	264.07	214.520	−49.55	−1663.44
6	预拌混合砂浆 M7.5	m³	30.083	264.07	197.30	−66.71	−2006.84
7	预拌混凝土 C20	m³	35.986	252.20	252.430	0.23	8.28
8	预拌混凝土 C30	m³	131.103	281.30	281.550	0.25	32.78
9	水泥 32.5	t	7.370	188.76	240.260	51.50	379.56
10	水泥 42.5	t	30.543	253.11	266.000	12.89	393.70
11	中粗砂	m³	64.273	48.50	63.110	14.61	939.03
12	石灰膏	m³	2.407	102.96	214.520	111.56	268.52
13	碎石	m³	67.003	67.90	82.520	14.62	979.58
14	多孔砖	千块	108.025	411.84	557.750	145.91	15761.93
15	合计	元					20018.61

（2）材料系数价差调整（辅材调整，目前暂不调整）

采用单项材料价差的方法调整材差，其优点是准确性高，但计算过程较复杂。因此，一些单价相对低的材料常采用材料系数价差调整的方法来调整材料价差，该方法具有计算简便的特点。

采用材料系数价差调整的方法，就是用单位工程直接工程费乘以材料调整系数，求出单位工程材料价差。材料调整系数一般由主管部门规定。

材料系数价差调整 = 单位工程直接工程费 × 材料调整系数

◎ 小　结 ◎

本学习情境主要讲解了房屋建筑与装饰工程预算定额的定义、性质及组成内容，房屋建筑与装饰工程预算定额的直接套用、预算定额的换算，工料分析、材料价差差调，实例分析。

通过本学习情境的学习，学生应学会对定额进行直接套用和换算；学会工料分析方法；学会对材料价差进行调整；熟练使用定额，具备应用定额的能力。

◎ 同 步 测 试 ◎

一、单项选择题

1. 定额的水平，反映了当时的生产力发展水平，预算定额为（　　）。

A. 平均先进水平　　　B. 企业自身水平　　　C. 社会平均水平　　　D. 企业个别水平

2. 定额的工效是按建筑物檐高（　　）以下为标准编制的，超过时另按规定计算建筑物超高费。

A. 20m　　　　　　B. 30m　　　　　　C. 50m　　　　　　D. 60m

3. 建筑物、构筑物檐高以（　　）作为起算点。

A. 设计室内地坪　　　　　　　　B. 室内地坪

C. 室外地坪　　　　　　　　　　D. 设计室外地坪标高

4. 有女儿墙的建筑，檐高算至（　　）。

A. 檐口滴水处标高　　　　　　　B. 屋顶结构上皮标高

C. 女儿墙顶标高　　　　　　　　D. 墙的中心线与屋面板交点的高度

5. 定额项目表中，管理费、利润等于（　　）×费率。

A. 人工费　　　　　B. 材料费　　　　　C. 机械费　　　　　D. 基价

6. 基价 = （　　）。

A. 机械费　　　　　　　　　　　B. 人工费

C. 综合价　　　　　　　　　　　D. 人工费+材料费+机械费+管理费+利润

二、多项选择题

1. 房屋建筑与装饰工程预算建筑定额，是在正常合理的施工组织和施工条件下，完成规定计量单位合格建筑产品所需（　　）的数量标准。

A. 人工　　　　　　　　　　B. 材料　　　　　　　　C. 机械台班

D. 人工费　　　　　　　　　E. 材料费

2. 预算定额中的"三量"是指（　　）。

A. 人工工日消耗量　　　　　　　　B. 材料消耗量　　　C. 摊销量

D. 机械台班消耗量　　　　　　　　E. 净用量

3. 预算定额中的"三价"是指（　　　）。

A. 人工工资单价　　　　　　　　　B. 材料预算价格　　　C. 机械台班单价

D. 运输费　　　　　　　　　　　　E. 基价

4. 建筑工程预算定额具有（　　　）的性质。

A. 科学性　　　　　　　　　　　　B. 权威性　　　　　　C. 群众性

D. 稳定性和时效性　　　　　　　　E. 灵活性

5. 预算定额的组成内容有（　　　）。

A. 总说明、册说明　　　　　　　　B. 目录　　　　　　　C. 定额项目表

D. 工料分析表　　　　　　　　　　E. 分部说明及工程量计算规则

6. 预算定额的换算方法有（　　　）。

A. 混凝土强度等级换算　　　　　　B. 乘系数　　　　　　C. 厚度换算

D. 砂浆强度等级换算　　　　　　　E. 运距换算

三、计算题

1. 有一框架结构的办公楼，其钢筋混凝土平板的工程量为 200.00m³，设计强度为 C25-31.5-4（碎石），①试求 200.00m³ 现拌混凝土平板的分部分项工程费及人工费；②若采用预拌 C25 混凝土，计算分部分项工程费及人工费。

2. 某框架结构的办公楼，框架填充墙采用陶粒砌块，其工程量为 623.60m³，①设计砌筑砂浆为现拌混合砂浆 M7.5（32.5 级水泥），计算分部分项工程费及人工费；②若现场采用预拌 M7.5 混合砂浆，计算分部分项工程费及人工费。

3. 补充表 2-25 定额项目表中的基价。

表 2-25　定额项目表　　　　　　　　　　　　　　　　　　单位：10m³

定　额　编　号			4-15
项　目　名　称			混水多孔砖墙（1 砖）
基价(元)			
人工费(元)			
材料费(元)			
机械费(元)			
管理费、利润(元)			
名　　称	单位	单价(元)	数　量
人工　综合工日	工日	112.35	9.596
材料　烧结多孔砖 240×115×90	千块	411.84	3.397
砌筑用混合砂浆 M10	m³	264.07	1.892
水	m³	5.27	1.170
其他材料费	元	—	2.667
机械　干混砂浆罐式搅拌机 20000L	台班	234.25	0.189
其他　管理费	%	—	20.000
利润	%	—	16.000

4. 预拌混凝土墙体 50.00m³，混凝土强度等级 C30，求水、电、预拌混凝土 C30 的用量。

5. 某工程采用多孔砖 1.5 砖厚混水墙，工程量 155.00m³，现拌混合砂浆 M10（32.5 级水泥），求砖、水、水泥、中砂、石灰膏的用量。

学习情境三
计价原理及建筑面积计算

知识目标

- 了解建筑工程计价的依据
- 熟悉建筑工程计价的步骤和方法
- 了解工程量及工程量的计算原则
- 掌握建筑面积的计算规则

能力目标

- 能够收集建筑工程计价资料、掌握编制方法
- 能够正确计算建筑工程的建筑面积

单元一 建筑工程计价的依据、方法与步骤

一、建筑工程计价的依据

1. 会审后的施工图、有关标准图集、图纸会审纪要

经审定的施工图、说明书和标准图集、图纸会审纪要，完整地反映了工程的具体内容、各部的具体做法、结构尺寸、技术特征以及施工方法，所以它是施工图预算编制的重要依据。

2. 建筑工程预算定额

现行建筑工程预算定额，详细地规定了分项工程项目划分、分项工程内容、工程量计算规则和定额项目使用说明等内容，这些都是编制施工图预算的重要依据。

3. 施工组织设计或施工方案

施工组织设计或施工方案中包括了与编制施工图预算相关的必不可少的文件，如建设地点的土质、地质情况，土石方开挖的施工方法及余土外运方式与运距，施工机械的使用情况，结构件预制加工方法及运距，重要的梁板柱的施工方案等，这些在编制施工图预算时都要根据施工组织设计或施工方案进行计算。

4. 地区材料预算价格

现行地区材料预算价格是 2015 年呼和浩特地区建设工程材料预算价格。材料费在工程成本中占较大比重，在市场经济条件下，材料的价格是随市场而变化的。为使工程造价尽可能接近实际，内蒙古自治区工程造价管理总站对此有明确的调价规定。因此，合理地确定材料预算价格及其调价规定是编制施工图预算的重要依据。

5. 费用定额

现行费用定额《内蒙古自治区建设工程费用定额》由内蒙古自治区住房和城乡建设厅、内蒙古自治区发展和改革委员会、内蒙古自治区财政厅〔2017〕第 611 号文批准发布，自 2018 年 1 月 1 日起实施。

6. 施工合同

施工合同也包括补充协议。建设工程结算价的确定，通常要根据施工合同中的有关条款来对预算价进行调整、变更和取费。

7. 实用手册

实用手册等工具书包括了计算各种结构件面积、体积的公式，钢材、木材等各种材料规格、型号及用量数据，各种单位的换算比例等，这些公式、资料和数据是施工图预算中常常用到的。查用手册可以加快工程量的计算速度。

二、建筑工程计价的方法

工程计价的方法有多种形式，但计价的基本过程和原理是相同的。一般来说，工程计价的顺序是：计算工程量→计算分部分项工程单价→计算单位工程造价→计算建设项目造价。计算造价的基本要素有两个，一个是基本构造的实物量，另一个是基本构造要素的价格。基

本构造的实物量，由工程量计算规则和设计图计算。基本构造要素的价格的确定，要考虑人工、材料、机械资源要素的价格形成。由于基本构造要素价格确定方式的不同，工程计价形成了工料单价法（定额计价）和综合单价法（工程量清单计价）两种不同的计价方式。

1. 工料单价法（定额计价）

工料单价法是用分项工程工程量乘以分项工程单价后得出人工费、材料费、施工机具使用费。其中分项工程单价计算公式为

分项工程工料单价 = ∑（工日消耗量×工资单价+材料消耗量×材料预算单价+机械台班消耗量×机械台班单价）

建设工程费 = 人工费+材料费+施工机具使用费+企业管理费+利润+规费+税金

2. 综合单价法（工程量清单计价）

综合单价法是指建设工程招标投标中，招标人按照国家统一的工程量计算规则提供工程量，由投标人依据工程量清单自主报价，并按照经评审后合理低价中标的工程造价的计价方式。综合单价法是以各分项工程综合单价乘以工程量得到该分项工程的合价后，汇总所有分项工程合价而形成工程总价的方法。综合单价的内容应包括分部分项工程中的人工费、材料费、机械费、管理费和利润。

三、建筑工程计价的步骤

1. 搜集各种编制资料

编制资料包括施工图、施工图说明、施工图会审记录和标准图集、施工组织设计或施工方案、现行的建筑安装工程定额、费用计算规则、工程量计算规则、预算工作手册、工程所在地的人工、材料、机械台班信息价格与调价规定等。

2. 熟悉施工图和相关定额

只有对施工图和相关定额有全面详细的了解，才能全面准确地计算出工程量，进而合理地编制出施工图预算造价文件。

3. 计算工程量

按照定额或估价表规定的工程量计算规则计算工程量。工程量的计算在整个概预算编制过程中是最重要、最烦琐的环节，既影响概预算的及时性又影响概预算的准确性，在编制过程中一定要确保概预算的质量。计算工程量的一般步骤如下：

1）根据施工图表示的工程内容和定额项目，列出计算工程量的分部分项工程项目。

2）根据一定的计算顺序和计算规则，列出工程量计算式。

3）根据施工图表示的尺寸及相关的数据按照计算式进行计算。

4）按照定额或估价表中的分部分项工程项目的计量单位对相应的计算结果的计量单位进行调整，使之保持一致。

4. 套用定额，计算出人工费、材料费、施工机具使用费、管理费、利润

用计算得到的工程量套用定额中相应的定额基价，定额基价和工程量的乘积为每一分部分项工程项目的价格，最后把各分部分项工程项目的结果汇总，得出单位工程的分部分项工程费用。套用定额基价计算时需要注意以下几个问题：

1）分部分项工程项目的名称、规格、计量单位必须与定额所列的内容一致，避免重套、错套、漏套。

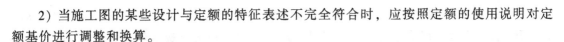

2）当施工图的某些设计与定额的特征表述不完全符合时，应按照定额的使用说明对定额基价进行调整和换算。

3）当施工图的某些设计与定额的特征表述相差太远，既不能直接套用也不能调整和换算时，应按照有关规定编制补充定额。

5. 计算措施项目费

具体详见学习情境十四。

6. 编制工料机分析表

根据分部分项工程的实物工程量和相应定额子目的人材机消耗量，计算出各分部分项工程所需要的人材机数量，相加汇总后得出工程项目所需的人材机数量。

7. 材料价差的计算

编制期或结算期的人工、材料、机械台班等价格由业主和承包商按照市场价格或参考工程造价管理机构发布的信息价格在合同中约定，并与《内蒙古自治区建筑工程预算定额》中取定的基础价格取定价差计算，价差只计算规费和税金。

8. 规费的计算

规费是指政府和有关部门规定必须缴纳的费用，包括社会保险费（养老保险费、失业保险费、医疗保险费、工伤保险费、生育保险费）、住房公积金、水利建设基金、工程排污费等。规费的计算比较简单，在投标报价时，规费的计算按照《内蒙古自治区建设工程费用定额》的有关规定执行。

9. 税金的计算

建筑安装工程税金是指国家税法规定的应计入建设工程造价内的增值税（销项税额）。

10. 工程总造价计算

工程总造价为分部分项工程费、措施项目费、其他项目费、规费和税金各项费用之和。

11. 审查复核

编制完成后，应经有关人员对工程量的计算公式和结果、套用定额的准确程度、各项费用的费率是否正确、费用的计取基数是否正确、人材机调差是否正确等进行全面审查复核，以便及时发现差错，以提高工程计价的质量。

12. 编写编制说明和填写封面

编制说明是编制人说明编制有关情况（包括编制依据、工程性质、内容范围、编制日期、套用定额、材料价格的选取等内容）的总体说明。封面应写明工程名称、建筑面积、工程造价、编制单位、编制人、编制日期等内容。

单元二　工程量计算的原则与方法

一、工程量

建筑工程工程量计算以施工图及施工说明为工程量的计算依据。

工程量是指以物理计量单位或自然计量单位所表示的各个具体分项工程和构配件的实物量。

物理计量单位是指需经量度的具有物理性质的单位，如立方米、平方米、米。当物体的长、宽、高三个尺寸都不能固定时，常用立方米（m³）作为计量单位，如土方、砖石、混凝土等项目。当物体的长、宽、高其中一个尺寸能固定，另两个经常发生变化时，常用平方米（m²）作为计量单位，如楼地面、墙面抹灰、镶贴块料面层等项目。当物体的长、宽、高中有两个尺寸能固定，即物体有一定的截面形状，另一个方向的尺寸经常发生变化时，常采用米（m）为单位，如楼梯栏杆扶手等项目。

自然计量单位是指不需要量度的本身具有自然属性的单位。如灯具安装以"套"为计量单位，卫生器具安装以"组"为计量单位。

二、计算工程量的意义

工程量计算是建筑工程计价的基础和重要的组成部分。工程计价取决两个因素：一个是工程量，一个是工程单价。工程量是依据图纸规定的尺寸与工程量计算规则的有关规定来计算的，工程单价是根据市场、定额及有关资料来确定的。只有工程量与工程单价的正确结合，才能计算出正确的工程造价。工程量的计算，不仅重要，而且是一项比较复杂而又细致的工作。工程量的计算工作占整个计价工作量的 85% 以上，而且工程量的计算项目是否齐全，计算结果是否准确，直接关系到工程计价的编制质量和编制速度。因此，正确计算工程量是确定建筑工程计价的一个重要环节，其意义主要表现在以下几方面：

1）建筑工程量计算的准确与否直接影响着整个建筑工程造价。

2）建筑工程量是建筑施工企业编制施工进度计划、检查计划执行情况、组织劳动力和材料、机械的重要依据。

3）建筑工程量是基本建设财务管理和会计核算的重要指标。

三、工程量计算的一般原则

1. 工程量计算的项目必须与现行预算定额项目一致

在计算工程量时，要熟悉预算定额中每个分项工程所包含的内容和范围，所列分项工程项目与现行预算定额项目一致时，才能正确地计算出造价。

2. 工程量计算单位必须与现行预算定额项目单位一致

在计算工程量时，首先弄清楚预算定额项目的计量单位。如墙面抹灰、楼地面面层均以面积计算，而窗台板以长度计算，在计算时如果都笼统地以面积计算，就会影响工程量的准确性。

3. 工程量计算规则必须与现行预算定额项目规定的计算规则一致

在按施工图计算工程量时，所采用的计算规则必须与现行预算定额项目的计算规则一致，这样才能有统一的计算标准，防止错算。

4. 工程量计算式要力求简单明了，按一定次序排列

为了便于工程量的核对，在计算工程量时有必要注明层次、部位、断面、图号等。工程量计算式一般按长、宽的次序排列，尽量采用表格方式，以利于校核。

5. 计算的精确度要求

工程量在计算的过程中，以"立方米""平方米""米"为单位的应保留两位小数，第三位小数四舍五入；以"吨"为单位的应保留三位小数，第四位小数四舍五入；以"个"

"项"等为单位的,应取整数。为提高效率,减少重复劳动,应尽量利用图纸中的明细表。如门窗明细表、灯具明细表。

四、利用基数计算工程量

基数是指计算工程量时重复使用的数据,包括$L_中$、$L_内$、$L_外$、$S_底$,简称"三线一面"。通过分析,在计算工程量时,总有一些数据贯穿整个计算过程,只要事先计算好这些数据,在后面计算工程量时就可重复使用,从而提高工程量的计算速度。

1. 外墙中线长

外墙中线长用$L_中$表示,是指围绕建筑物的外墙中心线长度之和。利用$L_中$可以计算下列工程量(表3-1)。

表 3-1

基数名称	项目名称	计算方法
$L_中$	外墙基槽 外墙基础垫层 外墙基础 外墙体积 外墙圈梁(240墙) 外墙基础防潮层	$V=L_中×基槽断面积$ $V=L_中×垫层断面积$ $V=L_中×基础断面积$ $V=(L_中×墙高-门窗面积)×墙厚$ $V=L_中×圈梁断面积$ $S=L_中×墙厚$

2. 内墙净长

内墙净长用$L_内$表示,是指建筑物内隔墙的长度之和。利用$L_内$可以计算下列工程量(表3-2)。

表 3-2

基数名称	项目名称	计算方法
$L_内$	内墙基槽 内墙基础垫层 内墙基础 内墙体积 内墙圈梁 内墙基防潮层	$V=(L_内-调整值)×基槽断面积$ $V=(L_内-调整值)×垫层断面积$ $V=(L_内-调整值)×基础断面积$ $V=(L_内×墙高-门窗面积)×墙厚$ $V=L_内×圈梁断面积$ $S=L_内×墙厚$

3. 外墙外边长

外墙外边长用$L_外$表示,是指围绕建筑物外墙边的长度之和。利用$L_外$可以计算下列工程量(表3-3)。

表 3-3

基数名称	项目名称	计算方法
$L_外$	散水 墙脚明沟(暗沟) 外墙脚手架 外墙抹灰 挑檐	$S=(L_外+4×散水宽)×散水宽$ $L=L_外+8×散水宽+4×明沟(暗沟)宽$ $S=L_外×墙高$ $S=L_外×墙高$ $S=(L_外+4×挑檐宽)×挑檐宽$

4. 底层建筑面积

底层建筑面积用 $S_底$ 表示。利用 $S_底$ 可以计算下列工程量（表3-4）。

表 3-4

基数名称	项目名称	计算方法
$S_底$	人工平整场地	$S = S_底$
	基础钎探	$S = S_底$
	室内回填土	$V = (S_底 - 墙结构面积) \times 厚度$
	地面垫层	$V = (S_底 - 墙结构面积) \times 厚度$
	地面面积	$S = S_底 - 墙结构面积$
	顶棚面抹灰	$S = S_底 - 墙结构面积$
	屋面防水卷材	$S = S_底 - 女儿墙结构面积 + 四周卷起面积$
	屋面找坡层	$S = (S_底 \pm 女儿墙结构面积) \times 平均厚度$

单元三　建筑面积的概念与作用

一、建筑面积的概念

建筑面积也称建筑展开面积，是指建筑物各层面积的总和。

建筑面积包括使用面积、辅助面积和结构面积。

1. 使用面积

使用面积是指建筑物各层平面布置中可直接为生产或生活使用的净面积总和，如住宅楼的客厅、居室（居室净面积在民用建筑中也称为居住面积）。

2. 辅助面积

辅助面积是指建筑物各层平面布置中为辅助生产或生活所占净面积的总和，如楼梯、走廊、厕所、厨房。使用面积与辅助面积的总和称为有效面积。

3. 结构面积

结构面积是指建筑物各层平面布置中的墙体、柱、垃圾道、通风道等所占面积的总和。

二、建筑面积的作用

1）建筑面积是基本建设投资、建设项目可行性研究、建设项目评估、建设项目勘察设计、建筑工程造价管理过程中一系列工作的重要指标。

2）建筑面积是确定工程平方米造价、人工消耗指标、材料消耗指标等的依据。

$$工程平方米造价 = \frac{工程造价}{建筑面积}$$

$$人工消耗指标 = \frac{工程工日消耗量}{建筑面积}$$

$$材料消耗指标 = \frac{工程材料消耗量}{建筑面积}$$

3）建筑面积是检验控制工程进度和竣工任务的重要指标。如"已完工面积""已竣工面积"和"在建面积"等统计数据都是以建筑面积指标来表示的。

4）建筑面积是计算有关分项工程量的依据。如平整场地、基础钎探、措施项目费等。

综上所述，建筑面积是技术经济指标的计算基础，对全面控制建设工程造价具有重要意义。

单元四　建筑面积计算规范

建筑面积是一项重要指标，起着衡量和评价建设规模、投资效益、建设成本等方面的重要尺度作用。国家标准《建筑工程建筑面积计算规范》（GB/T 50353—2013）自 2014 年 7 月 1 日起实施。本规范的主要内容有总则、术语、计算建筑面积的规定。为便于准确理解和应用本规范，对建筑面积计算规范的有关条文进行了说明。

一、总则

1）为规范工业与民用建筑工程建设全过程的建筑面积计算，统一计算方法，制定本规范。

2）本规范适用于新建、扩建、改建的工业与民用建筑工程建设全过程的建筑面积计算。

3）建筑工程的建筑面积计算，除应符合本规范外，尚应符合国家现行有关标准的规定。

二、术语

1）建筑面积：建筑物（包括墙体）所形成的楼地面面积。

2）自然层：按楼地面结构分层的楼层。

3）结构层高：楼面或地面结构层上表面至上部结构层上表面之间的垂直距离。

4）围护结构：围合建筑空间的墙体、门、窗。

5）建筑空间：以建筑界面限定的、供人们生活和活动的场所。

说明：具备可出入、可利用条件（设计中可能标明了使用用途，也可能没有标明使用用途或使用用途不明确）的围合空间，均属于建筑空间。

6）结构净高：楼面或地面结构层上表面至上部结构层下表面之间的垂直距离。

7）围护设施：为保障安全而设置的栏杆、栏板等围挡。

8）地下室：室内地平面低于室外地平面的高度超过室内净高的 1/2 的房间。

9）半地下室：室内地平面低于室外地平面的高度超过室内净高的 1/3，且不超过 1/2 的房间。

10）架空层：仅有结构支撑而无外围护结构的开敞空间层，如图 3-1 所示。

11）走廊：建筑物中的水平交通空间。

12）架空走廊：专门设置在建筑物的二层或二层以上，作为不同建筑物之间水平交通的空间，如图 3-2 所示。

13）结构层：整体结构体系中承重的楼板层。

说明：特指整体结构体系中承重的楼层，包括板、梁等构件。结构层承受整个楼层的全部荷载，并对楼层的隔声、防火等起主要作用。

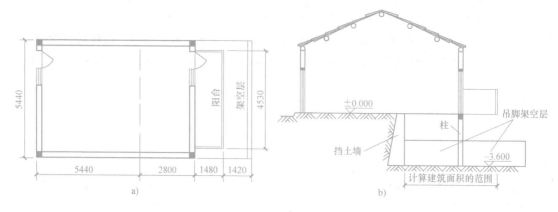

图 3-1　建筑物吊脚架空层示意图

a) 平面　b) 剖面

14) 落地橱窗：凸出外墙面且根基落地的橱窗。

说明：落地橱窗是指在商业建筑临街面设置的下槛落地，可落在室外地坪，也可落在室内首层地板，用来展览各种样品的玻璃窗。

15) 凸窗（飘窗）：凸出建筑物外墙面的窗户。

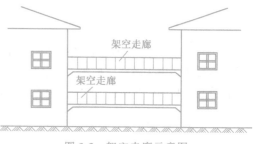

图 3-2　架空走廊示意图

说明：凸窗（飘窗）既作为窗，就有别于楼（地）板的延伸，也就是不能把楼（地）板延伸出去的窗称为凸窗（飘窗）。凸窗（飘窗）的窗台应只是墙面的一部分且距（楼）地面应有一定的高度。

16) 檐廊：建筑物挑檐下的水平交通空间，如图 3-3 所示。

说明：檐廊是附属于建筑物底层外墙有屋檐作为顶盖，其下部一般有柱或栏杆、栏板等的水平交通空间。

17) 挑廊：挑出建筑物外墙的水平交通空间，如图 3-3 所示。

18) 门斗：建筑物入口处两道门之间的空间，如图 3-4 所示。

图 3-3　挑廊、走廊、檐廊示意图

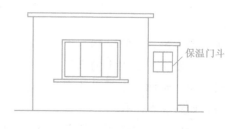

图 3-4　有围护结构的门斗示意图

19）雨篷：建筑出入口上方为遮挡雨水而设置的部件。

说明：雨篷是指建筑物出入口上方、凸出墙面、为遮挡雨水而单独设立的建筑部件。雨篷划分为有柱雨篷（包括独立柱雨篷、多柱雨篷、柱墙混合支撑雨篷、墙支撑雨篷）和无柱雨篷（悬挑雨篷）。如凸出建筑物，且不单独设立顶盖，利用上层结构板（如楼板、阳台底板）进行遮挡，则不视为雨篷，不计算建筑面积。对于无柱雨篷，如顶盖高度达到或超过两个楼层时，也不视为雨篷，不计算建筑面积。

20）门廊：建筑物入口前有顶棚的半围合空间。

说明：门廊是在建筑物出入口，无门，三面或两面有墙，上部有板（或借用上部楼板）围护的部位。

21）楼梯：由连续行走的梯级、休息平台和维护安全的栏杆（或栏板）、扶手以及相应的支托结构组成的作为楼层之间垂直交通使用的建筑部件。

22）阳台：附设于建筑物外墙，设有栏杆或栏板，可供人活动的室外空间。

23）主体结构：接受、承担和传递建设工程所有上部荷载，维持上部结构整体性、稳定性和安全性的有机联系的构造。

24）变形缝：防止建筑物在某些因素作用下引起开裂甚至破坏而预留的构造缝。

说明：变形缝是指在建筑物因温差、不均匀沉降以及地震而可能引起结构破坏变形的敏感部位或其他必要的部位，预先设缝将建筑物断开，令断开后建筑物的各部分成为独立的单元，或者是划分为简单、规则的段，并令各段之间的缝达到一定的宽度，以能够适应变形的需要。根据外界破坏因素的不同，变形缝一般分为伸缩缝、沉降缝、抗震缝三种。

25）骑楼：建筑底层沿街面后退且留出公共人行空间的建筑物。

说明：骑楼是指沿街二层以上用承重柱支撑骑跨在公共人行空间之上，其底层沿街面后退的建筑物。

26）过街楼：跨越道路上空并与两边建筑相连接的建筑物。

说明：过街楼是指当有道路在建筑群穿过时，为保证建筑物之间的功能联系，设置跨越道路上空使两边建筑相连接的建筑物。

27）建筑物通道：为穿过建筑物而设置的空间。

28）露台：设置在屋面、首层地面或雨篷上的供人室外活动的有围护设施的平台，如图 3-5 所示。

说明：露台应满足四个条件：一是位置，设置在屋面、地面或雨篷顶；二是可出入；三是有围护设施；四是无盖。这四个条件必须同时满足。如果设置在首层并有围护设施的平台，且其上层为同体量阳台，则该平台应视为阳台，按阳台的规则计算建筑面积。

29）勒脚：在房屋外墙接近地面部位设置的饰面保护构造，如图 3-6 所示。

30）台阶：联系室内外地坪或同楼层不同标高而设置的阶梯形踏步。

说明：台阶是指建筑物出入口不同标高地面或同楼层不同标高处设置的供人行走的阶梯式连接构件。室外台阶还包括与建筑物出入口连接处的平台。

三、计算建筑面积的规定

1）建筑物的建筑面积应按自然层外墙结构外围水平面积之和计算。结构层高在 2.20m 及以上的，应计算全面积；结构层高在 2.20m 以下的，应计算 1/2 面积。

图 3-5 露台示意图

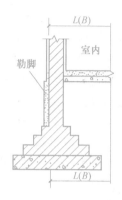

图 3-6 勒脚示意图

说明：建筑面积计算，在主体结构内形成的建筑空间，满足计算面积结构层高要求的均应按本条规定计算建筑面积。主体结构外的室外阳台、雨篷、檐廊、室外走廊、室外楼梯等按相应条款计算建筑面积。当外墙结构本身在一个层高范围内不等厚时，以楼地面结构标高处的外围水平面积计算。

2）建筑物内设有局部楼层时，对于局部楼层的二层及以上楼层，有围护结构的应按其围护结构外围水平面积计算，无围护结构的应按其结构底板水平面积计算。结构层高在2.20m及以上的，应计算全面积；结构层高在2.20m以下的，应计算1/2面积。

说明：建筑物内的局部楼层如图3-7所示。

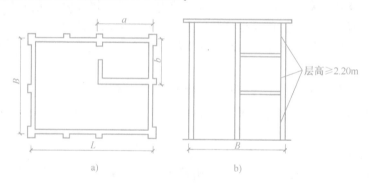

图 3-7 建筑物内的局部楼层示意图

a）平面 b）剖面

3）形成建筑空间的坡屋顶，结构净高在2.10m及以上的部位应计算全面积；结构净高在1.20m及以上至2.10m以下的部位应计算1/2面积；结构净高在1.20m以下的部位不应计算建筑面积。

4）场馆看台下的建筑空间，结构净高在2.10m及以上的部位应计算全面积；结构净高在1.20m及以上至2.10m以下的部位应计算1/2面积；结构净高在1.20m以下的部位不应计算建筑面积。室内单独设置的有围护设施的悬挑看台，应按看台结构底板水平投影面积计算建筑面积。有顶盖无围护结构的场馆看台应按其顶盖水平投影面积的1/2计算面积。场馆看台如图3-8所示。

说明：场馆看台下的建筑空间因其上部结构多为斜板，所以采用净高的尺寸划定建筑面

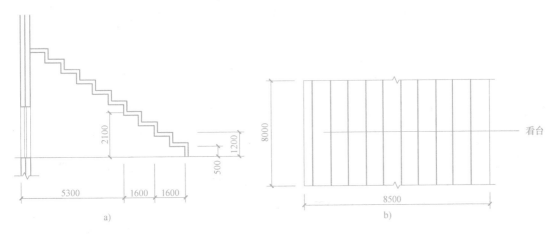

图 3-8 场馆看台示意图

a) 剖面 b) 平面

积的计算范围和对应规则。室内单独设置的有围护设施的悬挑看台，因其看台上部设有顶盖且可供人使用，所以按看台板的结构底板水平投影计算建筑面积。"有顶盖无围护结构的场馆看台"中所称的"场馆"为专业术语，指各种"场"类建筑，如体育场、足球场、网球场、带看台的风雨操场等。

5）地下室、半地下室应按其结构外围水平面积计算。结构层高在 2.20m 及以上的，应计算全面积；结构层高在 2.20m 以下的，应计算 1/2 面积。地下室建筑物如图 3-9 所示。

说明：地下室作为设备、管道层按 26）执行，地下室的各种竖向井道按 19）执行，地下室的围护结构不垂直于水平面的按 18）执行。

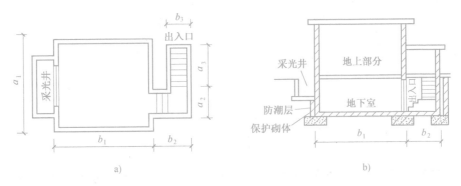

图 3-9 地下室建筑物示意图

a) 平面 b) 剖面

6）出入口外墙外侧坡道有顶盖的部位，应按其外墙结构外围水平面积的 1/2 计算面积。

说明：出入口坡道分有顶盖出入口坡道和无顶盖出入口坡道，出入口坡道顶盖的挑出长度，为顶盖结构外边线至外墙结构外边线的长度；顶盖以设计图为准，对后增加及建设单位自行增加的顶盖等，不计算建筑面积。顶盖不分材料种类（如钢筋混凝土顶盖、彩钢板顶盖、阳光板顶盖等）。地下室出入口如图 3-10 所示。

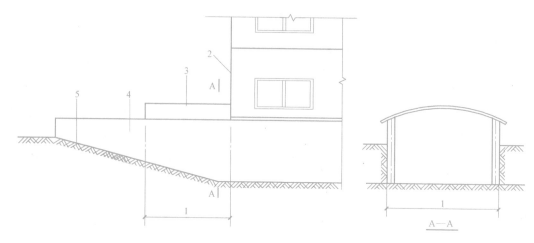

图 3-10　地下室出入口示意图

1—计算 1/2 投影面积部位　2—主体建筑　3—出入口顶盖　4—封闭出入口侧墙　5—出入口坡道

7）建筑物架空层及坡地建筑物吊脚架空层，应按其顶板水平投影计算建筑面积。结构层高在 2.20m 及以上的，应计算全面积；结构层高在 2.20m 以下的，应计算 1/2 面积。

说明：本条既适用于建筑物吊脚架空层、深基础架空层建筑面积的计算，也适用于目前部分住宅、学校教学楼等工程在底层架空或在二楼或以上某个甚至多个楼层架空，作为公共活动、停车、绿化等空间的建筑面积的计算。架空层中有围护结构的建筑空间按相关规定计算。建筑物吊脚架空层如图 3-11~图 3-13 所示。

图 3-11　建筑物吊脚架空层示意图

1—柱　2—墙　3—吊脚架空层　4—计算建筑面积部位

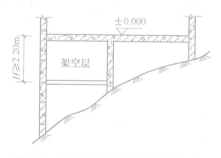

图 3-12　建筑物吊脚架空层剖面示意图

8）建筑物的门厅、大厅应按一层计算建筑面积，门厅、大厅内设置的走廊应按走廊结构底板水平投影面积计算建筑面积。结构层高在 2.20m 及以上的，应计算全面积；结构层高在 2.20m 以下的，应计算 1/2 面积。门厅、走廊如图 3-14 所示。

9）建筑物间的架空走廊，有顶盖和围护结构的，应按其围护结构外围水平面积计算全面积；无围护结构、有围护设施的，应按其结构底板水平投影面积计算 1/2 面积。

说明：无围护结构的架空走廊如图 3-15 所示，有围护结构的架空走廊如图 3-16 所示。

10）立体书库、立体仓库、立体车库，有围护结构的，应按其围护结构外围水平面积计算建筑面积；无围护结构、有围护设施的，应按其结构底板水平投影面积计算建筑面积。无结构层的应按一层计算，有结构层的应按其结构层面积分别计算。结构层高在 2.20m 及以上的，应计算全面积；结构层高在 2.20m 以下的，应计算 1/2 面积。图书馆示意图如图

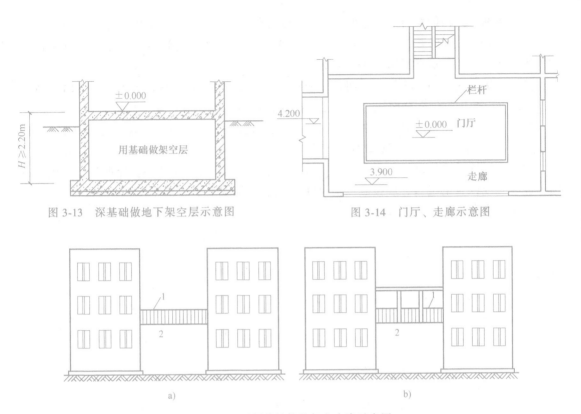

图 3-13 深基础做地下架空层示意图   图 3-14 门厅、走廊示意图

图 3-15 无围护结构的架空走廊示意图

1—栏杆 2—架空走廊

3-17 所示。

说明：本条主要规定了图书馆中的立体书库、仓储中心的立体仓库、大型停车场的立体车库等建筑的建筑面积计算规则。起局部分隔、存储等作用的书架层、货架层或可升降的立体钢结构停车层均不属于结构层，故该部分分层不计算建筑面积。

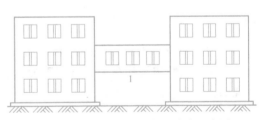

图 3-16 有围护结构的架空走廊示意图

1—架空走廊

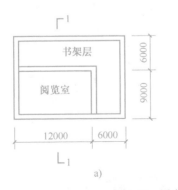

图 3-17 图书馆示意图

a）平面图 b）1—1 剖面图

11）有围护结构的舞台灯光控制室，应按其围护结构外围水平面积计算。结构层高在2.20m及以上的，应计算全面积；结构层高在2.20m以下的，应计算1/2面积。有围护结构的舞台灯光控制室示意图如图3-18所示。

12）附属在建筑物外墙的落地橱窗，应按其围护结构外围水平面积计算。结构层高在2.20m及以上的，应计算全面积；结构层高在2.20m以下的，应计算1/2面积。

13）窗台与室内楼地面高差在0.45m以下且结构净高在2.10m及以上的凸（飘）窗，应按其围护结构外围水平面积计算1/2面积。

14）有围护设施的室外走廊（挑廊），应按其结构底板水平投影面积计算1/2面积；有围护设施（或柱）的檐廊，应按其围护设施（或柱）外围水平面积计算1/2面积。

说明：檐廊如图3-19所示。

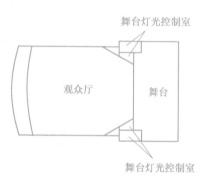

图3-18　有围护结构的舞台
灯光控制室示意图

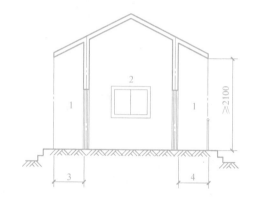

图3-19　檐廊示意图
1—檐廊　2—室内　3—不计算建筑面积部位
4—计算1/2建筑面积部位

15）门斗应按其围护结构外围水平面积计算建筑面积。结构层高在2.20m及以上的，应计算全面积；结构层高在2.20m以下的，应计算1/2面积。

说明：门斗如图3-20所示。

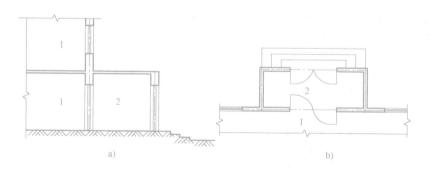

a)　　　　　　　　　　　　　　　　b)

图3-20　门斗示意图
1—室内　2—门斗

16）门廊应按其顶板水平投影面积的1/2计算建筑面积；有柱雨篷应按其结构板水平投影面积的1/2计算建筑面积；无柱雨篷的结构外边线至外墙结构外边线的宽度在2.10m及

以上的，应按雨篷结构板的水平投影面积的1/2计算建筑面积。

说明：雨篷分为有柱雨篷（图3-21）和无柱雨篷（图3-22）。有柱雨篷，没有出挑宽度的限制，也不受跨越层数的限制，均计算建筑面积。无柱雨篷，其结构板不能跨层，并受出挑宽度的限制，设计出挑宽度大于或等于2.10m时才计算建筑面积。出挑宽度，系指雨篷结构外边线至外墙结构外边线的宽度，弧形或异形时，取最大宽度。

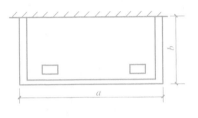

图 3-21　有柱雨篷示意图

图 3-22　无柱雨篷示意图

17）设在建筑物顶部的、有围护结构的楼梯间、水箱间、电梯机房等，结构层高在2.20m及以上的应计算全面积；结构层高在2.20m以下的，应计算1/2面积。

18）围护结构不垂直于水平面的楼层，应按其底板面的外墙外围水平面积计算。结构净高在2.10m及以上的部位，应计算全面积；结构净高在1.20m及以上至2.10m以下的部位，应计算1/2面积；结构净高在1.20m以下的部位，不应计算建筑面积。

说明：《建筑工程建筑面积计算规范》（GB/T 50353—2005）条文中仅对围护结构向外倾斜的情况进行了规定，本次修订后的条文对于向内、向外倾斜均适用。在划分高度上，本条使用的是结构净高，与其他正常平楼层按层高划分不同，但与斜屋面的划分原则一致。由于目前很多建筑设计追求新、奇、特，造型越来越复杂，很多时候根本无法明确区分什么是围护结构、什么是屋顶，因此对于斜围护结构与斜屋顶采用相同的计算规则，即只要外壳倾斜，就按结构净高划段，分别计算建筑面积。斜围护结构如图3-23、图3-24所示。

19）建筑物的室内楼梯、电梯井、提物井、管道井、通风排气竖井、烟道，应并入建筑物的自然层计算建筑面积。有顶盖的采光井应按一层计算面积，结构净高在2.10m及以上的，应计算全面积，结构净高在2.10m以下的，应计算1/2面积。

说明：建筑物的楼梯间层数按建筑物的层数计算。有顶盖的采光井包括建筑物中的采光井和地下室采光井。电梯井如图3-25所示，地下室采光井如图3-26所示。

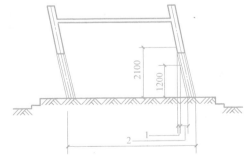

图 3-23　斜围护结构示意图 1

1—计算1/2建筑面积部位　2—不计算建筑面积部位

图 3-24　斜围护结构示意图 2

图 3-25　电梯井示意图

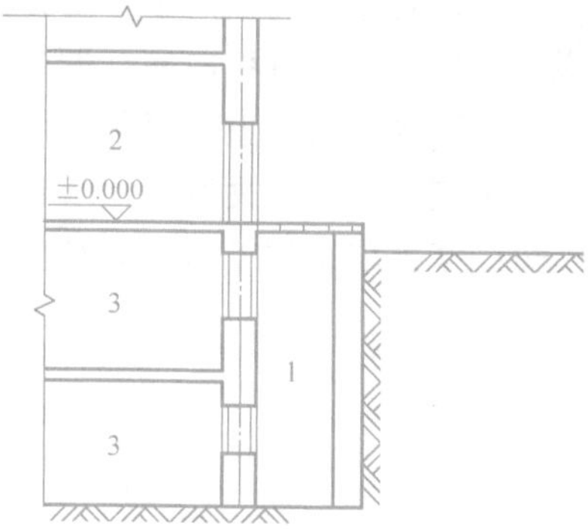

图 3-26　地下室采光井示意图

1—采光　2—室内　3—地下室

20）室外楼梯应并入所依附建筑物自然层，并应按其水平投影面积的 1/2 计算建筑面积。

说明：室外楼梯作为连接该建筑物层与层之间交通不可缺少的基本部件，无论从其功能还是工程计价的要求来说，均需计算建筑面积。层数为室外楼梯所依附的楼层数，即梯段部分投影到建筑物范围的层数。利用室外楼梯下部的建筑空间不得重复计算建筑面积；利用地势砌筑的为室外踏步，不计算建筑面积。

21）在主体结构内的阳台，应按其结构外围水平面积计算全面积；在主体结构外的阳台，应按其结构底板水平投影面积计算 1/2 面积。

说明：建筑物的阳台，不论其形式如何，均以建筑物主体结构为界分别计算建筑面积（图 3-27）。

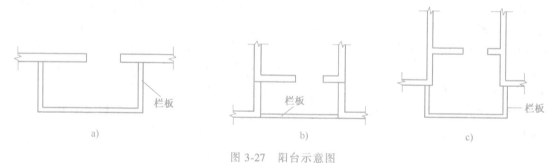

a)　　　　　　　　　　　　　　b)　　　　　　　　　　　　　　c)

图 3-27　阳台示意图

a）主体结构外阳台　b）主体结构内阳台　c）半主体结构外阳台半主体结构内阳台

22）有顶盖无围护结构的车棚、货棚、站台、加油站、收费站等，应按其顶盖水平投影面积的 1/2 计算建筑面积。单排柱站台示意图如图 3-28 所示。

23）以幕墙作为围护结构的建筑物，应按幕墙外边线计算建筑面积。

说明：幕墙以其在建筑物中所起的作用和功能来区分。直接作为外墙起围护作用的幕墙，按其外边线计算建筑面积；设置在建筑物墙体外起装饰作用的幕墙，不计算建筑

图 3-28　单排柱站台示意图

面积。

24）建筑物的外墙外保温层，应按其保温材料的水平截面积计算，并计入自然层建筑面积。

说明：为贯彻国家节能要求，鼓励建筑外墙采取保温措施，本规范将保温材料的厚度计入建筑面积，但计算方法较 2005 年规范有一定变化。建筑物外墙外侧有保温隔热层的，保温隔热层以保温材料的净厚度乘以外墙结构外边线长度按建筑物的自然层计算建筑面积，其外墙外边线长度不扣除门窗和建筑物外已计算建筑面积构件（如阳台、室外走廊、门斗、落地橱窗等部件）所占长度。当建筑物外已计算建筑面积的构件（如阳台、室外走廊、门斗、落地橱窗等部件）有保温隔热层时，其保温隔热层也不再计算建筑面积。外墙是斜面的按楼面楼板处的外墙外边线长度乘以保温材料的净厚度计算。外墙外保温以沿高度方向满铺为准，某层外墙外保温铺设高度未达到全部高度时（不包括阳台、室外走廊、门斗、落地橱窗、雨篷、飘窗等），不计算建筑面积。保温隔热层的建筑面积是以保温隔热材料的厚度来计算的，不包含抹灰层、防潮层、保护层（墙）的厚度。建筑外墙外保温如图 3-29 所示。

25）与室内相通的变形缝，应按其自然层合并在建筑物建筑面积内计算。对于高低联跨的建筑物，当高低跨内部连通时，其变形缝应计算在低跨面积内。高低联跨单层建筑物示意图如图 3-30 所示。

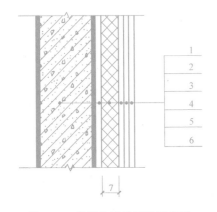

图 3-29　建筑外墙外保温示意图

1—墙体　2—黏结胶浆　3—保温材料
4—标准网　5—加强网　6—抹面胶浆
7—计算建筑面积部位

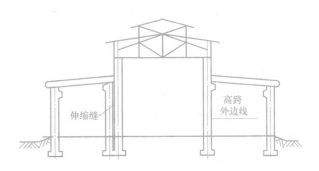

图 3-30　高低联跨单层建筑物示意图

说明：本规范所指的与室内相通的变形缝，是指暴露在建筑物内，在建筑物内可以看得见的变形缝。

26）对于建筑物内的设备层、管道层、避难层等有结构层的楼层，结构层高在 2.20m 及以上的，应计算全面积；结构层高在 2.20m 以下的，应计算 1/2 面积。

说明：设备层、管道层虽然其具体功能与普通楼层不同，但在结构上及施工消耗上并无本质区别，且本规范定义自然层为"按楼地面结构分层的楼层"，因此设备、管道楼层归为自然层，其计算规则与普通楼层相同。在吊顶空间内设置管道的，则吊顶空间部分不能被视为设备层、管道层。

27）下列项目不应计算建筑面积：

① 与建筑物内不相连通的建筑部件。

说明：本款指的是依附于建筑物外墙外不与户室开门连通，起装饰作用的敞开式挑台（廊）、平台，以及不与阳台相通的空调室外机搁板（箱）等设备平台部件。

② 骑楼（图3-31）、过街楼底层的开放公共空间和建筑物通道（图3-32）。

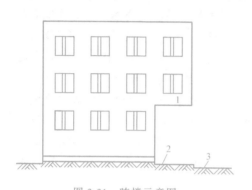

图3-31 骑楼示意图

1—骑楼 2—人行道 3—街道

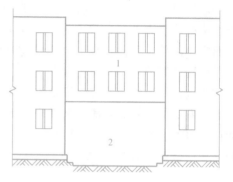

图3-32 过街楼示意图

1—过街楼 2—建筑物通道

③ 舞台及后台悬挂幕布和布景的天桥、挑台等，如图3-33所示。

说明：本条指的是影剧院的舞台及为舞台服务的可供上人维修、悬挂幕布、布置灯光及布景等搭设的天桥和挑台等构件设施。

④ 露台、露天游泳池、花架、屋顶的水箱（图3-34）及装饰性结构构件。

⑤ 建筑物内的操作平台（图3-35）、上料平台、安装箱和罐体的平台。

说明：建筑物内不构成结构层的操作平台、上料平台（工业厂房、搅拌站和料仓等建筑中的设备操作控制平台、上料平台等），

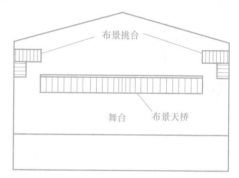

图3-33 舞台、布景天桥、布景挑台示意图

其主要作用为室内构筑物或设备服务的独立上人设施，因此不计算建筑面积。

图3-34 屋顶水箱示意图

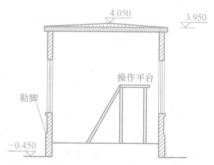

图3-35 建筑物内操作平台示意图

⑥ 勒脚、附墙柱、垛、台阶、墙面抹灰、装饰面、镶贴块料面层、装饰性幕墙，主体

结构外的空调室外机搁板（箱）、构件、配件，挑出宽度在 2.10m 以下的无柱雨篷和顶盖高度达到或超过两个楼层的无柱雨篷，如图 3-36 所示。

说明：附墙柱是指非结构性装饰柱。

⑦ 窗台与室内地面高差在 0.45m 以下且结构净高在 2.10m 以下的凸（飘）窗，窗台与室内地面高差在 0.45m 及以上的凸（飘）窗。

⑧ 室外爬梯、室外专用消防钢楼梯。

说明：室外钢楼梯需要区分具体用途，如专用于消防的楼梯，则不计算建筑面积，如果是建筑物唯一通道，兼用于消防，则需要按 20）计算建筑面积。

⑨ 无围护结构的观光电梯。

⑩ 建筑物以外的地下人防通道，独

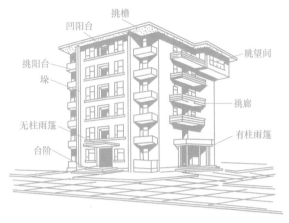

图 3-36　建筑物示意图

立的烟囱、烟道、地沟、油（水）罐、气柜、水塔、贮油（水）池、贮仓、栈桥等构筑物。

四、基数及建筑面积计算实例

【例 3-1】　试计算如图 3-37、图 3-38 所示二层住宅的基数及建筑面积。

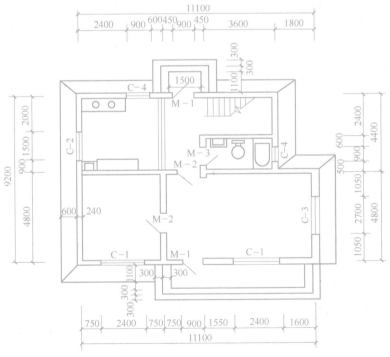

图 3-37　某住宅底层平面图

解：（1）计算建筑面积之前，首先应熟悉图纸，对图纸各轴线及各局部尺寸进行复合检查。从图中可以看出，该住宅可分为底层和楼层两部分，内、外墙均为 240 墙，所标尺寸

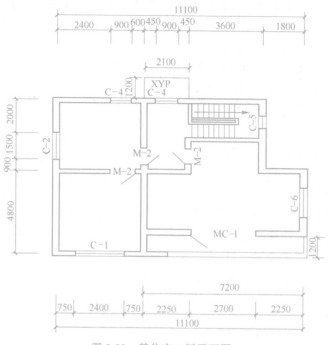

图 3-38 某住宅二层平面图

均为轴线尺寸。因此，按规则应分别计算三线一面及建筑面积。

① 底层属规则图形，所以可以按一大矩形块计算建筑面积，然后再减去凹进来的小矩形块。注意前后台阶均不应计算建筑面积。

② 楼层计算方法同底层。不同之处是无卫生间，推拉门改为 240 墙，需要分别计算内墙净长线。有一个在主体结构外的阳台，应按其结构底板水平投影面积计算 1/2 面积，雨篷则不应计算建筑面积。

（2）计算如下：

① 底层

外墙中心线长 $L_{中} = (11.1 + 9.2) m \times 2 = 40.6m$

外墙外边线长 $L_{外} = (11.1 + 0.24 + 9.2 + 0.24) m \times 2 = 41.56m$

内墙净长线 $L_{内} = (11.1 - 1.8 - 0.24 + 4.8 - 0.24 + 3.6 + 2 - 0.24) m = 18.98m$

建筑面积 $S_{底} = (11.10 + 0.24) m \times (9.20 + 0.24) m - (4.40 \times 1.80) m^2$

$= 99.13m^2$

② 楼层

内墙净长线 $L_{内} = (11.1 - 1.8 - 0.24 + 9.2 - 0.24 \times 2 - 1.2 + 2) m = 18.58m$

建筑面积 $S_2 = (11.10 + 0.24) m \times (9.20 + 0.24) m - (4.40 \times 1.80) m^2 - \frac{1}{2} (7.2 \times 1.2) m^2$

$= 107.05m^2 - 7.92m^2 - 4.32m^2$

$= 94.81m^2$

总建筑面积 $S = S_{底} + S_2 = 99.13m^2 + 94.81m^2 = 193.94m^2$

小　结

本学习情境主要对建筑工程计价的依据、方法、步骤、工程量、工程量的计算原则、建筑面积的计算规范进行全面讲解，并附有典型实例分析，便于学生学习。

通过本学习情境的学习，学生应全面地掌握建筑面积计算规范，并能够正确计算建筑面积，初步形成建筑工程计价的学习思路。

同步测试

一、单项选择题

1. 单层、多层建筑物结构层的层高（　　　），方可计算全部建筑面积。

A. 大于 2.2m　　　　B. 等于 2.2m　　　　C. 小于 2.2m　　　　D. 大于等于 2.2m

2. 地下室是指室内地平面低于室外地平面的高度超过室内净高的（　　　）的房间。

A. 1/2　　　　　　B. 1/3　　　　　　C. 1/4　　　　　　D. 1/5

3. 下列关于雨篷的建筑面积计算的说法正确的是（　　　）。

A. 有柱雨篷按其结构板水平投影面积计算

B. 有柱雨篷按其结构板水平投影面积的 1/2 计算

C. 无柱雨篷的结构外边线至外墙结构外边线的宽度小于 2.1m，按结构板水平投影面积的 1/2 计算

D. 无柱雨篷的结构外边线至外墙结构外边线的宽度大于 2.1m，按结构板水平投影面积的全部计算

4. 建筑物外墙外侧有保温隔热层，其建筑面积应按（　　　）计算。

A. 外墙结构外边线　　　　　　　　B. 保温隔热材料水平截面积

C. 外墙结构中心线　　　　　　　　D. 保温隔热层中心线

5. 外墙中心线可以计算（　　　）的工程量。

A. 外墙抹灰　　　　　　　　　　　B. 外墙墙体

C. 外墙圈梁（370 墙）　　　　　　D. 外墙脚手架

二、多项选择题

1. 在建筑面积计算中，计算 1/2 建筑面积的项目有（　　　）。

A. 挑出宽度超过 2.1m 的雨篷　　　B. 建筑物的阳台

C. 台阶　　　　　　　　　　　　　D. 有永久性顶盖的室外楼梯

E. 坡屋顶下净高不足 1.2m 的部分

2. "三线一面"是指（　　　）。

A. 外墙中心线　　　　　　　　　　B. 内墙净长线

C. 外墙外边线　　　　　　　　　　D. 建筑面积

E. 底层建筑面积

3. 建筑工程计价的依据有 （　　　）。

A. 施工图　　　　　B. 预算定额　　　　　C. 材差

D. 设计变更　　　　E. 施工方案

4. 不计算建筑面积的项目有 （　　　）。

A. 墙面抹灰　　　　B. 飘窗　　　　　　　C. 台阶

D. 加油站　　　　　E. 骑楼

5. 建筑物中 （　　　） 属于辅助面积。

A. 楼梯　　　　　　B. 走廊　　　　　　　C. 厕所

D. 厨房　　　　　　E. 起居室

6. 建筑物的 （　　　） 应按建筑物的自然层计算建筑面积。

A. 室内楼梯　　　　B. 电梯井　　　　　　C. 提物井

D. 烟道　　　　　　E. 垃圾道

三、问答题

1. 建筑工程计价的依据有哪些？

2. 工程量计算的原则有哪些？

3. 什么是建筑面积？包括哪些内容？

4. 利用坡屋顶内空间时建筑面积如何计算？

5. 地下室、半地下室，包括相应的有永久性顶盖的出入口建筑面积如何计算？

学习情境四

土石方工程

知识目标

- 了解土石方工程的相关施工工艺流程
- 熟悉土石方工程项目的设置内容
- 掌握土石方工程的工程量计算规则及定额计价

能力目标

- 能够识读基础施工图并熟悉施工方案中确定的土方开挖方式
- 能够熟练使用定额与标准图集，熟悉土石方工程的项目计算方法
- 能够熟练掌握挖地槽和管沟槽、挖基坑、挖土方及其他相关项目的计量与计价

单元一　土石方工程定额的有关说明

一、土石方工程的内容

土石方工程的内容包括土方工程、石方工程、回填及其他、场内外土方运输等。

二、土石方工程中与计价有关的规定

1. 土壤、岩石的分类

土壤、岩石的类别直接影响土石方工程施工，其类别与工程量计算、价格的确定存在密切关系。《内蒙古自治区房屋建筑与装饰工程预算定额》中，土壤和岩石是按照普氏分类法分类的，具体分类结果见本定额的有关说明。

2. 工作面的规定

土石方工程是基础工程的前一道工序，为基础工程的施工开创适宜的工作面。施工时挖土宽度应根据基础的宽度及基础施工时所需要的作业面（工作面）确定。

基础施工的工作面宽度，按施工组织设计计算，当施工组织设计无规定时，按表 4-1 的规定计算。

表 4-1　基础施工单面工作面宽度计算表

基 础 材 料	每面增加工作面宽度(mm)
砖基础	200
毛石、方整石基础	250
混凝土基础(支模板)	400
混凝土基础垫层(支模板)	150
基础垂直面做砂浆防潮层	400(自防潮层面)
基础垂直面做防水层或防腐层	1000(自防水层或防腐层面)
支挡土板	100(另加)
需搭设脚手架(条形基础)	1500(只计算一面)
需搭设脚手架(独立基础)	450(计算四面)
基础土方大开挖需要做边坡支护	2000
基坑内施工各种桩	2000
管道施工的工作面宽度	按材质及基础宽度不同进行设置(见表 4-5)

3. 土方放坡的规定

土方开挖超过一定深度，可采用放坡形式来维持边坡的稳定。放坡坡度的大小应根据土质、挖土深度、边坡留置时间、排水情况、边坡上部荷载及土方开挖方案等因素确定。放坡坡度用坡度系数 K 表示，是指放坡宽度 B 与挖土深度 H 的比值，即 $K=B/H$。

计算挖沟槽、挖基坑或挖土方的工程量时，土方放坡的起点深度和放坡坡度应按施工组织设计计算；当施工组织设计无规定时，按表 4-2 计算。

表4-2　土方放坡起点深度和放坡坡度表

土壤类别	起点深度（>m）	放坡坡度			
		人工挖土	机械挖土		
			基坑内作业	基坑上作业	沟槽上作业
一、二类土	1.20	1：0.50	1：0.33	1：0.75	1：0.5
三类土	1.50	1：0.33	1：0.25	1：0.67	1：0.33
四类土	2.00	1：0.25	1：0.1	1：0.33	1：0.25

1）放坡起点的规定：对于一、二类土，挖土深度在1.2m以内时不需要放坡；对于三类土，挖土深度在1.5m以内时不需要放坡；对于四类土，挖土深度在2m以内时不需要放坡。若挖土深度分别超过上述规定，应按放坡计算土方量。不放坡不支挡土板示意图如图4-1所示，放坡示意图如图4-2所示，自垫层上表面放坡示意图如图4-3所示。

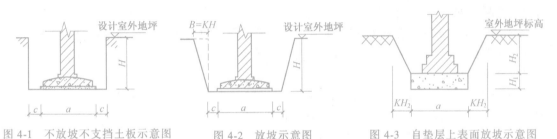

图4-1　不放坡不支挡土板示意图　　图4-2　放坡示意图　　图4-3　自垫层上表面放坡示意图

2）在具体施工中还常常遇到基础下土质不能满足承载要求，需要做水撼砂垫层的情况。这类基础的放坡起点按全深计算，而放坡的深度从水撼砂上表面开始计算。另外，基础施工时若发生流砂，其放坡应按实际或施工组织设计规定的坡度系数计算。

3）当遇到在同一槽、坑或沟内有不同类别的土时，其坡度系数可根据施工组织设计规定确定；如无规定时，可按土壤的坡度系数与勘察资料确定的各类土占其全深的百分比加权计算。计算公式为

$$K = \frac{K_1 H_1 + K_2 H_2 + \cdots + K_n H_n}{H_1 + H_2 + \cdots + H_n}$$

式中　K——加权的坡度系数；

K_n——不同类别土壤的坡度系数；

H_n——不同类别土壤的深度。

4）挖冻土时不计算放坡。

4. 支挡土板的规定

支挡土板开挖如图4-4所示。在需要放坡的土方开挖中，若因现场限制不能放坡，或因土质原因放坡后工程量较大时，就需要用支护结构支撑土壁。支挡土板后挖土宽度按图示沟槽底宽，单面加10cm，双面加20cm计算。支挡土板后不得再计算放坡。

5. 干土、湿土、淤泥、冻土

干土、湿土的划分，以地质勘测资料的地下常水位

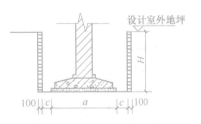

图4-4　支挡土板开挖示意图

为准。地下常水位以上的为干土，以下的为湿土。地表水排出后，土壤含水率≥25%的为湿土。含水率超过液限，土和水的混合物呈现流动状态时为淤泥。

温度在0℃及以下，并夹含有冰的土壤为冻土。

6. 虚土、天然密实土、夯实土、松填土

1）虚土是指未经碾压自然形成的土。

2）天然密实土是指未经松动的自然土（天然土）。

3）夯实土是指按规范要求经过分层碾压、夯实的土。

4）松填土是指挖出的自然土，自然堆放未经夯实填在槽、坑的土。

三、土石方的定额使用说明

1）沟槽、基坑、一般土石方的划分：底宽（设计图示垫层或基础的底宽，下同）≤7m，且底长>3倍底宽的为沟槽；底长≤3倍底宽，且底面积≤150m²的为基坑；超出上述范围，又非平整场地的，为一般土石方。

2）挖掘机（含小型挖掘机）挖土方项目，已综合了挖掘机挖土方和挖掘机挖土后，基底和边坡遗留厚度≤0.30m的人工清理和修整。使用时不得调整，人工基底清理和边坡修整不另行计算。

3）小型挖掘机，是指斗容量≤0.30m³的挖掘机，适用于基础（含垫层）底宽≤1.20m的沟槽土方工程或底面积≤8m²的基坑土方工程。

4）下列土石方工程，执行相应项目时乘以规定的系数：

① 土方项目按干土编制。人工挖、运湿土时，相应项目人工乘以系数1.18；机械挖、运湿土时，相应项目人工、机械乘以系数1.15。采取降水措施后，人工挖、运土相应项目人工乘以系数1.09，机械挖、运土不再乘以系数。

② 人工挖一般土方、沟槽、基坑深度超过6m时，6m<深度≤7m，按深度≤6m相应项目人工乘以系数1.25；7m<深度≤8m，按深度≤6m相应项目人工乘以系数1.25^2；以此类推。

③ 挡土板内人工挖槽坑时，相应项目人工乘以系数1.43。

④ 桩间挖土不扣除桩体和空孔所占体积，相应项目人工、机械乘以系数1.50。

⑤ 满堂基础垫层底以下局部加深的槽坑，按槽坑相应规则计算工程量，相应项目人工、机械乘以系数1.25。

⑥ 推土机推土，当土层平均厚度≤0.30m时，相应项目人工、机械乘以系数1.25。

⑦ 挖掘机在垫板上作业时，相应项目人工、机械乘以系数1.25。挖掘机下铺设垫板、汽车运输道路上铺设材料时，其费用另行计算。

⑧ 场区（含地下室顶板以上）回填，相应项目人工、机械乘以系数0.90。

5）土石方运输。

① 本定额本章土石方运输是按施工现场至弃土场考虑的，运输距离以25km以内考虑，运距在25km以上另行计算。

② 土石方运距，按挖土区重心至填方区（或堆放区）重心间的最短距离计算。

③ 人工、人力车、汽车的负载上坡（坡度≤15%）降效因素，已综合在相应运输项目中，不另计算。推土机、装载机负载上坡时，其降效因素按坡道斜长乘以表4-3中的相应系

数计算。

表 4-3　重车上坡降效系数表

坡度(%)	5~10	≤15	≤20	≤25
系数	1.75	2.00	2.25	2.50

6）平整场地，是指建筑物所在现场厚度≤±30cm（在±30cm 以内）的就地挖、填及平整。挖填土方厚度>±30cm（在±30cm 以外）时，全部厚度按一般土方相应规定另行计算，但仍应计算平整场地。

7）基础（地下室）周边回填材料时，执行本定额"第二章　地基处理与边坡支护工程"第一节地基处理相应项目，人工、机械乘以系数 0.90。

8）本定额本章未包括现场障碍物清除、地下常水位以下的施工降水、土石方开挖过程中的地表水排除与边坡支护，实际发生时，另按其他相应规定计算。

单元二　土石方工程的工程量计算规则

一、基本原则

1）土石方开挖、回填、运输的工程量均按开挖前的天然密实体积计算，按表 4-4 换算。

表 4-4　土石方体积换算系数表

名称	虚方	松填	天然密实	夯填
土方	1.00	0.83	0.77	0.67
	1.20	1.00	0.92	0.80
	1.30	1.08	1.00	0.87
	1.50	1.25	1.15	1.00
石方	1.00	0.85	0.65	
	1.18	1.00	0.76	—
	1.54	1.31	1.00	
块石	1.75	1.43	1.00	（码方）1.67
砂夹石	1.07	0.94	1.00	—

2）基础土石方的开挖深度，应按基础（含垫层）底标高至设计室外地坪标高确定。交付施工场地标高与设计室外地坪标高不同时，应按交付施工场地标高确定。

二、平整场地、基础钎探及碾压

（1）平整场地　在土方开挖前，对施工场地高低不平的部位进行就地平整，以便进行建筑工程的定位放线。自然地坪与设计室外地坪高差在±30cm 以内的就地挖填找平称为平整场地，用人工就地挖填及找平的称为人工平整场地。

平整场地的工程量，按设计图示尺寸以建筑物首层建筑面积计算。建筑物地下室结构外边线凸出首层结构外边线时，其凸出部分的建筑面积合并计算。

（2）基础钎探 基坑挖好后，用锤把钢钎打入槽底的基土内，根据每打入一定深度的锤击次数，来判断地基土质情况的方法称为钎探验槽法。

基础钎探的工程量以垫层（或基础）底面积计算。设计采用桩基础时，不再计取基础钎探费用。

（3）碾压 原土夯实与碾压，按施工组织设计规定的尺寸，以面积计算。

三、挖沟槽和管道沟槽

（1）挖沟槽 沟槽是指槽底宽度≤7m，且底长大于底宽 3 倍的坑槽。挖沟槽的工程量应根据沟槽是否放坡、工作面留设的宽度以及是否支挡土板等因素确定沟槽的尺寸，以 m^3 为单位计算。挖沟槽的长度、深度、断面面积的计算规则如下：

1）沟槽的长度：外墙按设计图示中心线长度计算；内墙按基础（含垫层）之间垫层（或基础底）的净长度计算。内外凸出部分（垛、附墙烟囱、垃圾道等）的体积并入沟槽土方工程量内。挖沟槽需要放坡时，交接处重复工程量不扣除。沟槽相交重复计算部分如图 4-5 所示。

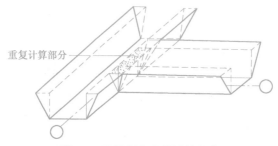

重复计算部分

图 4-5 沟槽相交重复计算部分

2）沟槽的深度：按设计图示沟槽底面至室外设计地坪的距离计算。

3）沟槽的断面面积：

① 不放坡、不支挡土板的（图 4-1）：$A = (a+2c) \times H$

② 支挡土板的（图 4-4）：$A = (a+2c+0.2) \times H$（注：支挡土板单面加 10cm，双面加 20cm）挡土板的面积按沟槽、基坑垂直支撑面积计算。

③ 放坡的（图 4-2）：$A = (a+2c+KH) \times H$

④ 垫层不需支模板的（图 4-3）：$A = (a+KH_2) \times H_2 + a \times H_1$

式中 a——设计图示基础或垫层底部宽度；

c——基础施工工作面，施工组织设计有规定的，按规定执行；没有明确规定的，按表 4-1 规定执行；

H——沟槽全深；

H_2——放坡部分沟槽深；

H_1——垫层厚度；

K——坡度系数。

（2）挖管道沟槽 挖管道沟槽按设计图示中心线长度计算，沟底宽度，设计有规定的，按设计规定尺寸计算；设计无规定的，按表 4-5 的规定执行。

管道沟的深度按设计图示沟底至室外地坪的距离计算。开挖管道沟的断面形式同沟槽。

表 4-5　管道施工单面工作面宽度计算表

管道材质	管道基础外沿宽度(无基础时管道外径)(mm)			
	≤500	≤1000	≤2500	>2500
混凝土管、水泥管	400	500	600	700
其他管道	300	400	500	600

四、挖基坑

基坑是指坑底面积≤150m²（不包括增加的工作面），底长≤3倍底宽的坑槽。挖基坑的工程量按设计图示尺寸以立方米计算。挖基坑的放坡和增加工作面的规定与挖沟槽相同，不同的是挖沟槽是两边放坡，而挖基坑是四边放坡。

1) 方形基坑不需要放坡时，开挖成的形状为立方体；需要放坡时，开挖成的形状为倒置的棱台体，因此挖基坑的工程量等于立方体或棱台体的体积。

如图 4-6、图 4-7 所示，基坑的工程量为

$$V = (a+2c+KH) \times (b+2c+KH) \times H + 1/3K^2H^3$$

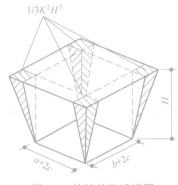

图 4-6　放坡基坑透视图

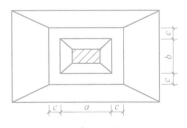

图 4-7　放坡基坑平面图

2) 圆形基坑不需要放坡时，开挖成的形状为圆柱体；需要放坡时，开挖成的形状为倒置的圆台体，因此挖基坑的工程量等于圆柱体或圆台体的体积。

如图 4-8 所示，圆形基坑的工程量为　$V = 1/3\pi H(r^2+rR+R^2)$

式中　r——坑底半径；

　　　R——坑上口半径；

　　　H——基坑全深。

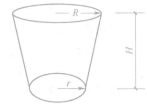

图 4-8　圆形基坑

五、挖土方

凡平整场地厚度在±30cm 以上、沟槽底宽在 7m 以上、坑底面积在 150m² 以上的挖土均按挖土方计算，其工程量按所挖形体的体积以立方米计算。

六、设计土方回填

回填土是指垫层、基础等隐蔽工程完成后，在 5m 以内取土回填的施工过程，分为松

填、夯填，其工程量按设计图示回填体积并依下列规定以立方米计算：

1）沟槽、基坑回填，按挖方体积减去设计室外地坪以下建筑物、基础（含垫层）的体积计算。

2）管道沟槽回填，按挖方体积减去管道基础所占体积。管径在500mm以下的不扣除其所占体积，管径超过500mm时按表4-6的规定扣除。

表4-6 管道折合回填体积表　　　　　　　　　　　　　单位：m^3/m

管道	公称直径（mm以内）					
	500	600	800	1000	1200	1500
混凝土管及钢筋混凝土管道	—	0.33	0.60	0.92	1.15	1.45
其他材质管道	—	0.22	0.46	0.74	—	—

3）房心（含地下室内）回填，按主墙间净面积（扣除连续底面积2m^2以上的设备基础等面积）乘以回填厚度以体积计算。房心回填土如图4-9所示。

4）场区（含地下室顶板以上）回填，按回填面积乘以平均回填厚度以体积计算。

5）余土或取土工程量按下述规定计算：

余土（取土）体积＝挖土总体积−回填土总体积

计算结果为正值时为余土外运体积，为负值则表明挖土工程量小于回填土的量，需要取土回填。

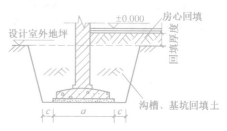

图4-9　房心回填土

七、土方运输

土方运输，以天然密实体积计算。挖土总体积减去回填土体积（折合天然密实），总体积为正，则为余土外运；总体积为负，则为取土内运。

单元三　土石方工程实例

【例4-1】　某办公楼基础平面图、剖面图如图4-10所示，土壤类别为二类，施工采用人工挖地槽。经计算，设计室外地坪以下埋设的砌筑物的总量为90.87m^3，求该项目挖基槽、基础回填土、外运土方的工程量。

解：（1）人工挖基槽的工程量

根据题意及有关数据，坡度系数$K=0.5$、查表4-1得每面增加工作面宽度$c=0.25m$、槽深$H=2.4m-0.3m=2.1m$，则：

外墙计算长度为外墙中心线，$L_{中}=[(13.8+0.13)+(6+0.13)]m\times2=40.12m$

内墙计算长度为外墙基础底面之间的净长线，$L_{净}=(4.2-0.535\times2-0.25\times2)m\times3=7.89m$

外墙挖基槽工程量$V_{外}=(a_{外}+2c+KH)\times H\times L_{中}=(1.2+2\times0.25+0.5\times2.1)m\times2.1m\times40.12m=231.69m^3$

内墙挖基槽工程量$V_{内}=(a_{内}+2c+KH)\times H\times L_{净}=(1.0+2\times0.25+0.5\times2.1)m\times2.1m\times7.89m=42.25m^3$

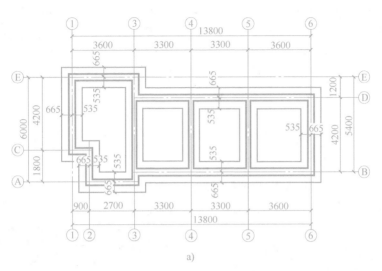

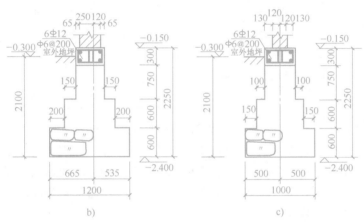

图 4-10　基础平面、剖面图

a）基础平面图　b）外墙基础剖面图　c）内墙基础剖面图

该项目挖基槽的量 = $V_{外}$ + $V_{内}$ = 231.69m³ + 42.25m³ = 273.94m³

（2）基础回填土

基础回填土 = 挖基槽的量 - 室外地坪以下埋设砌筑物的量 = 273.94m³ - 90.87m³ = 183.07m³

（3）外运土方的工程量

外运土方的工程量 = 设计室外地坪以下埋设砌筑物的量 = 90.87m³

【例 4-2】　计算图 4-11 所示的人工挖基坑的工程量及分部分项工程费，已知坡度系数 K = 0.33，作业现场三类土，土方全部外运，运距 16km，自卸汽车运土，人工装卸土。

解：（1）挖基坑的工程量

$$V = (a + 2c + KH) \times (b + 2c + KH) \times H + 1/3K^2H^3$$

$$= (1.5 + 0.33 \times 2) \times (1.5 + 0.33 \times 2)m^2 \times 2m + 1/3 \times 0.33^2 \times 2m^3$$

$$= 9.62m^3$$

（2）分部分项工程预算费计算

分部分项工程费计算见表 4-7。其中，自卸汽车外运土 16km 运距换算方法：以 15km 运

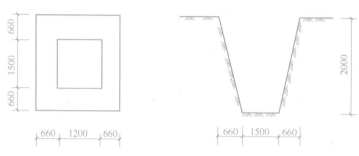

图 4-11　基坑平面、剖面图

距 t-1-143 为基数，再套自卸汽车外运土每增 1km 的 t-1-145。

表 4-7　工程预算表

序号	定额号	工程项目名称	单位	工程量	单价(元)	合价(元)	其中人工费(元) 单价	其中人工费(元) 合价
1	t-1-19	人工挖基坑	m³	9.62	52.88	509	44.82	431
2	t-1-27	人工装土	m³	9.62	9.15	88	7.75	75
3	t-1-143	自卸汽车外运土	m³	9.62	21.82	210	2.55	25
4	t-1-145	自卸汽车外运土每增 1km	m³	9.62	13.22	127		
合计						934		531

【例 4-3】　如图 4-12 所示，某箱形基础，基础外边（不含垫层）总长 45.3m，总宽 12.3m，设计室外地坪标高 −0.4m，素混凝土垫层 $H_1 = 200mm$，二类土，土方大开挖，机械挖土，坑内作业，土方机械回填，余土均直接装车外运，运距为 10km，回填土运至距现场 1km 处，回填时回运。计算土方工程的分部分项工程费（不考虑坡道土方，实际施工时按施工组织设计或施工方案执行）。

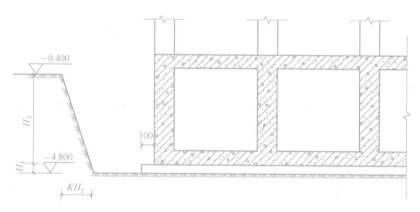

图 4-12　箱型基础剖面图

解：（1）工程量计算

该工程基础底面积大于 150m²，应按挖土方计算；二类土，机械挖土，坑内作业，查表 4-2，$K = 0.33$；需搭设脚手架，每边加工作面 2.0m。从垫层下表面开始放坡，放坡深度 $H_2 = 4.8 - 0.4 = 4.4$ （m）。

挖基坑土方工程量 $= (a+2c+KH) \times (b+2c+KH) \times H + 1/3K^2H^3$

$\qquad = [(45.3+0.1\times2)+2\times2+0.33\times4.4]m\times[(12.3+0.1\times2)+2\times2+0.33\times$

$\qquad 4.4]m\times4.4m+1/3\times0.33^2\times4.4m^3$

$\qquad = 4027.73m^3$

外运土的工程量 $= (45.3+2\times0.1)m\times(12.3+2\times0.1)m\times0.2m+45.3m\times12.3m\times4.2m =$ $2453.95m^3$

回填土的工程量 $= 4027.73m^3 - 2453.95m^3 = 1573.78m^3$

（2）分部分项工程费计算

分部分项工程费计算见表4-8。

表 4-8　工程预算表

序号	定额号	工程项目名称	单位	工程量	单价（元）	合价（元）	其中人工费（元）	
							单价	合价
1	t-1-43	挖掘机挖土	m^3	4027.73	5.03	20259	2.61	10512
2	t-1-139	土方外运（1km）	m^3	1573.78	3.32	5225	0.26	409
3	t-1-142	余土外运（10km）	m^3	2453.95	15.22	37349	0.26	638
4	t-1-41	装载机装土	m^3	1573.78	2.61	4108	0.50	787
5	t-1-139	土方回运（1km）	m^3	1573.78	3.32	5225	0.26	409
6	t-1-130	机械回填土	m^3	1573.78	8.17	12858	5.43	8546
合计						85024		21301

小　结

本学习情境主要对土石方工程定额的有关说明和工程量计算规则进行全面讲解，并附有典型实例分析。

通过本学习情境的学习，学生应熟悉基础工程施工图中土方开挖的界线，并结合施工方案现场情况确立土方开挖方式，正确掌握土石方工程的计量与计价，具备编制土石方工程施工图预算的能力。

同 步 测 试

一、单项选择题

1. 平整场地是指对施工场地高低不平的部位且自然地坪与设计室外地坪高差在（　　　）以内就地挖填找平。

A. ±30cm　　　　B. ±50cm　　　　C. ±60cm　　　　D. ±120cm

2. 碾压分为原土夯实和碾压，碾压按施工组织设计规定的尺寸以（　　　）计算。

A. 面积　　　　B. 厚度　　　　C. 图示尺寸　　　　D. 体积

3. 凡平整场地厚度在±30cm以上，沟槽底宽底在（ ）以上，坑底面积在150m² 以上的挖土按挖土方计算。

A. 1m   B. 2m   C. 3m   D. 7m

4. 房心回填土按实际填土（ ）计算。

A. 体积   B. 面积   C. 厚度   D. 层数

二、多项选择题

1. 下列（ ）就地挖填找平属于平整场地。

A. ±15cm   B. ±20cm   C. ±25cm   D. ±35cm   E. ±40cm

2. 关于土方的计算规则，下列说法正确的是（ ）。

A. 土方的挖、填、运均按挖掘前的天然密实体积计算

B. 基础钎探以垫层或基础底面积计算

C. 计算基础土方放坡时，应扣除放坡交叉处的重复工程量

D. 内墙沟槽按基础（含垫层）之间垫层（或基础底）的净长度计算

E. 挖土自设计室内地坪标高开始计算

3. 根据定额规定，下列情况属于挖沟槽的是（ ）。

A. 底宽≤7m   B. 底长>3倍底宽

C. 底宽≤3m   D. 底宽≤5m

E. 坑底面积<20m³

三、问答题

1. 土方工程量计算前应掌握哪些基础资料？

2. 如何确定土方工程的开挖深度？

3. 什么是平整场地、原土和填土碾压、基础钎探？其工程量应如何计算。

4. 土方开挖中，挖沟槽、挖基坑、挖土方如何界定？写出计算公式。

学习情境五

地基处理与边坡支护工程

知识目标

- 了解地基处理及边坡支护工程的施工工艺及定额说明
- 掌握地基处理及边坡支护工程的工程量计算规则
- 熟悉地基处理及边坡支护工程的工程量计算方法

能力目标

- 能够识读地基处理及边坡支护工程的施工布置图
- 能够正确计算地基处理及边坡支护工程的工程量
- 能够熟练应用定额进行套价

单元一　地基处理与边坡支护工程定额的有关说明

一、地基处理与边坡支护工程的施工工艺及其特点

1. 强夯

强夯法又称动力固结法，是指用起重机械将大吨位（一般8~30t）的夯锤起吊到6~30m高度后自由落下，给地基以强大的冲击能量，使土中出现冲击波和很大的冲击应力，迫使土层孔隙压缩，土体局部液化，在夯击点周围产生裂隙，形成良好的排水通道，孔隙水和气体溢出，使土粒重新排列，致使地基迅速固结，从而提高地基承载能力，降低其压缩性的一种有效的地基加固方法。

一般情况下，强夯后再以低能量（为前几遍能量的1/5~1/4，锤击数为2~4击）满夯一遍整个场地的松土和被振松的表层土，这道工序称为低锤满拍。每单位面积的夯点布置形式如图5-1所示。

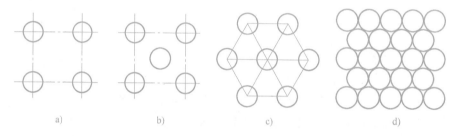

图5-1　夯点布置形式图

a）正方形　b）梅花形　c）正三角形　d）满夯布点

2. 灰土挤密桩

灰土挤密桩是利用锤击或振冲将钢管打入土中侧向挤密成孔，将管拔出后，在桩孔中分层回填配置好的灰土夯实而成。灰土桩与桩间土共同组成复合地基以承受上部荷载。

3. 振冲碎石桩

振冲碎石桩是以起重机吊起振冲器，启动潜水电动机带动偏心块，使振动器产生高频振动，同时启动水泵，通过喷嘴喷射高压水流，在边振边冲的共同作用下，将振动器沉到土中的预定深度，经清孔后向孔内逐段填入碎石，在振动作用下碎石被挤密实，达到要求的密实度后即可提升振动器，如此重复填料和振密，直至到地面，在地基中形成一个大直径的密实桩体与原地基构成复合地基，从而提高地基承载力的一种桩的形式。

4. 深层搅拌水泥桩

深层搅拌水泥桩是利用水泥、石膏粉等材料作为固化剂，采用深层搅拌机械在地基深处就地将软土和固化剂强制搅拌，利用固化剂和软土之间所产生的一系列物理、化学反应，使软土硬结成具有整体性、水稳定性和一定强度的地基。水泥搅拌桩互相搭接形成搅拌桩墙，既可以用于增加地基承载力和作为基坑开挖的侧向支护，也可以作为抗渗漏止水帷幕。深层搅拌水泥桩施工工艺流程如图5-2所示。

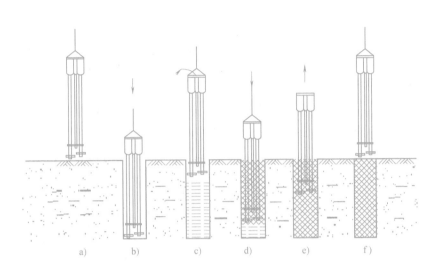

图 5-2　深层搅拌水泥桩施工工艺流程

a）定位　b）预埋下沉　c）提升喷浆搅拌　d）重复下沉搅拌　e）重复提升搅拌　f）成桩结束

5. 三轴水泥搅拌桩

三轴水泥搅拌桩是以多轴型钻掘搅拌机在现场向一定深度进行钻掘，同时在钻头处喷出水泥系强化剂而与地基土反复混合搅拌，在各施工单元之间则采取重叠搭接施工，然后在水泥、土混合体未结硬前插入 H 型钢或钢板作为其应力补强材至水泥结硬，便形成一道具有一定强度和刚度的、连续完整的、无接缝的地下墙体。施工工艺流程与深层搅拌水泥桩相同。

6. 高压旋喷桩

高压旋喷桩分为单重管法、双重管法、三重管法。双重管旋喷是在注浆管端部侧面有一个同轴双重喷嘴，从内喷嘴喷出 20MPa 左右的水泥浆液，从外喷嘴喷出 0.7MPa 的压缩空气，在喷射的同时旋转和提升浆管，在土体中形成旋喷桩。三重管旋喷使用的是一种三重注浆管，这种注浆管由三根同轴的不同直径的钢管组成，内管输送压力为 20MPa 左右的水流，中管输送压力为 0.7MPa 左右的气流，外管输送压力为 25MPa 的水泥浆液，高压水、气同轴喷射切割土体，使土体和水泥浆液充分拌和旋转和提升注浆管形成较大直径的旋喷桩。高压旋喷桩适用于地基加固和防渗，或作为稳定基坑和沟槽边坡的支挡结构。三重管高压旋喷桩施工工艺流程如图 5-3 所示。

7. 地下连续墙

地下连续墙是在地面以下为截水防渗、挡土、承重而构筑的连续墙壁。其施工工序为在挖基槽前先做保护基槽上口的导墙，用泥浆护壁，按设计的墙宽与深分段挖槽，放置钢筋骨架，用导管灌注混凝土置换出护壁泥浆，形成一段钢筋混凝土墙；逐段连续施工成为连续墙。

地下连续墙浇筑混凝土前，槽段必须进行清底置换，刷壁并采用空压机吸出槽底劣浆，置换新泥浆，以保证钢筋笼与混凝土有一定强度的握固力。单元槽段地下连续墙的施工工艺流程如图 5-4 所示。

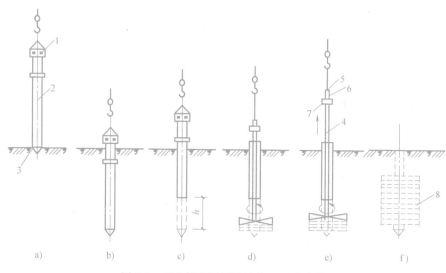

图 5-3　三重管高压旋喷桩施工工艺流程

a）定位　b）沉管成孔　c）桩靴就位及拔管　d）注浆旋转搅拌　e）提升注浆管搅拌　f）成桩
1—振动锤　2—钢套管　3—桩靴　4—三重管　5—浆液胶管
6—高压水胶管　7—压缩空气胶管　8—旋喷桩加固体

8. 土钉支护与锚杆支护

　　土钉支护通常采用土中钻孔、置入变形钢筋（带肋钢筋）并沿孔全长注浆的方法做成。土钉依靠与土体之间的界面粘结力或摩擦力在土体发生变形条件下被动受力，并主要承受拉力作用。土钉也可用钢管、角钢等作为钉体，采用直接击入的方法置入土中。土钉支护示意图如图 5-5 所示。

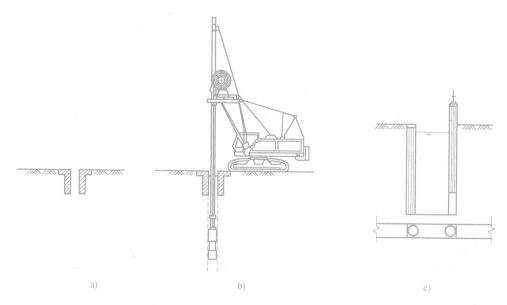

图 5-4　单元槽段地下连续墙的施工工艺流程
a）开挖沟槽、制作导墙　b）成槽　c）安放锁口管

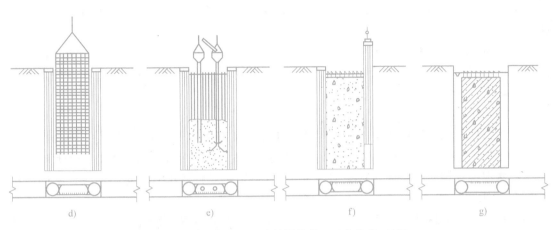

图 5-4　单元槽段地下连续墙的施工工艺流程（续）

d）吊放钢筋笼　e）地下墙浇灌　f）拔除锁口管　g）完工的槽段

锚杆是一种设置于钻孔内，端部伸入稳定土层中的钢筋或钢绞线与孔内注浆体组成的受拉杆体。锚杆支护是指利用土层锚杆与滑裂面以外的土体连成一个整体，再通过锚杆上的固定装置和支护连接，对其施加预应力，承受主动土压力，即利用地层的锚固力以维持被锚固体的稳定。土层锚杆示意图如图 5-6 所示。

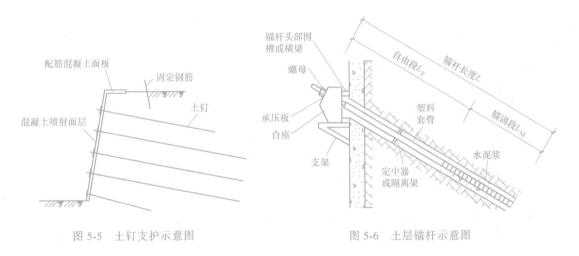

图 5-5　土钉支护示意图　　　　　　图 5-6　土层锚杆示意图

二、地基处理工程定额的使用说明

1）填料加固。

①填料加固项目用于软弱地基挖土后的换填材料加固工程。

②填料加固夯填灰土就地取土时，应扣除灰土配比中的黏土。

2）强夯。

①强夯项目中每单位面积夯点数，指设计文件规定单位面积内的夯点数量，若设计文中夯点数量与定额不同时，采用内插法计算消耗量。

②强夯的夯击击数是指强夯机械就位后，夯锤在同一夯点上下起落的次数。

③ 强夯工程量应区别不同夯击能量和夯点密度，按设计图示夯击范围及夯击遍数分别计算。

3）填料桩、碎石桩与砂石桩的充盈系数为 1.30，损耗率为 2%。实测砂石配合比及充盈系数不同时可以调整。其中灌注砂石桩除上述充盈系数和损耗率外，还包括级配密实系数 1.334。

4）搅拌桩。

① 深层搅拌水泥桩项目按 1 喷 2 搅施工编制，实际施工为 2 喷 4 搅时，项目的人工、机械乘以系数 1.43；实际施工为 2 喷 2 搅，4 喷 4 搅时分别按 1 喷 2 搅、2 喷 4 搅计算。

② 水泥搅拌桩的水泥掺入量按加固土重（1800kg/m³）的 13% 考虑，如设计不同时按每增减 1% 项目计算。

③ 深层水泥搅拌桩项目已综合了正常施工工艺需要的重复喷浆（粉）和搅拌。空搅部分按相应项目的人工及搅拌桩机台班乘以系数 0.50 计算。

④ 三轴水泥搅拌桩项目水泥掺入量按加固土重（1800kg/m³）的 18% 考虑，如设计不同时按深层水泥搅拌桩每增减 1% 项目计算；按 2 搅 2 喷施工工艺考虑，设计不同时，每增（减）1 搅 1 喷按相应项目人工和机械费增（减）40% 计算。空搅部分按相应项目的人工及搅拌桩机台班乘以系数 0.50 计算。

⑤ 三轴水泥搅拌桩设计要求全断面套打时，相应项目的人工及机械乘以系数 1.50，其余不变。

5）注浆桩。高压旋喷桩项目已综合接头处的复喷工料；高压喷射注浆桩的水泥设计用量与定额不同时，应予调整。

6）注浆地基所用的浆体材料用量应按照设计含量调整。

7）注浆项目中注浆管消耗量为摊销量，若为一次性使用，可进行调整。废浆处理及外运执行本定额"第一章 土石方工程"相应项目。

8）打桩工程按陆地打垂直桩编制。设计要求打斜桩时，斜度 ≤ 1：6 时，相应项目的人工、机械乘以系数 1.25，斜度 > 1：6 时，相应项目的人工、机械乘以系数 1.43。

9）桩间补桩或在地槽（坑）中及强夯后的地基上打桩时，相应项目的人工、机械乘以 1.15。

10）单独打试桩、锚桩，按相应项目的打桩人工及机械乘以系数 1.50。

11）若单位工程的碎石桩、砂石桩的工程量在 ≤ 60m³ 时，其相应项目的人工、机械消耗量按乘以系数 1.25 计算。

12）本定额本章凿桩头适用于深层水泥搅拌桩、三轴水泥搅拌桩、高压旋喷水泥桩等项目。

三、基坑支护工程定额的使用说明

1）地下连续墙未包括导墙挖土方、泥浆处理及外运、钢筋加工，实际发生时，按相应规定另行计算。

2）钢制桩。

① 打拔槽钢或钢轨，按钢板桩项目，其机械乘以系数 0.77，其他不变。

② 现场制作的型钢桩、钢板桩，其制作执行本定额"第六章 金属结构制作工程"中钢

柱制作相应项目。

③ 定额内未包括型钢桩、钢板桩的制作、除锈、刷油。

3）挡土板项目分为疏板和密板。疏板是指间隔支挡土板，且板间净空≤150cm的情况；密板是指满堂支挡土板或板间净空≤30cm的情况。

4）若单位工程的钢板桩的工程量≤50t时，其人工、机械量按相应项目乘以系数1.25计算。

5）钢支撑仅适用于基坑开挖的大型支撑安装、拆除。

6）注浆项目中注浆管消耗量为摊销量，若为一次性使用，可进行调整。

单元二　地基处理与边坡支护工程的工程量计算规则

一、地基处理的工程量计算规则

1）填料加固　按设计图示尺寸以体积计算。

2）强夯　按设计图示强夯处理范围以面积计算。设计无规定时，按建筑物外围轴线每边各加4m计算。

3）灰土桩、砂石桩、碎石桩、水泥粉煤灰碎石桩　均按设计桩长（包括桩尖）乘以设计桩外径截面积，以体积计算。

4）搅拌桩。

① 深层水泥搅拌桩、三轴水泥搅拌桩、高压旋喷水泥桩按设计桩长加50cm乘以设计桩外径截面积，以体积计算。

② 三轴水泥搅拌桩中的插、拔型钢工程量按设计图示型钢以质量计算。

5）高压喷射水泥桩　成孔按设计图示尺寸以桩长计算。

6）分层注浆钻孔数量　按设计图示以钻孔深度计算。注浆数量按设计图注明加固土体的体积计算。

7）压密注浆钻孔数量　按设计图示以钻孔深度计算。注浆数量按下列规定计算：

① 设计图明确加固土体体积的，按设计图注明的体积计算。

② 设计图以布点形式图示土体加固范围的，则按两孔间距的一半作为扩散半径，以布点边线各加扩散半径，形成计算平面，计算注浆体积。

③ 如果设计图注浆点在钻孔灌注桩之间，按两注浆孔的一半作为每孔的扩散半径，依此圆柱体积计算注浆体积。

8）凿桩头　按凿桩长度乘桩断面以体积计算。

二、基坑支护的工程量计算规则

1）地下连续墙

① 现浇导墙混凝土按设计图示以体积计算。现浇导墙混凝土模板按混凝土与模板接触面的面积，以面积计算。

② 成槽工程量按设计长度乘墙厚及成槽深度（设计室外地坪至连续墙底），以体积算。

③ 锁口管以"段"为单位（段指槽壁单元槽段），锁口管吊拔按连续墙段数计算，定

额中已包括锁口管的摊销费用。

④ 清底置换以"段"为单位（段指槽壁单元槽段）。

⑤ 浇筑连续墙混凝土工程量按设计长度乘以墙厚及墙深加 0.50m，以体积计算。

⑥ 凿地下连续墙超灌混凝土，设计无规定时，其工程量按墙体断面面积乘以 0.5m，以体积计算。

2）打拔钢板桩按设计桩体以质量计算。安、拆导向夹具按设计图示尺寸以长度计算。

3）砂浆土钉、砂浆锚杆的钻孔、灌浆 按设计文件或施工组织设计规定（设计图示尺寸）以钻孔深度，以长度计算。喷射混凝土护坡区分土层与岩层，按设计文件（或施工组织设计）规定尺寸，以面积计算。钢筋、钢管锚杆按设计图示以质量计算。锚头制作、安装、张拉、锁定按设计图示以套计算。

4）挡土板 按设计文件（或施工组织设计）规定的支挡范围，以面积计算。

5）钢支撑 按设计图示尺寸以质量计算，不扣除孔眼质量，焊条、铆钉、螺栓等也不另增加质量。

单元三 地基处理与边坡支护工程实例

【例 5-1】 某拟建工程黏土的地基承载力未达到要求，采用强夯法对地基进行加固。拟建建筑物外围轴线长度 54.8m，宽度 16m。施工方案是在此范围内强夯机械就位后，20t 重锤从 15m 高处起落，第一遍夯点按正方形插点布置，每单位面积 4 夯点，每夯点按 3 击夯击；第二遍低锤满夯。试计算：①强夯工程量及分部分项工程费、人工费。②若设计文件规定每单位面积夯点数量为 5 夯点，每夯点按 4 击夯击，其分部分项工程费又是多少？

解：1）设计无规定时，强夯处理范围按建筑物外围轴线每边各加 4m 以面积计算。

$$S = (54.8+4\times2)\,\mathrm{m} \times (16+4\times2)\,\mathrm{m} = 1507.2\,\mathrm{m}^2$$

2）在定额项目套价时，按夯击能量与夯击密度区分不同的强夯项目，夯击能量公式为

$$夯击能量 = 锤重 \times 夯锤落距$$

$$N = 20\mathrm{t} \times 15\mathrm{m} = 300\mathrm{t} \cdot \mathrm{m} = 3000\mathrm{kN} \cdot \mathrm{m}$$

分部分项工程费计算见表 5-1。

表 5-1 工程预算表

序号	定额号	工程项目名称	单位	工程量	单价（元）	合价（元）	定额人工费（元）	
							单价	合价
1	t2-22	强夯地基（夯击能 ≤ 3000kN·m，≤4 夯点，4 击夯击）	m²	1507.2	6.28	9465	1.18	1778
2	t2-23	每增减 1 击	m²	1507.2	1.20	−1809	0.23	−347
3	t2-24	低锤满拍	m²	1507.2	18.86	28426	3.54	5335
合　计						36082		6766

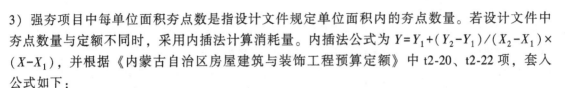

3）强夯项目中每单位面积夯点数是指设计文件规定单位面积内的夯点数量。若设计文件中夯点数量与定额不同时，采用内插法计算消耗量。内插法公式为 $Y=Y_1+(Y_2-Y_1)/(X_2-X_1)\times(X-X_1)$，并根据《内蒙古自治区房屋建筑与装饰工程预算定额》中 t2-20、t2-22 项，套入公式如下：

综合工日消耗量：$Y=[1.052+(1.840-1.052)/(7-4)\times(5-4)]$ 工日/100m²
$$=1.315\ \text{工日}/100\text{m}^2$$

强夯机械 3000kN·m 消耗量：$Y=[0.204+(0.358-0.204)/(7-4)\times(5-4)]$ 台班/100m²
$$=0.255\ \text{台班}/100\text{m}^2$$

履带式推土机 135kW 消耗量：$Y=[0.143+(0.251-0.143)/(7-4)\times(5-4)]$ 台班/100m²
$$=0.179\ \text{台班}/100\text{m}^2$$

基价 $=[112.35\times1.315\times(1+20\%+16\%)+1455.86\times0.255+1178.47\times0.179]$ 元/100m²
$$=785.41\ \text{元}/100\text{m}^2$$

分部分项工程费 $=7.85$ 元/m²$\times1507.2$m² $=11832$ 元

【例 5-2】 某工程有 8 个相同尺寸的独立基础，基底为可塑黏土，不能满足设计承载力要求，采用水泥粉煤灰碎石桩进行地基处理，桩径为 500mm，设计桩长为 10m，桩端进入硬塑性黏土层不少于 1.5m，桩顶在地面以下 1.5～2m，水泥粉煤灰碎石桩采用螺旋钻孔灌注桩施工，桩顶采用 200mm 厚人工级配天然砂砾石人工夯实，如图 5-7、图 5-8 所示。试计算本工程地基处理的工程量及分部分项工程费、人工费。

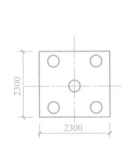

图 5-7 水泥粉煤灰碎石桩平面图

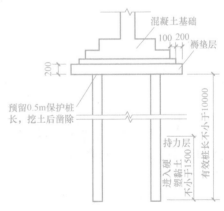

图 5-8 水泥粉煤灰碎石桩详图

解：1）水泥粉煤灰碎石桩均按设计桩长（包括桩尖）乘以设计桩外径截面积以体积计算。

$$V=(\pi\times0.25^2\times10\times5\times8)\,\text{m}^3=78.5\text{m}^3$$

2）褥垫层工程量计算按填料加固以体积计算。

$$V=(2.3+0.1\times2+0.2\times2)\,\text{m}\times(2.3+0.1\times2+0.2\times2)\,\text{m}\times8\times0.2\text{m}=13.46\text{m}^3$$

3）凿桩头按凿桩长度乘桩断面以体积计算。

$$V=(\pi\times0.25^2\times0.5\times5\times8)\,\text{m}^3=3.93\text{m}^3$$

分部分项工程费计算见表 5-2。

表 5-2　工程预算表

序号	定额号	工程项目名称	单位	工程量	单价（元）	合价（元）	定额人工费（元）	
							单价	合价
1	t2-48	水泥粉煤灰碎石桩（CFG桩）成孔钻孔，桩径≤500mm	m³	78.5	641.86	50386	182.57	14332
2	t2-6	填铺砂	m³	13.46	102.08	1374	32.89	443
3	t2-61	凿桩头	m³	3.93	155.41	611	105.13	413
合　计						52371		15188

【例 5-3】　某边坡工程采用土钉支护，根据岩土工程勘察报告，地层为带块石的碎石土，土钉成孔沿坡面从上至下设置 4 排，间距 1500mm，每排沿纵向槽长设置 18 个孔，成孔间距为 1600mm；成孔直径为 130mm，采用 1 根 HRB335 直径 20 的钢筋作为杆体，成孔深度及入射角度如图 5-9 所示，杆筋送入钻孔后，灌注 M3.0 水泥砂浆；钢筋挂网采用 HPB235 的直径 6.5 的钢筋 @ 200mm×200mm，不考虑搭接；预拌 C25 喷射混凝土罩面，厚度为 80mm，试计算边坡支护的工程量及分部分项工程费、人工费。

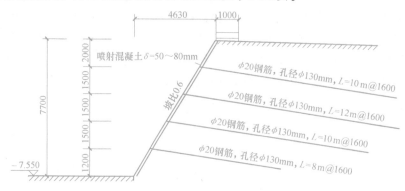

图 5-9　土钉支护边坡剖面图

解：边坡工程定额中不考虑挂网、锚杆及喷射平台等内容。

1）土钉钻孔灌浆工程量计算：按设计文件或施工组织设计规定（设计图示尺寸）以钻孔深度，以长度计算。

$$L = (10×18×2+12×18+8×18)\,m = 720\,m$$

2）钢筋土钉制作，安装工程量计算。

$$G = 720×0.00617×20^2\,kg = 1776.96\,kg = 1.777\,t$$

3）钢筋网片工程量：

坡面斜长 $L_1 = \sqrt{4.63^2+7.72^2}\,m = 9\,m$

坡面纵向长度 $L_2 = (18-1)×1.6\,m = 27.2\,m$

钢筋重量 $G = [(9+1)×(27.2/0.2+1)+27.2×(10/0.2+1)]×0.261\,kg$

$\qquad = 719.63\,kg$

4）喷射混凝土工程量：喷射混凝土护坡区分土层与岩层，按设计文件（或施工组织设计）规定尺寸，以面积计算。

$$S = [\sqrt{(4.63^2+7.72^2)}×(18-1)×1.6]\,m^2 = 244.9\,m^2$$

分部分项工程费计算见表5-3。

表 5-3　工程预算表

序号	定额号	工程项目名称	单位	工程量	单价(元)	合价(元)	定额人工费(元)	
							单价	合价
1	t2-82	砂浆土钉(钻孔灌浆)土层	m	720	57.16	41155	17.10	12312
2	t2-83	入岩增加	m	720	35.54	25589	18.36	13219
3	t2-91	钢筋土钉制作、安装	t	1.777	3800.48	6753	458.31	814
4	t5-139	钢筋网片	t	0.72	4585.81	3302	1225.29	882
5	t2-94	喷射混凝土护坡	m²	244.9	33.79	8275	11.11	2721
6	t2-96×3	每增减 10mm	m²	244.9	19.32	4731	6.07	1487
合　计						89805		31435

小　结

本学习情境主要对填料加固、强夯、碎石桩、搅拌桩、注浆桩等地基处理工程及地下连续墙、钢板桩、砂浆土钉、砂浆锚杆等边坡支护工程进行全面讲解，包括施工工艺、定额的有关说明及工程量计算规则，并附有典型实例分析。

通过本学习情境的学习，学生应学会识读地基处理及边坡支护工程的施工布置图，掌握分部分项工程的计量与计价，具备编制地基处理及边坡支护工程预算的能力。

同　步　测　试

一、单项选择题

1. 填料加固项目用于（　　）挖土后的换填材料加固工程。

A. 强夯地基　　　　B. 深层地基　　　　C. 一般地基　　　　D. 软弱地基

2. 强夯按设计图示强夯处理范围以面积计算。当设计无规定时，按建筑物外围轴线每边各加（　　）计算。

A. 2m　　　　　　B. 3m　　　　　　C. 4m　　　　　　D. 5m

3. 三轴水泥搅拌桩设计要求全断面套打时，相应项目的人工及机械乘以系数（　　），其余不变。

A. 1.0　　　　　　B. 1.5　　　　　　C. 2.0　　　　　　D. 2.5

4. 水泥粉煤灰碎石桩均按（　　）乘以设计桩外径截面积，以体积计算。

A. 设计桩长（包括桩尖）　　　　　　B. 设计桩长（不包括桩尖）

C. 设计桩长加50cm　　　　　　　　D. 设计桩长加50cm（不包括桩尖）

5. 现浇导墙混凝土按设计图示以（　　）计算。

A. 体积　　　　　　B. 长度　　　　　　C. 段数　　　　　　D. 表面积

6. 凿桩头按桩头的（　　）计算。

A. 个数   B. 体积   C. 长度   D. 面积

7. 凿地下连续墙超灌混凝土，设计无规定时，其工程量按墙体断面面积乘以（   ），以体积计算。

A. 0.1m   B. 0.5m   C. 0.8m   D. 1.0m

8. 喷射混凝土护坡区分土层与岩层，按设计文件（或施工组织设计）规定尺寸，以（ ）计算。

A. 体积   B. 长度   C. 面积   D. 深度

9. 桩间补桩或在沟槽（坑）中及强夯后的地基上打桩时，相应项目的人工、机械乘以（ ）。

A. 1.0   B. 1.05   C. 1.15   D. 1.25

10. 三轴水泥搅拌桩中的插、拔型钢工程量按设计图示型钢以（ ）计算。

A. 质量   B. 桩长   C. 面积   D. 体积

11. 锁口管以"段"为单位，"段"是指（   ）。

A. 施工缝分隔段 B. 导墙单元分隔段 C. 设计槽段   D. 槽壁单元槽段

12. 深层搅拌水泥桩项目按1喷2搅施工编制，实际施工为2喷2搅时按（ ）计算。

A. 1喷2搅   B. 1喷2搅乘1.43 C. 2喷4搅   D. 2喷2搅乘1.43

二、多项选择题

1. 地基加固处理采用的方法有（   ）。

A. 填料加固   B. 碎石桩   C. 地下连续墙

D. 深层水泥搅拌桩 E. 强夯

2. 强夯工程量应区别不同的（   ），按设计图示夯击范围及夯击遍数分别计算。

A. 夯击数量   B. 夯击能量   C. 夯击重量

D. 夯击高度   E. 夯点密度

3. 本项目的凿桩头适用于（   ）等项目。

A. 深层水泥搅拌桩 B. 水泥碎石桩   C. 振动砂石桩

D. 三轴水泥搅拌桩 E. 高压旋喷水泥桩

4. 地下连续墙定额项目未包括（   ），实际发生时按相应规定另行计算。

A. 导墙挖土方   B. 泥浆处理   C. 泥浆外运

D. 钢筋加工   E. 浇捣混凝土

5. 某边坡支护工程采用砂浆锚杆支护，在定额中按"套"计算的是（   ）

A. 锚杆   B. 灌浆   C. 锚头张拉

D. 锚头制作   E. 锚头安装

6. 钢支撑按设计图示尺寸以质量计算，（   ）也不另增加质量。

A. 焊条   B. 孔眼   C. 螺栓

D. 搭接   E. 铆钉

三、问答题

1. 简述土钉支护与锚杆支护的区别。

2. 简述地下连续墙的施工工艺及其工程量如何计算。

3. 地基加固可采用搅拌桩，主要有哪几种搅拌桩？并简述其工作原理。

4. 简述高压旋喷水泥桩的工程量如何计算。

5. 强夯的工程量如何计算，按哪些指标来套价？

6. 简述地下连续墙成槽如何计算。

学习情境六

桩基工程

知识目标

- 了解桩基工程的施工工艺
- 熟悉桩基工程项目的设置内容
- 掌握桩基工程的工程量计算规则

能力目标

- 能够识读桩基工程的施工图
- 能够计算桩基工程的分项工程量
- 能够熟练应用定额进行套价

单元一　桩基工程定额的有关说明

一、常用桩基础的施工工艺

1. 灌注桩

灌注桩是在现场位置用人工或成孔机械直接成孔，然后灌注混凝土或放入钢筋骨架后再灌注混凝土而形成的桩。其中，螺旋钻孔灌注桩是利用电动或机械钻机，使钻头螺旋叶片旋转削土，土块随螺旋叶片上升排出孔口，至设计深度后进行孔底清理，然后灌注混凝土或放入钢筋骨架后再灌注混凝土而形成的桩。振动灌注桩是利用振动或捶击沉桩机械，将带有活瓣式桩尖或预制混凝土桩尖的桩管沉入土中，然后边向桩管内灌注混凝土，边振动拔出桩管，使混凝土留在土中而成桩。人工挖孔灌注桩是用人工挖土成孔，浇筑混凝土成桩。如果需要扩大桩底尺寸，可以采用人工或爆破的方式，形成挖孔扩底灌注桩或爆扩桩。

2. 爆扩桩

爆扩桩是指首先在土层中开挖出一个喇叭形井口，然后在井口中心向下钻凿垂直桩孔至设计深度，在孔底放入集中药包，并在炮孔的中心设置套管，在套管内装填条形药包，在炮孔和套管之间充填搅拌好的混凝土或水泥砂浆，在炮孔口覆盖钢板，钢板上堆积压载物，待充填的混凝土或水泥砂浆在浇灌完毕 3~8h 后，同时起爆集中药包和条形药包，一次爆破形成带有混凝土支护层的桩柱和桩头，在桩头和桩柱中浇筑混凝土形成爆扩桩。

3. 潜水钻孔机钻孔灌注桩

潜水钻孔机钻孔灌注桩是利用潜水电钻机构中的密封的电动机、变速机构直接带动钻头在泥浆中旋转削土，同时用泥浆泵压送高压泥浆（或用水泵压送清水），使之从钻头底端射出，与切碎的土颗粒混合，以正循环的方式不断由孔底向孔口溢出，将泥渣排出，或用砂石泵、空气吸泥机排出泥渣，如此连续钻进，直至形成需要桩径的桩孔，浇筑混凝土成桩。

4. 夯扩桩

夯扩桩是在普通锤击沉管灌注桩的基础上加以改进发展起来的一种桩，由于其扩底作用增大了桩端支承面积，能够充分发挥桩端持力层的承载潜力，具有较好的技术经济指标。其特点是在桩管内增加了一根与外桩管长度基本相同的内夯管以代替钢筋混凝土桩靴，与外管同步打入至设计深度，并作为传力杆将桩锤击力传至桩端，夯扩成大头，并且增大了地基的密实度，同时利用内管和桩锤的自重将外管内的现浇桩身混凝土压实成型，使水泥浆压入桩侧土体并挤密桩侧的土，使桩的承载力大幅度提高，其工艺流程如图 6-1 所示。

5. 送桩

当设计桩顶面在自然地坪以下时，受打桩机的影响，桩锤不能直接锤击到桩头，必须用另一根桩置于原桩头上，将原桩打入土中，此过程称为送桩，如图 6-2 所示。

二、桩基工程定额的使用说明

1）桩基施工前场地平整、压实地表、地下障碍物处理等定额均未考虑，发生时另行计算。

2）探桩位已综合考虑在各类桩基定额内，不另行计算。

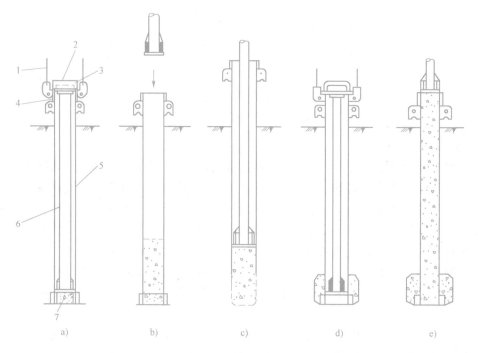

图 6-1 夯扩桩施工工艺流程

a) 内外管同步夯入土中 b) 提升内夯管、除去防淤套管，浇筑第一批混凝土

c) 插入内夯管、提升外管 d) 夯扩 e) 提升内夯管，浇筑第二批混凝土，放下内夯管加压，拔起外管

1—钢丝绳 2—原有桩帽 3—特制桩帽 4—防淤套管 5—外管 6—内夯管 7—干混凝土

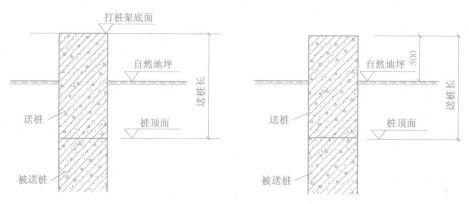

图 6-2 送桩示意图

3）单位工程的桩基工程量少于表 6-1 对应数量时，相应项目人工、机械乘以系数 1.25。灌注桩单位工程的桩基工程量指灌注混凝土的量。

表 6-1 单位工程的桩基工程量

项　　目	单位工程工程量	项　　目	单位工程工程量
预制钢筋混凝土方桩	200m³	钻孔、旋挖成孔灌注桩	150m³
预应力钢筋混凝土管桩	100m³	沉管、冲孔成孔灌注桩	100m³
预制钢筋混凝土板桩	100m³	钢管桩	50t

4）打桩。

① 单独打试桩、锚桩，按相应定额的打桩人工及机械乘以系数1.50。

② 打桩工程按陆地打垂直桩编制。设计要求打斜桩时，斜桩≤1∶6时，相应项目人工、机械乘系数1.25；斜度>1∶6时，相应项目人工、机械乘以系数1.43。

③ 打桩工程以平地（坡度≤15°）打桩为准，坡度>15°打桩时，按相应项目人工、机械乘以系数1.15。如在基坑内（基坑深度>1.5m，基坑面积≤500m^2）打桩或在地坪上打坑槽内（坑槽深度>1m）桩时，按相应项目人工、机械乘以系数1.11。

④ 在桩间补桩或在强夯后的地基上打桩时，相应项目人工、机械乘以系数1.15。

⑤ 打桩工程，如遇送桩时，可按打桩相应项目人工、机械乘以表6-2中的系数：

表6-2　送桩深度系数表

送桩深度	系　　数	送桩深度	系　　数
≤2m	1.25	>4m	1.67
≤4m	1.43		

⑥ 打、压预制钢筋混凝土桩、预应力钢筋混凝土管桩，定额按购入成品构件考虑，已包含桩位半径在15m范围内的移动、起吊、就位；超过15m时的场内运输，按本定额"第五章 混凝土及钢筋混凝土工程"第四节构件运输1km以内的相应项目计算。

⑦ 本定额本章未包括预应力钢筋混凝土管桩钢桩尖制安项目，实际发生时按本定额"第五章混凝土及钢筋混凝土工程"中的预埋铁件项目执行。

⑧ 预应力钢筋混凝土管桩桩头灌芯部分按人工挖孔桩灌桩芯项目执行。

5）灌注桩。

① 钻孔、冲孔、旋挖成孔等灌注桩设计要求进入岩石层时执行入岩子目，入岩指钻入中风化的坚硬岩。

② 旋挖成孔、冲孔桩机带冲抓锤成孔灌注桩项目按湿作业成孔考虑，如采用干作业成孔工艺时，则扣除定额项目中的黏土、水和机械中的泥浆泵。

③ 定额各种灌注桩的材料用量中，均已包括了充盈系数和材料损耗，见表6-3。

表6-3　灌注桩充盈系数和材料损耗率表

项目名称	充盈系数	损耗率（%）	项目名称	充盈系数	损耗率（%）
冲孔桩机成孔灌注混凝土桩	1.30	1	回旋、螺旋钻机钻孔灌注混凝土桩	1.20	1
旋拉、冲击钻机钻孔灌注混凝土桩	1.25	1	沉管桩机成孔灌注混凝土桩	1.15	1

④ 人工挖孔桩土石方子目中，已综合考虑了孔内照明、通风。人工挖孔桩，桩内垂直运输方式按人工考虑，深度超过16m时，相应定额乘以系数1.20计算；深度超过20m时，相应定额乘以系数1.50计算。

⑤ 人工清桩孔石渣子目，适用于岩石被松动后的挖除和清理。

⑥ 桩孔空钻部分回填应根据施工组织设计要求套用相应定额，填土者按本定额"第一章 土石方工程"松填土方项目计算，填碎石者按本定额"第二章 地基处理与边坡支护工程"碎石垫层项目乘以系数0.70计算。

⑦ 旋挖桩、螺旋桩、人工挖孔桩等干作业成孔桩的土石方场内、场外运输，执行本定

额"第一章 土石方工程"相应的土石方装车、运输项目。

⑧ 本定额本章未包括泥浆池制作,实际发生时按本定额"第四章 砌筑工程"的相应项目执行。

⑨ 本定额本章未包括泥浆场外运输,实际发生时执行本定额"第一章 土石方工程"泥浆罐车运淤泥流砂相应项目。

⑩ 本定额本章未包括桩钢筋笼、铁件制安项目,实际发生时按本定额"第五章 混凝土及钢筋混凝土工程"中的相应项目执行。

⑪ 本定额本章未包括沉管灌注桩的预制桩尖制安项目,实际发生时按本定额"第五章 混凝土及钢筋混凝土工程"中的小型构件项目执行。

⑫ 灌注桩后压浆注浆管、声测管埋设,注浆管、声测管如遇材质、规格不同时,可以换算,其余不变。

⑬ 注浆管埋设定额按桩底注浆考虑,如设计采用侧向注浆,则人工、机械乘以系数 1.20。

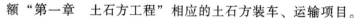

单元二　桩基工程的工程量计算规则

一、打桩

1) 预制钢筋混凝土桩。

打、压预制钢筋混凝土桩按设计桩长(包括桩尖)乘以桩截面面积,以体积计算。

2) 预应力钢筋混凝土管桩。

① 打、压预应力钢筋混凝土管桩按设计桩长(不包括桩尖),以长度计算。

② 预应力钢筋混凝土管桩钢桩尖按设计图示尺寸,以质量计算。

③ 预应力钢筋混凝土管桩,如设计要求加注填充材料时,填充部分另按本定额本章钢管桩填芯相应项目执行。

④ 桩头灌芯按设计尺寸以灌注体积计算。

3) 钢管桩。

① 钢管桩按设计要求的桩体质量计算。

② 钢管桩内切割、精割盖帽按设计要求的数量计算。

③ 钢管桩管内钻孔取土、填芯,按设计桩长(包括桩尖)乘以填芯截面积,以体积计算。

4) 打桩工程的送桩均按设计桩顶标高至打桩前的自然地坪标高另加 0.50m 计算相应的送桩工程量。

5) 预制钢筋混凝土桩、钢管桩电焊接桩,按设计要求接桩头的数量计算。

6) 预制混凝土桩截桩　按设计要求截桩的数量计算。截桩长度 ≤1m 时,不扣减相应桩的打桩工程量;截桩长度 >1m 时,其超过部分按实扣减打桩工程量,但桩体的价格不扣除。

7) 预制混凝土桩凿桩头按设计图示桩截面积乘以凿桩头长度,以体积计算。凿桩头长

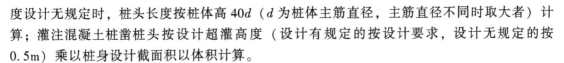

度设计无规定时，桩头长度按桩体高 40d（d 为桩体主筋直径，主筋直径不同时取大者）计算；灌注混凝土桩凿桩头按设计超灌高度（设计有规定的按设计要求，设计无规定的按 0.5m）乘以桩身设计截面积以体积计算。

8）桩头钢筋整理按所整理的桩的数量计算。

二、灌注桩

1）钻孔桩、旋挖桩成孔工程量按打桩前自然地坪标高至设计桩底标高的成孔长度乘以设计桩径截面积，以体积计算。入岩增加项目工程量按实际入岩深度乘以设计桩径截面积，以体积计算。

2）冲孔桩基冲击（抓）锤冲孔桩分别按进入土层、岩石层的成孔长度乘以设计桩径截面积，以体积计算。

3）钻孔桩、旋挖桩、冲孔桩灌注混凝土工程量按设计桩径截面积乘以设计桩长（包括桩尖）另加加灌长度，以体积计算。加灌长度设计有规定者，按设计要求计算，无规定者，按 0.50m 计算。

4）沉管成孔工程量按打桩前自然地坪标高至设计桩底标高（不包括预制桩尖）的成孔长度乘以钢管外径截面积，以体积计算。

5）沉管桩灌注混凝土工程量按钢管外径截面积乘以设计桩长（不包括预制桩尖）另加加灌长度，以体积计算。加灌长度设计有规定者，按设计要求计算；无规定者，按 0.50m 计算。

6）人工挖孔桩挖孔工程量分别按进入土层、岩石层的成孔长度乘以设计护壁外围截面积，以体积计算。

7）人工挖孔桩模板工程量，按现浇混凝土护壁与模板的实际接触面积计算。

8）人工挖孔灌注混凝土桩护壁和桩芯工程量分别按设计图示截面积乘以设计桩长另加加灌长度，以体积计算。加灌长度设计有规定者，按设计要求计算；无规定者，按 0.25m 计算。

9）钻（冲）孔灌注桩、人工挖孔桩，设计要求扩底时，其扩底工程量按设计尺寸，以体积计算，并入相应的工程量内。

10）泥浆运输按成孔工程量，以体积计算。

① 桩孔回填工程量按打桩前自然地坪标高至桩加灌长度的顶面乘以桩孔截面积，以体积计算。

② 钻孔压浆桩工程量按设计桩长，以长度计算。

③ 注浆管、声测管埋设工程量按打桩前的自然地坪标高至设计桩底标高另加 0.5m，以长度计算。

④ 桩底（侧）后压浆工程量按设计注入水泥用量，以质量计算。如水泥用量差别大，允许换算。

单元三　桩基工程实例

【例 6-1】　某工程设计室外地坪-0.6m，螺旋钻孔灌注混凝土桩，混凝土强度等级为 C20，共 238 根（已包括补桩 29 根，试桩 6 根），土壤类别为二类，桩基尺寸及配筋如

图 6-3 所示。试计算螺旋钻孔灌注桩灌注混凝土的工程量（不包括钢筋、模板的费用）。

解：

钻孔灌注桩的工程量，按设计桩长（包括桩尖）乘以桩截面面积，以体积计算。

混凝土灌注桩工程量 V =（圆柱体体积 + 圆台体体积 + 倒圆台体体积）× 根数

圆柱体积 $V_1 = \pi R^2 h = \pi \times \left(\dfrac{0.4}{2}\right)^2 \mathrm{m}^2 \times (4+0.3)\,\mathrm{m} = 0.54\,\mathrm{m}^3$

圆台体积 $V_2 = \dfrac{1}{3}\pi h\,(R^2+r^2+Rr) = \dfrac{1}{3}\times\pi\times0.45\,\mathrm{m}\times(0.49^2+0.20^2+0.49\times0.20)\,\mathrm{m}^2 = 0.178\,\mathrm{m}^3$

倒圆台体积 $V_3 = \dfrac{1}{3}\times\pi\times0.25\,\mathrm{m}\times(0.49^2+0.20^2+0.49\times0.20)\,\mathrm{m}^2 = 0.099\,\mathrm{m}^3$

C20 混凝土灌注桩工程量 $=(V_1+V_2+V_3)\times238=(0.54+0.178+0.099)\,\mathrm{m}^3\times238$

$\qquad\qquad\qquad\qquad\qquad = 194.45\,\mathrm{m}^3$

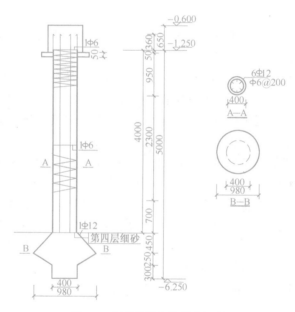

图 6-3　螺旋钻孔灌注混凝土桩

【例 6-2】 某工程预制钢筋混凝土桩接桩、送桩如图 6-4 所示，求该工程接桩及送桩工程量。

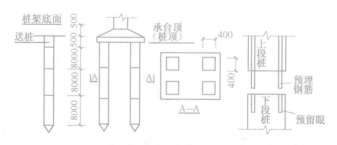

图 6-4　预制钢筋混凝土桩接桩、送桩示意图

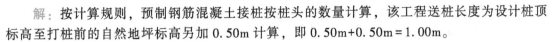

解：按计算规则，预制钢筋混凝土接桩按桩头的数量计算，该工程送桩长度为设计桩顶标高至打桩前的自然地坪标高另加 0.50m 计算，即 0.50m+0.50m=1.00m。

接桩工程量=2×4 根=8 根

送桩工程量=0.40m×0.40m×1.00m×4=0.64m³

小　结

本学习情境主要对桩基工程定额的有关说明及工程量计算规则进行全面讲解，并附有典型实例分析。

通过本学习情境的学习，学生应准确识读桩基工程的施工图，掌握桩基工程的计量与计价，具备编制桩基工程施工图预算的能力。

同步测试

一、单项选择题

1. 钢管桩按设计要求的（　　）计算。

A. 桩身长度　　　B. 桩体质量　　　C. 桩身体积　　　D. 桩的截面积

2. 单独打试桩、锚桩时，按相应定额的打桩人工、机械乘以系数（　　）计算。

A. 1.50　　　　　B. 1.21　　　　　C. 1.11　　　　　D. 2

3. 注浆管埋设定额按桩底注浆考虑，如设计采用侧向注浆，则人工、机械乘以系数（　　）。

A. 1.20　　　　　B. 1.25　　　　　C. 1.35　　　　　D. 1.50

4. 定额规定，注浆管、声测管埋设工程量按打桩前的自然地坪标高至设计桩底标高另加（　　）m，以长度计算。

A. 1　　　　　　B. 1.5　　　　　C. 0.5　　　　　D. 2

二、多项选择题

1. 下列选项中工程量是按体积计算的是（　　）。

A. 灰土垫层　　　　　　　　　B. 混凝土锚杆

C. 喷射混凝土　　　　　　　　D. 地基强夯

E. 无筋混凝土垫层

2. 桩基施工前（　　）等定额均未考虑，发生时另行计算。

A. 场地平整　　　　　　　　　B. 压实地表

C. 地下障碍处理　　　　　　　D. 探桩位

E. 截桩体积

3. 桩工程量等于（　　）之和。

A. 设计图中桩的体积　　　　　B. 桩尖虚体积

C. 截桩体积　　　　　　　　　D. 送桩体积

E. 桩头体积

三、问答题

1. 桩基础分为哪几种类型？各类桩基础的工程量如何计算？

2. 钻孔桩、旋挖桩的成孔工程量如何计算？

3. 什么是送桩、截桩？其工程量如何计算？

4. 人工挖孔桩包括挖孔、支模、灌注混凝土护壁和桩芯，按工程量计算规则如何计算它们的工程量？

学习情境七
砌筑工程

知识目标

- 了解砌筑工程的施工工艺及规范要求
- 熟悉砌筑工程项目的设置内容
- 掌握砌筑工程的工程量计算规则

能力目标

- 能够识读砌筑工程的施工图和相关规范要求
- 能够计算砌筑工程的分项工程量
- 能够熟练应用定额进行套价

单元一 砌筑工程定额的有关说明

一、砌筑工程中与计价有关的规定

1. 基础与墙身的划分

1）基础与墙身使用同一种材料时，以设计室内地面为界，以上为墙身，以下为基础。有地下室的，以地下室室内设计地面为界，以上为墙身，以下为基础。

2）基础与墙身采用不同种材料时，位于设计室内地面高度≤±300mm时，以不同材料为分界线；高度>±300mm时，以设计室内地面为分界线。基础与墙身之间有地梁分隔时，以地梁为界。基础与墙身之间的划分如图7-1所示。

3）围墙以设计室外地坪为界，以下为基础，以上为墙身。

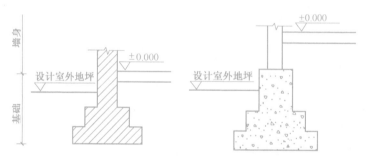

图 7-1 基础与墙身的划分

2. 石基础、石勒脚、石墙身的划分

基础与勒脚应以设计室外地坪为界，勒脚与墙身应以设计室内地面为界。石围墙内、外地坪标高不同时，应以较低地坪标高为界，以下为基础；内、外标高之差为挡土墙时，挡土墙以上为墙身。

3. 砖墙厚度的规定

砌筑工程的工程量除特别说明外，均按体积计算，因此墙体厚度是一个基本指标，必须作统一规定。具体规定见表7-1。

表 7-1 墙体计算厚度 单位：mm

墙厚名称	1/4 砖	1/2 砖	3/4 砖	1 砖	1.5 砖	2 砖	2.5 砖	3 砖
惯用称呼	—	12墙	18墙	24墙	37墙	49墙	62墙	74墙
实际尺寸	53	115	178	240	365	490	615	740

4. 工程中术语的图形解释

1）空花墙，如图7-2所示。

2）空心砖墙，如图7-3所示。

3）空斗墙，如图7-4所示。

4）砖平碹、钢筋砖过梁，如图7-5所示。

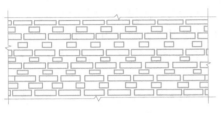

图 7-2　空花墙示意图

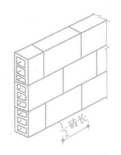

图 7-3　空心砖墙示意图

一斗一眠　　　　二斗一眠　　　　三斗一眠　　　　无眠空斗

图 7-4　空斗墙示意图

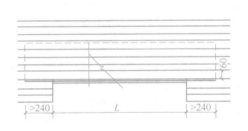 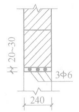

图 7-5　砖平碹、钢筋砖过梁示意图

5）砖挑檐，如图 7-6 所示。

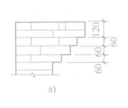 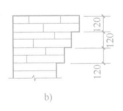 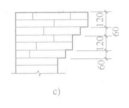

a)　　　　　　　　　　　　b)　　　　　　　　　　　c)

图 7-6　砖挑檐示意图

a）一皮一挑　　b）二皮一挑　　c）间隔挑

二、砖石砌体砌筑的定额使用说明

本定额本章包括砖砌体、砌块砌体、轻质隔墙、石砌体、垫层和构筑物等内容。

1. 砖砌体、砌块砌体、石砌体

1）定额中砖、砌块和石料按标准或常用规格编制，设计规格与定额不同时，砌体材料和砌筑（粘结）材料用量应进行调整换算。砌筑砂浆按干混预拌砌筑砂浆编制。定额所列砌筑砂浆种类和强度等级，砌块专用砌筑粘结剂品种，如设计与定额不同时，应进行调整换算。

2）砖基础不分砌筑宽度及有否大放脚，均执行对应品种及规格砖的同一项目。地下混凝土构件所用砖膜及砖砌挡土墙套用砖基础定额。

3）砖砌体和砌块砌体不分内、外墙，均执行对应品种的砖和砌块项目，其中：

① 定额中均已包括了立门窗框的调直以及腰线、窗台线、挑檐等一般出线用工。

② 清水砖砌体均包括了原浆勾缝用工，设计需加浆勾缝时，应另行计算。

③ 轻集料混凝土小型空心砌块墙的门窗洞口等镶砌的同类实心砖部分已包含在定额内，不单独另行计算。

4）填充墙以填炉渣、炉渣混凝土为准，如设计与定额不同时应进行换算，其余不变。

5）加气混凝土类砌块墙项目已包括砌块零星切割改锯的损耗及费用。

6）零星砌体是指台阶、台阶挡墙、梯带、锅台、炉灶、蹲台、池槽、池槽腿、花台、花池、楼梯栏板、阳台栏板、地垄墙、≤0.3m² 孔洞填塞、凸出屋面的烟囱、屋面伸缩缝砌体、隔热板砖墩等。

7）贴砌砖项目适用于地下室外墙保护墙部位的贴砌砖；框架外表面的镶贴砖部分，套用零星砌体项目。

8）多孔砖、空心砖及砌块砌筑有防水、防潮要求的墙体时，若以普通（实心）砖作为导墙砌筑的，导墙与上部墙身主体需分别计算，导墙部分套用零星砌体项目。

9）围墙套用墙相关定额项目，双面清水围墙按相应单面清水墙项目，人工用量乘以系数 1.15 计算。

10）石砌体项目中的粗、细料石（砌体）墙按 400mm×220mm×200mm 规格编制。

11）定额中各类砖、砌块及石砌体的砌筑均按直形砌筑编制，如为圆弧形砌筑者，按相应定额人工用量乘以系数 1.10，砖、砌块及石砌体及砂浆（粘结剂）用量乘以系数 1.03 计算。

12）砖砌体钢筋加固，砌体内加筋、灌注混凝土，墙体拉结筋的制作、安装，以及墙基、墙身的防潮、防水、抹灰等，按本定额其他相关章节的项目及规定执行。

2. 垫层

人工级配砂石垫层是按中（粗）砂 15%（不含填充石子空隙）、砾石 85%（含填充砂）的级配比例编制的。如级配比例不同时允许换算。

3. 构筑物

1）构筑物的挖土、垫层、抹灰、铁梯、围墙、平台等项目，按本定额其他章有关项目执行。

2）砖烟筒。

① 砖烟筒适用于圆形、方形烟筒，加工标准半砖和楔形半砖时，其工料可按楔形整砖定额的 1/2 计算。

② 烟筒内衬、烟道砌砖、烟道内衬设计要求用楔形砖者，按砖加工定额计算。

③ 烟筒及烟道红（青）砖内衬，定额是按黏土砂浆编制的，如用其他砂浆砌筑可以换算砂浆单价，其他不变。

④ 圆形烟筒基础按砖基础执行，人工乘以系数 1.20。

3）砖砌化粪池依据标准图集《12 系列建筑标准设计图集》（DBJ 03-22—2014）编制。实际设计与定额不同时，可按本定额本章节相应项目另行计算。

4）砖砌检查井执行《内蒙古自治区市政工程预算定额》相关项目。

5）玻璃钢化粪池土方挖、运、填、垫层、挡墙等按本定额相关章节相应项目另行计算。

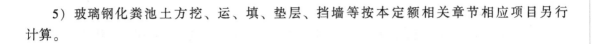

单元二　砌筑工程的工程量计算规则

一、砖石基础砌筑工程量的计算

1）砖基础、石基础工程量按设计图示尺寸以体积计算。基础大放脚"T"形接头处（图7-7）的重叠部分及嵌入基础内的钢筋、铁件、管道、基础砂浆防潮层和单个面积0.3m² 以内的孔洞所占体积不扣除，扣除地梁（圈梁）、构造柱基础所占体积。靠墙暖气沟的挑檐不增加。附墙垛基础宽出部分体积应并入基础工程量内。

2）砖基础工程量 = 计算长度 × 基础断面面积；其中，外墙按外墙中心线长度计算，内墙按内墙基最上一步净长线计算，如图7-8所示。

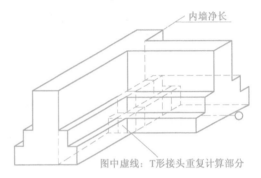

图 7-7　砖基础 T 形接头示意图

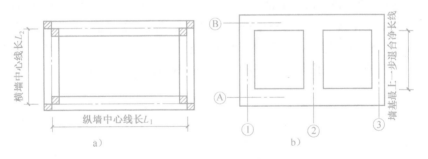

图 7-8　基础平面中计算长度示意

二、砖墙、砌块墙砌筑工程量的计算

1. 砖墙、砌块墙

砖墙、砌块墙工程量按设计图示尺寸以体积计算。扣除门窗洞口、嵌入墙内的钢筋混凝土柱（包括构造柱）、梁、圈梁、挑梁、过梁及凹进墙内的壁龛、管槽、暖气槽、消火栓箱等所占体积，不扣除梁头、板头、檩头、垫木、木楞头、沿缘木、木砖、门窗走头、砖墙内加固钢筋、木筋、铁件、钢管及单个面积 ≤0.3m² 的孔洞所占体积。凸出墙面的腰线、挑檐、压顶、窗台线、虎头砖、门窗套的体积也不增加。凸出墙面的砖垛并入墙体体积内计算。

2. 墙体工程量的计算公式

墙体工程量 = 墙体长度 × 墙体高度 × 墙体厚度 − 规则规定应扣除部分的体积 + 规则规定应

增加部分的体积

（1）墙体长度 外墙按外墙中心线长度计算，内墙按内墙基最上一步净长线计算。

（2）墙体高度的确定

1）外墙。

① 斜（坡）屋面无檐口天棚者算至屋面板底，如图 7-9 所示。

② 有屋架且室内、外均有天棚者算至屋架下弦底另加 200mm；无天棚者算至屋架下弦底另加 300mm，如图 7-10 所示。

③ 出檐宽度超过 600mm 时，按实砌高度计算。平屋面算至钢筋混凝土板底，如图 7-11 所示。

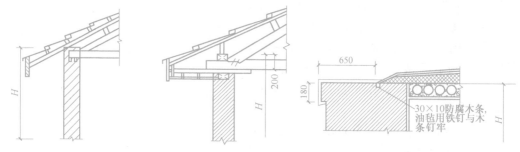

图 7-9 斜（坡）屋面无檐口天棚 图 7-10 斜屋面有檐口天棚 图 7-11 平屋面无挑檐

2）内墙。

① 位于屋架下弦者，算至屋架下弦（图 7-12）；无屋架者算至天棚底另加 100mm（图 7-13）。

② 有钢筋混凝土楼板隔层者算至楼板底；有框架梁时算至梁底。

③ 女儿墙的高度，从屋面板上表面算至女儿墙顶面（如有混凝土压顶者算至压顶下表面）。

④ 内、外山墙的高度，按其平均高度计算，如图 7-14 所示。

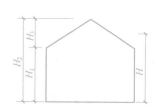

图 7-12 位于屋架下弦 图 7-13 无屋架 图 7-14 按平均高度计算

3）围墙的高度算至压顶上表面（如有混凝土压顶时算至压顶下表面），围墙柱的量并入围墙体积内。

（3）墙体厚度的确定

1）标准砖以 240mm×115mm×53mm 为准，其砌体厚度按表 7-2 计算。

表 7-2 标准砖砌体计算厚度表

砖数（厚度）	1/4	1/2	3/4	1	1.5	2	2.5	3
计算厚度（mm）	53	115	178	240	365	490	615	740

2）使用非标准砖时，其砌体厚度应按砖实际规格和设计厚度计算；如设计厚度与实际规格不同时，按实际规格计算。

三、其他砌体项目工程量的计算

1）空斗墙，按设计图示尺寸以空斗墙外形体积计算。墙角、内外墙交接处、门窗洞口立边、窗台砖、屋檐处的实砌部分体积已包括在空斗墙体积内。窗间墙、窗台下、楼板下、梁头下等的实砌部分应另行计算，套用零星砌体定额。

2）空花墙，按设计图示尺寸以空花部分外形体积计算，不扣除空花部分体积。空花墙未包括基础、压顶、砖垛实砌部分，实砌部分另行计算，执行零星砌体定额。

3）填充墙，按设计图示尺寸以填充墙外形体积计算。填充料设计与定额不同时可以换算，人工、机械不变。

4）砖柱按设计图示尺寸以体积计算，扣除混凝土及钢筋混凝土梁垫、梁头、板头所占体积。

5）附墙烟囱、通风道、垃圾道，按设计图示尺寸以体积（扣除孔洞所占体积）计算，并入所依附的墙体体积内。当设计规定孔洞内壁需要抹灰时，应按本定额"第十二章　墙柱面装饰工程"相应项目计算。

6）炉灶、锅台、房上烟囱按外形体积计算，不扣除各种孔洞所占体积。

7）零星砌体、地沟、砖碹按设计图示尺寸以体积计算。

8）砖散水、地坪按设计图示尺寸以面积计算。

9）砌体砌筑导墙时，砖砌导墙需单独计算，厚度与长度按墙身主体，高度以实际砌筑高度计算，墙身主体的高度相应扣除。

10）轻质砌块L形专用连接件的工程量按设计数量计算。

四、石砌体及构筑物砌筑工程量的计算

1）石基础、石墙的工程量计算规则参照砖砌体相应规定。石勒脚、石挡土墙、石护坡、石台阶按设计图示尺寸以体积计算，石坡道按设计图示尺寸以水平投影面积计算，墙面勾缝按设计图示尺寸以面积计算。

2）石梯带工程量应计算在石台阶工程量内，石梯带按石挡墙项目执行，如图7-15所示。

3）砖烟囱按设计室外地坪为界，以下为基础，以上为筒身。

4）砖烟囱的工程量不论方形、圆形，均以实砌筒身体积计算。筒身按设计图示筒壁平均中心线周长乘以高度以体积计算。扣除各种孔洞、过梁及圈梁所占体积。防沉带连接横砖已经包括在定额内，不另增加。其中，筒身体积可

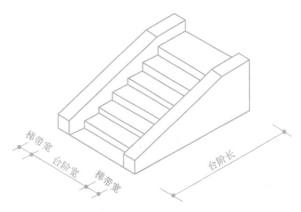

图7-15　台阶示意图

按下式分段计算：

$$V = \sum (H \times C \times \pi D)$$

式中　V——筒身体积；

　　　H——每段筒身垂直高度；

　　　C——每段筒壁厚度；

　　　D——每段筒壁平均直径。

5）砖烟囱基础及垫层按图示尺寸以立方米计算。

6）砖烟筒筒身已包括原浆勾缝。设计规定为加浆勾缝的，按本定额相应项目另行计算。原浆勾缝的工料不予扣除。

7）砖砌筒身内需钢筋加固时，执行本定额"第五章　混凝土及钢筋混凝土"相应定额。

8）砖烟筒的钢筋混凝土圈梁、过梁等按实体积计算，执行本定额"第五章　混凝土及钢筋混凝土"相应定额。

9）烟道砌砖按实体积计算，定额内已包括拱胎膜的工料。

10）烟筒、烟道内衬按实体积计算，扣除各种孔洞所占体积。

11）烟筒、烟道及其内衬如设计要求采用加工楔形砖时，应按设计图另列项目计算。

12）填料按烟筒内衬与筒身之间的空心体积计算，但不扣除防沉带的体积。

13）烟筒内表面涂抹隔绝层，按筒身内壁扣除孔洞后的面积计算。

14）水塔基础与塔身划分应以砖砌体的扩大部分顶面为界，以上为塔身，以下为基础。

15）砖砌塔身不分厚度、直径，以实砌体积计算。扣除门窗洞口和混凝土构件所占体积。

16）砖砌塔身及水槽壁外表面综合计算了加浆勾缝，勾缝不分加浆或原浆均按定额执行。

17）玻璃钢化粪池安装按容量 30m³ 以内以座计算，容量 60m³ 以内人工乘以系数 1.50，机械台班乘以系数 1.35，容量 100m³ 以内人工乘以系数 2.00，机械台班乘以系数 1.80。

18）玻璃钢盖板按设计图示尺寸，以平方米计算，厚度大于 40mm，人工乘以系数 1.15。

单元三　砌筑工程实例

【例 7-1】　根据土石方工程例 4-1 的设计图（图 4-10），求毛石基础砌筑的工程量。

解：外墙基础断面面积 $A_{外}$ = 1.20m×0.60m+0.80m×0.60m+0.50m×0.75m = 1.575m²

内墙基础断面面积 $A_{内}$ = 1.00m×0.60m+0.70m×0.60m+0.50m×0.75m = 1.395m²

外墙基础砌筑的计算长度 = 外墙中心线 = [（13.80+0.13）m+（6.00+0.13）]m×2 = 40.12m

内墙基础砌筑的计算长度 = 内墙基最上一步净长线 = （4.20-0.185×2）m×3 = 11.49m

毛石基础砌筑的工程量 = 外墙中心线×$A_{外}$+内墙基最上一步净长线×$A_{内}$

$$= 40.12m×1.575m²+11.49m×1.395m² = 79.22m³$$

【例 7-2】　某工程为砖混结构，共三层，砖基础采用 M10 现场搅拌水泥砂浆砌筑，工程量为 92.55m³。内、外墙均采用 M7.5 现场搅拌混合砂浆砌筑，均双面抹灰。外墙厚度 370mm，轴线位置外侧 250mm、内侧 120mm。内墙厚度 240mm，轴线居中。地梁上表面标高-0.15m，其余三层结构板上皮标高分别为：3.3m、6.6m、9.9m，结构板全现浇，厚度为 120mm。每层外墙上圈梁、过梁的量为 3.8m³、构造柱的量 3.7m³，内墙上圈梁、过梁的量为 5.18m³、构造柱的量为 2m³。外墙窗均为 C-1，洞口尺寸 1500mm×1800mm；外墙上门均为 M-3，洞口尺寸 1500mm×2400mm；内墙上门均为 M-1，洞口尺寸 900mm×2100mm。建筑物平面图如图 7-16 所示。求该建筑物基础及内、外墙砌筑的工程量并计算分部分项工程费。

解：工程量计算见表 7-3。

表 7-3　工程量计算表

工程项目	部　位	尺寸			件数	数量	单位
		长	宽	高			
外墙 M7.5 混合砂浆砌墙	Ⓐ、Ⓓ轴/①~⑧轴	23.93	0.365	9.93	2	173.47	m³
	①、⑧轴/Ⓐ~Ⓓ轴	11.93	0.365	9.93	2	86.48	m³
扣减门窗洞口	一层 C-1	1.50	0.365	1.80	13	-12.81	m³
	二、三层 C-1	1.50	0.365	1.80	32	-31.54	m³
	一层 M-3	1.50	0.365	2.40	3	-3.94	m³
扣减混凝土构件体积	一~三层					-22.5	m³
外墙砌筑合计						189.16	m³
内墙 M7.5 混合砂浆砌墙	Ⓒ轴/①~⑧轴	20.4	0.24	9.69	1	47.44	m³
	Ⓑ轴/①~⑧轴	23.56	0.24	9.69	1	54.79	m³
	②~⑦轴/Ⓐ~Ⓑ轴	4.76	0.24	9.69	6	66.42	m³
	②~⑦轴/Ⓒ~Ⓓ轴	4.76	0.24	9.69	6	66.42	m³
扣减门洞口	一~三层 M-1	0.9	0.24	2.1	39	-17.69	m³
扣减混凝土构件体积	一~三层					-21.54	m³
内墙砌筑合计						195.84	m³

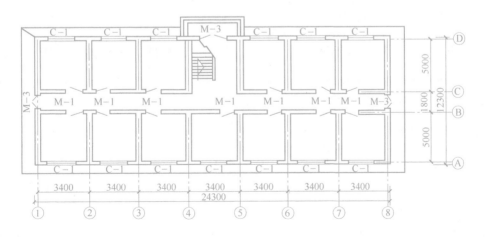

图 7-16　平面图

分析：查找定额 4-1，砖基础定额中所使用的砂浆按干混砌筑用混合砂浆 M10 编制。首先，将定额中的干混砌筑用混合砂浆 M10 调换为现拌水泥砂浆 M10，砂浆消耗量 2.399 m³ 不变，干混砂浆罐式搅拌机调换为 200L 灰浆搅拌机 0.617 台班，现场搅拌砂浆单价为 111.80 元/m³，200L 灰浆搅拌机 192.26 元/台班，其次，人工消耗量按每立方米砂浆增加 0.382 综合工日。

t-4-1H 换算如下：

增加综合用工：0.382×2.399 工日/10m³ = 0.916 工日/10m³

增加 200L 灰浆搅拌机：0.167×2.399 台班/10m³ = 0.401 台班/10m³

调整后人工费 = $(9.834+0.916) \times 112.35$ 元/10m³ = 1207.76 元/10m³

材料费 = 2264.37 元/10m³ + $2.399 \times (111.8-264.07)$ 元/10m³ = 1899.07 元/10m³

机械费 = 0.401×192.26 元/10m³ = 77.10 元/10m³

管理费、利润 = 1207.76 元/10m³ × 20.000% + 16.000% = 434.79 元/10m³

换算后的基价 = (1207.76+1899.07+77.10+434.79) 元/10m³ = 3618.72 元/10m³

同理，t-4-11H 换算如下：

增加综合用工：0.382×2.313 工日/10m³ = 0.884 工日/10m³

增加 200L 灰浆搅拌机：0.167×2.313 台班/10m³ = 0.386 台班/10m³

调整后人工费 = $(11.251+0.884) \times 112.35$ 元/10m³ = 1363.37 元/10m³

材料费 = 2269.63 元/10m³ + $2.313 \times (117.98-264.07)$ 元/10m³ = 1931.72 元/10m³

机械费 = 0.386×192.26 元/10m³ = 74.21 元/10m³

管理费、利润 = 1363.37 元/10m³ × 20.000% + 16.000% = 490.81 元/10m³

换算后的基价 = (1363.37+1931.72+74.21+490.81) 元/10m³ = 3860.11 元/10m³

同理，t-4-12H 基价 = 3814.61 元/10m³

工程预算表见表 7-4。

表 7-4 工程预算表

序号	定额编号	工程项目名称	单位	工程量	单价（元）	合价（元）	其中人工费（元）	
							单价	合价
1	t-4-1H	砖基础	m³	92.55	361.87	33491	120.77	11177
2	t-4-11H	1 砖厚混水砖墙	m³	195.84	386.01	75596	136.34	26701
3	t-4-12H	1 砖半厚混水砖墙	m³	189.16	381.46	72157	132.65	25092
		合计				181244		62970

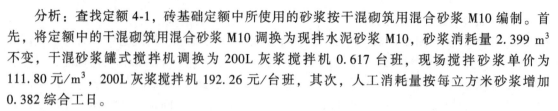

小　结

本学习情境主要对砌筑工程的相关知识、定额说明及工程量计算规则进行了全面讲解，并附有典型实例分析。

通过本学习情境的学习，学生应准确识读砌筑工程的施工图，掌握砌筑工程的计算与计价，具备编制砌筑工程施工图预算的能力。

同步测试

一、单项选择题

1. 砌筑工程量一般按体积计算，墙体厚度是一个基本指标，370砖墙的实际厚度是（　　）。

A. 360mm　　　　　B. 365mm　　　　　C. 370mm　　　　　D. 375mm

2. 有钢筋混凝土楼板隔层者砖内墙高度算至（　　）。

A. 楼板底面另加100mm　　　　　B. 楼板底面另加200mm

C. 楼板顶面　　　　　D. 楼板底面

3. 墙体的计算长底，框架间墙按（　　）计算。

A. 墙体中心线　　　　　B. 内墙净长线

C. 墙体净尺寸　　　　　D. 设计尺寸

4. 基础与墙身划分时，如有地梁分隔，应以（　　）为界。

A. 设计室内地坪为界　　　　　B. 设计室外地坪为界

C. 地梁下表面为界　　　　　D. 地梁上表面为界

5. 内墙砖基础工程量计算长度为（　　）。

A. 内墙基最上一步净长线　　　　　B. 内墙中心线

C. 内墙净长线　　　　　D. 内墙基最下一步净长线

二、多项选择题

1. 计算砖墙工程量应扣除门窗洞口，空圈和嵌入墙内的（　　）所占体积。

A. 圈梁　　　　　B. 构造柱

C. 过梁　　　　　D. 钢筋

E. 板头

2. 计算砖墙工程量应包括（　　）所占体积。

A. 铁件　　　　　B. 凸出墙面砖垛

C. 过梁　　　　　D. 构造柱

E. 圈梁

3. 砌筑工程量按墙体体积计算，墙体厚度是一个基本指标，一般有（　　）几种实际尺寸。

A. 115m　　　　　B. 120mm

C. 240mm　　　　　D. 365mm

E. 370mm

4. 下列砌体项目执行零星砌砖项目的是（　　）。

A. 砖台阶　　　　　B. 台阶挡墙

C. 120墙体　　　　　D. 阳台120砖砌栏板

E. 围墙

三、问答题

1. 外墙、内墙、框架间墙的长度、高度如何确定？

2. 如何划分基础与墙身的分界？

3. 墙体工程量应如何计算？

4. 计算砖墙时，应该扣除和不扣除的项目分别是什么？

5. 砖石基础的工程量如何计算？

学习情境八

混凝土及钢筋混凝土工程

知识目标

- 了解混凝土及钢筋混凝土工程的施工工艺流程
- 熟悉混凝土及钢筋混凝土工程项目的设置内容
- 掌握混凝土及钢筋混凝土工程的工程量计算规则

能力目标

- 能够识读混凝土及钢筋混凝土结构施工图
- 能够正确计算混凝土、钢筋混凝土、钢筋工程的分项工程量
- 能够熟练应用定额进行套价

单元一　混凝土工程定额的有关说明

一、混凝土

1）混凝土按预拌混凝土编制，采用现场搅拌时，执行相应的预拌混凝土项目，再执行现场搅拌混凝土调整费项目。现场搅拌混凝土调整费项目中，仅包含了冲洗搅拌机用水量，如需冲洗石子，用水量另行处理。

2）预拌混凝土是指在混凝土厂集中搅拌、用混凝土罐车运输到施工现场并入模的混凝土（圈过梁及构造柱项目中已综合考虑了因施工条件限制不能直接入模的因素）。固定泵、泵车项目适用于混凝土送到施工现场未入模的情况，泵车项目仅适用于高度在15m以内，固定泵项目适用所有高度。

3）混凝土按常用强度等级考虑，设计强度等级不同时可以换算；混凝土各种外加剂统一在配合比中考虑；图纸设计要求增加的外加剂另行计算。

4）毛石混凝土，按毛石占混凝土体积20%计算，如设计要求不同时，可以换算。

5）混凝土结构物实体积最小几何尺寸大于1m，且按规定需进行温度控制的大体积混凝土，温度控制费用按照经批准的专项施工方案另行计算。

6）独立桩承台执行独立基础项目，带形桩承台执行带形基础项目，与满堂基础相连的桩承台执行满堂基础项目。

7）二次灌浆，如灌注材料与设计不同时，可以换算；空心砖内灌注混凝土，执行小型构件项目。

8）现浇钢筋混凝土柱、墙项目，均综合了每层底部灌注水泥砂浆的消耗量。地下室外墙执行直形墙项目。

9）钢管柱制作、安装执行本定额"第六章　金属结构工程"相应项目；钢管柱浇筑混凝土使用反顶升浇筑法施工时，增加的材料、机械另行计算。

10）斜梁（板）按坡度>10°且≤30°综合考虑的。斜梁（板）坡度在10°以内的执行梁、板项目；坡度在30°以上、45°以内时人工乘以系数1.05；坡度在45°以上、60°以内时人工乘以系数1.10；坡度在60°以上时人工乘以系数1.20。

11）叠合梁、板，分别按梁、板相应项目执行。

12）压型钢板上浇捣混凝土，执行平板项目，人工乘以系数1.10。

13）型钢组合混凝土构件，执行普通混凝土相应构件项目，人工、机械乘以系数1.20。

14）挑檐、天沟壁高度≤400mm，执行挑檐项目；挑檐、天沟壁高度>400mm，按全高执行栏板项目；单体体积0.1m³以内，执行小型构件项目。

15）阳台不包括阳台栏板及压顶内容。

16）预制板间补现浇板缝，适用于板缝小于预制板的模数，但需支模才能浇筑的混凝土板缝。

17）楼梯是按建筑物一个自然层双跑楼梯考虑，如单跑直行楼梯（即一个自然层、无休息平台）按相应项目定额乘以系数1.20；三跑楼梯（即一个自然层、两个休息平台）按

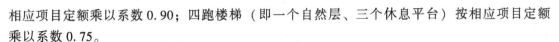

相应项目定额乘以系数 0.90；四跑楼梯（即一个自然层、三个休息平台）按相应项目定额乘以系数 0.75。

当图纸设计板式楼梯梯段底板（不含踏步三角部分）厚度大于 150mm、梁式楼梯梯段底板（不含踏步三角部分）厚度大于 80mm 时，混凝土消耗量按实调整，人工按相应比例调整。

弧形楼梯是指一个自然层旋转弧度小于 180°的楼梯；螺旋楼梯是指一个自然层旋转弧度大于 180°的楼梯。

18）散水混凝土按厚度 60mm 编制，如设计厚度不同时，可以换算；散水包括了混凝土浇筑、表面压实抹光及嵌缝内容，未包括基础夯实、垫层内容。

19）台阶混凝土含量是按 1.22m/10m² 综合编制的，如设计含量不同时，可以换算；台阶包括了混凝土浇筑及养护内容，未包括基础夯实、垫层及面层装饰内容，发生时执行其他章节相应项目。

20）厨房、卫生间等处墙体下部的现浇混凝土翻边执行圈梁相应项目。

21）凸出混凝土柱、梁的线条，并入相应柱、梁构件内；凸出混凝土外墙面、阳台梁、栏板外侧≤300mm 的装饰线条，执行扶手、压顶项目。凸出混凝土外墙、梁外侧>300mm 的板，按伸出外墙的梁、板体积合并计算，执行悬挑板项目。

22）外形尺寸体积在 1m³ 以内的独立池槽执行小型构件项目，1m³ 以上的独立池槽及与建筑物相连的梁、板、墙结构式水池，分别执行梁、板、墙相应项目。

23）小型构件是指单件体积 0.1m³ 以内且本节未列项目的小型构件。

24）后浇带包括了与原混凝土接缝处的钢丝网用量。

25）本节仅按预拌混凝土编制了施工现场预制的小型构件项目，其他混凝土预制构件定额均按外购成品考虑。

26）预制混凝土隔板，执行预制混凝土架空隔热板项目。

27）混凝土模块式化粪池按国家建筑标准设计图集《混凝土模块化粪池》（08SS704）中有覆盖、可过汽车类编制。模块类别：

Ⅰ类：MY7、MY8、MY9、MY11、MY13、MY15、MY18、30M、40M、40M-L、40M-R。

Ⅱ类：30M-L、30M-R、30M-30L、30M-30R、40M-22、5L、40M-22、5R。

Ⅲ类：40M-6。

28）构筑物工程中钢筋混凝土定型检查井执行《内蒙古自治区市政工程预算定额》相应子目，非定型化粪池、检查井等执行本定额本章相应定额项目。

29）钢筋混凝土蒙古包穹顶项目适用于直径 3m 以上的蒙古包，直径 3m 以下的蒙古包穹顶执行薄壳板定额项目。

30）钢筋混凝土蒙古包穹顶厚度低于 10cm 时人工乘以 1.20 系数，超过 20cm 以上时人工乘以 0.85 系数。

二、混凝土构件运输与安装

1. 混凝土构件运输

1）构件运输适用于构件堆放场地或构件加工厂至施工现场的运输。运距以 30km 以内考虑，30km 以上另行计算。

2）构件运输基本运距按场内运输 1km，场外运输 10km 分别列项，实际运距不同时，按场内每增减 0.5km、场外每增减 1km 项目调整。

3）定额已综合考虑施工现场内、外（现场、城镇）运输道路等级、路况、重车上下坡等不同因素。

4）构件运输不包括桥梁、涵洞、道路加固、管线、路灯迁移及因限载、限高而发生的加固、扩宽、公交管理部门要求的措施等因素。

5）预制混凝土构件运输，按表 8-1 预制混凝土构件分类。分类表中 1、2 类构件的单体体积、面积、长度三个指标中，以符合其中一项指标为准。

表 8-1 预制混凝土构件分类表

类别	项　目
1	桩、柱、梁、板、墙单件体积≤1m³、面积≤4m²、长度≤5m
2	桩、柱、梁、板、墙单件体积>1m³、面积>4m²、5m<长度≤6m
3	6m 以上至 14m 的桩、柱、梁、板、屋架、桁架、托架(14m 以上另行计算)
4	天窗架、侧板、端壁板、天窗上下档及小型构件

2. 预制混凝土构件安装

1）构件安装不分履带式或轮胎式起重机，以综合考虑编制。构件安装是按单机作业考虑的，因构件超重（以起重机械起重量为限）须双机台吊时，按相应项目人工、机械乘以系数 1.20。

2）构件安装是按机械起吊点中心回转半径 15m 以内距离计算。如超过 15m 时，构件须用起重机移运就位，且运距在 50m 以内的，起重机械乘以系数 1.25；运距超过 50m 的，应另按构件运输项目计算。

3）小型构件安装是指单体构件体积小于 0.1m³ 以内的构件安装。

4）构件安装不包括运输、安装过程中起重机械、运输机械场内行驶道路的加固、铺垫工作的人工、材料、机械消耗，发生该费用时另行计算。

5）构件安装高度以 20m 以内为准，安装高度（除塔吊施工外）超过 20m 并小于 30m 时，按相应项目人工、机械乘以系数 1.20。安装高度（除塔吊施工外）超过 30m 时，另行计算。

6）构件安装需另行搭设的脚手架，按批准的施工组织设计要求，执行本定额"第十七章　措施项目"脚手架工程相应项目。

7）塔式起重机的机械台班均已包括在垂直运输机械费项目中。

单层房屋屋盖系统预制混凝土构件，必须在跨外安装的，按相应项目的人工、机械乘以系数 1.18；但使用塔式起重机施工时，不乘系数。

3. 装配式建筑构件安装

1）装配式建筑构件按外购成品考虑。

2）装配式建筑构件包括预制钢筋混凝土柱、梁、叠合梁、叠合楼板、叠合外墙板、外墙板、内墙板、女儿墙、楼梯、阳台、空调板、预埋套管、注浆等项目。

3）装配式建筑构件未包括构件卸车、堆放支架及垂直运输机械等内容。

4）构件运输执行本节混凝土构件运输相应项目。

5）如预制外墙构件中已包含窗框安装，则计算相应窗扇费用时应扣除窗扇安装人工。

6）柱、叠合楼板项目中已包括接头、灌浆工作内容，不再另行计算。

单元二　混凝土工程的工程量计算规则

一、基本计算原则

1）混凝土及钢筋混凝土构件的工程量，除注明者外，均按设计图示尺寸以体积计算。不扣除钢筋、铁件所占体积。

2）混凝土墙、板等构件，均不扣除面积在 $0.3m^2$ 以内的孔洞所占体积，面积超过 $0.3m^2$ 的孔洞所占的体积应扣除。型钢混凝土中型钢骨架所占体积按（密度）$7850kg/m^3$ 扣除。

二、混凝土基础的工程量计算规则

混凝土基础按设计图示尺寸以体积计算，不扣除伸入承台基础的桩头所占体积。

1. 带形基础

（1）带形基础又称条形基础（图 8-1），其断面形式有许多种，如阶梯形、梯形（图 8-2）等。其工程量计算不分有梁式、无梁式，按图示实体积计算。如果有梁式带形基础的梁高（指基础扩大顶面至梁顶面的高）超过 1.2m 时，其基础底板按带形基础计算，扩大顶面以上部分按混凝土墙项目计算。

（2）带形基础不分有肋式与无肋式均按带形基础项目计算，有肋式带形基础，肋高（指基础扩大顶面至梁顶面的高）≤1.2m 时，合并计算；>1.2m 时，扩大顶面以下的基础部分，按无肋带形基础项目计算，扩大顶面以上部分，按墙项目计算。

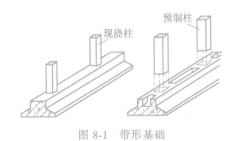

图 8-1　带形基础　　　　　　　　　　图 8-2　阶梯形、梯形基础断面

2. 独立基础

独立基础工程量应分别按毛石混凝土和混凝土独立基础，以设计图示尺寸的实体积计算。其高度从垫层上表面算至柱基下表面。独立基础如图 8-3 所示，其混凝土工程量 $V = ABh_2 + 1/6 \times h_1 [AB + ab + (A+a)(B+b)]$。

3. 杯形基础

杯形基础的形式如图 8-4 所示，其工程量按图示几何体的体积计算，扣除杯口部分所占体积。其工程量 $V = ABH_3 + 1/6 \times H_2 [AB + (A+a)(B+b) + ab] + abH_1 - 1/6 \times h[a_1b_1 + 4(a_1+c)(b_1+$

$c)+(a_1+2c)(b_1+2c)]$。

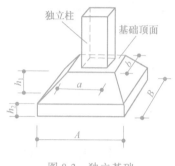

图 8-3 独立基础

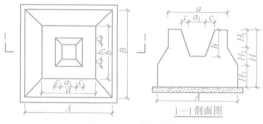

1—1 剖面图

图 8-4 杯形基础

4. 满堂基础

满堂基础又称筏式基础，是当上部荷载很大，而地基或地质条件较差，独立或带形基础不能满足设计要求，采用其他基础结构形式又不够经济的情况下，设计将其建筑物下基础连成一个整体的一种基础形式。满堂基础主要有板式（无梁式）满堂基础（图 8-5）、梁板式（有梁式）满堂基础（图 8-6）和箱式满堂基础（图 8-7）。

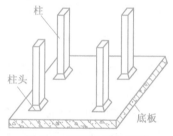

图 8-5 无梁式满堂基础

1）无梁式满堂基础工程量 = 底板面积×板厚+柱帽总体积。

2）有梁式满堂基础工程量 = 基础底板面积×板厚+梁截面面积×梁长。基础上部柱子应从梁的上表面算起，不能从底板的上表面算起。

3）箱式满堂基础，上有盖板、下有底板，中间及外围四壁有纵横墙板，其工程量计算按图示尺寸将顶板、底板、墙的体积分别计算，并套用相应定额，其中底板部分执行无梁式满堂基础定额项目。

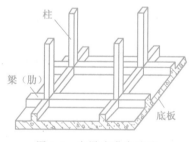

图 8-6 有梁式满堂基础

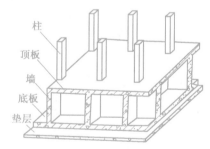

图 8-7 箱式满堂基础

5. 设备基础

设备基础除块体（块体设备基础是指没有空间的实心混凝土形状）以外，其他类型设备基础分别按基础、柱、墙、梁、板等有关规定计算。

三、混凝土柱的工程量计算规则

混凝土柱按设计图示尺寸以体积计算。

1）有梁板的柱高，应自柱基上表面（或楼板上表面）至上一层楼板上表面之间的高度计算。

2）无梁板的柱高，应自柱基上表面（或楼板上表面）至柱帽下表面之间的高度计算。

3）框架柱的柱高，应自柱基上表面至柱顶面高度计算。

4）构造柱按全高计算，嵌接墙体部分（马牙槎）并入柱身体积。构造柱与砖墙接茬如图 8-8 所示。

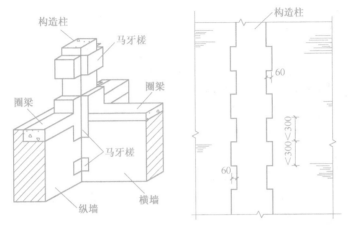

图 8-8　构造柱与砖墙接茬示意图

构造柱工程量=柱身体积+马牙槎体积+柱伸根体积

构造柱的柱高，自柱底至柱顶面之间的高度计算。

5）依附柱上的牛腿，并入柱身体积内计算。

6）钢管混凝土柱以钢管高度按照钢管内径计算混凝土体积。

四、混凝土梁的工程量计算规则

1. 混凝土梁的工程量

混凝土梁的工程量按梁的混凝土体积计算，即梁的长度乘以截面面积，不扣除钢筋、铁件所占体积。不同类型的梁应分别计算其工程量。其中梁的长度应按下列规定执行：

1）主、次梁与柱连接时，梁长算至柱侧面。

2）主梁与次梁连接时，次梁长算至主梁的侧面。

3）伸入墙内的梁按设计图示梁的长度计算，即梁头、梁垫体积并入梁体积内计算。其中梁头是指支撑和搁置于墙上的梁的端头部分。梁垫是指为了增大梁头与墙体的接触面积，减少梁对墙体单位面积压力而在梁头下部设置的钢筋混凝土块体。

2. 现浇混凝土圈梁与过梁

现浇混凝土圈梁与过梁为同一个子目，其体积合并计算。其中，外墙圈梁的长度按圈梁中心线长度计算，内墙圈梁的长度按圈梁的净长计算。圈梁兼过梁时，在过梁范围内加厚部分的体积应并入圈梁体积内。

3. 弧形梁、拱形梁

弧形梁、拱形梁的长度，按梁中心线的弧形长度计算。

4. 单梁、连续梁、框架梁

单梁、连续梁、框架梁其断面非矩形（四条边以上）时，执行异形梁定额。

五、混凝土板的工程量计算规则

1）混凝土板的工程量，按板的混凝土体积计算，不扣除钢筋、铁件以及单个面积在 0.3m² 以内的孔洞所占体积。不同类型的板应分别计算其工程量。

2）有梁板是指在模板、钢筋制作安装完毕后，将板与梁同时浇筑成一个整体的结构件，其工程量按梁板体积合并计算。

3）无梁板是指将板直接支撑在墙和柱上，不设置梁的板。为了增大柱的支撑面积和减小板的跨度，通常在柱顶加设柱帽和托板，如图 8-9 所示，其工程量为板与柱帽、托板的合计体积。

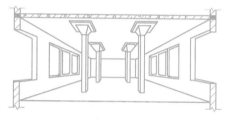

图 8-9　无梁板透视图

4）平板是指既无柱支撑，又非现浇梁板结构，而周边直接由墙或圈梁来支撑的现浇混凝土板。其工程量按上述 1）条规定计算。

5）悬挑板是指凸出墙外有梁或者无梁，且无柱支撑的檐廊。其工程量按梁、板体积合并计算。

6）有多种板连接时，以墙的中心线为界，伸入墙内的板头并入板内；如现浇阳台板与楼板连接时，应分别计算。

六、混凝土墙的工程量计算规则

1）混凝土墙的工程量，按墙的混凝土体积计算，即墙的长度乘以墙高及墙厚。不扣除钢筋、铁件及单个面积在 0.3m² 以内的孔洞所占体积。应扣除门窗洞口、空圈以及单个面积在 0.3m² 以上的孔洞所占体积。墙垛及凸出墙面部分并入墙体体积内计算。

其中，外墙的计算长度按外墙中心线，内墙的计算长度按内墙净长线；墙高从墙基上表面或基础梁上表面算至墙顶，有梁的算至梁底；墙厚按设计规定计算。

2）屋顶女儿墙不论高度多少，厚度在 10cm 以内者，执行挡板定额；厚度在 10cm 以上者，执行女儿墙定额。

3）墙、间壁墙、电梯井壁的暗梁、暗柱（断面尺寸与墙壁厚度相同），其工程量与墙壁体积合并计算。

七、其他混凝土项目的工程量计算规则

1）整体现浇普通楼梯（包括休息平台，平台梁、斜梁及与楼板连接的梁）按设计图示尺寸以水平投影面积计算，不扣除宽度小于 500mm 的楼梯井，伸入墙内部分不计算。当整体楼梯与现浇楼板无梯梁连接时，以楼梯的最后一个踏步边缘加 300mm 为界。

2）圆形、螺旋形楼梯，以水平投影面积计算，旋转楼梯的柱单独计算并套用相应定额。

3）整体现浇单跑楼梯，休息平台连接走道与楼梯一并计算。

4）栏板、扶手按设计图示尺寸以体积计算，伸入砖墙内的部分并入栏板、扶手体积

计算。

5）挑檐、天沟按设计图示尺寸以墙外部分体积计算。挑檐、天沟板与板（包括屋面板）连接时，以外墙外边线为分界线；与梁（包括圈梁等）连接时，以梁外边线为分界线；外墙外边线以外为挑檐、天沟。

6）凸阳台（凸出外墙外侧用悬挑梁悬挑的阳台）按阳台项目计算；凹进墙内的阳台，按梁、板分别计算，阳台栏板、压顶分别按栏板、压顶项目计算。

7）雨篷梁、板工程量合并，按雨篷以体积计算，高度≤400mm 的栏板并入雨篷体积内计算，栏板高度>400mm 时，其超过部分，按栏板计算。

8）散水、台阶按设计图示尺寸以水平投影面积计算。台阶与平台连接时其投影面积应以最上层踏步外沿加 300mm 计算。

9）场馆看台、地沟、混凝土后浇带按设计图示尺寸以体积计算。

10）二次灌浆、空心砖内灌注混凝土，按照实际灌注混凝土体积计算。

11）空心楼板筒芯、箱体安装，均按体积计算。

12）蒙古包穹顶按图示尺寸以体积计算，不扣除构件内钢筋，预埋铁件及单个面积 0.3m² 以内的孔洞所占体积。

13）构筑物工程，贮水（油）池，贮仓，水箱，烟筒，水塔，筒仓，栈桥，非定型检查井、化粪池等均按图示尺寸以体积计算，不扣除构件内钢筋，预埋铁件及单个面积 0.3m² 以内的孔洞所占体积，定型化粪池按座计算。

八、预制混凝土的工程量计算规则

1. 预制混凝土

预制混凝土均按图示尺寸以体积计算，不扣除构件内钢筋、铁件及 0.3m² 以内孔洞所占体积。

2. 预制混凝土接头灌缝

预制混凝土构件接头灌缝，均按预制混凝土构件体积计算。

单元三　混凝土工程实例

【例 8-1】　如图 8-10 所示，计算平板工程量（板厚 120mm）。

解：平板工程量 = 2.50×2.00×0.12 = 0.60（m³）

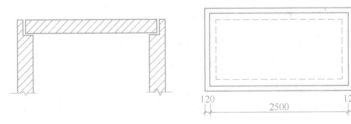

图 8-10　平板示意图

【例8-2】 如图8-11所示现浇混凝土有梁板，求有梁板工程量。

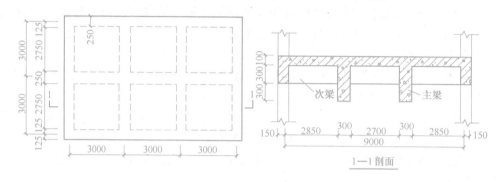

图 8-11 现浇混凝土有梁板示意图

解：主梁工程量 = 0.30m×0.60m×(6.00m-0.125m×2)×2 = 2.07m³

次梁工程量 = 0.25m×0.30m×(9.00m-0.15m×2-0.30m×2) = 0.608m³

边梁工程量 = 9.00m×0.25m×0.30m×2+6.00m×0.30m×0.30m×2 = 2.43m³

板工程量 = (9.00m+0.15m×2)×(6.00m+0.125m×2)×0.10m = 5.813m³

有梁板工程量 = 2.07m³+0.608m³+2.43m³+5.813m³ = 10.921m³

【例8-3】 构造柱在墙体中的位置如图8-12所示，已知钢筋混凝土构造柱高为2.90m，截面尺寸为240mm×240mm，求构造柱体积。

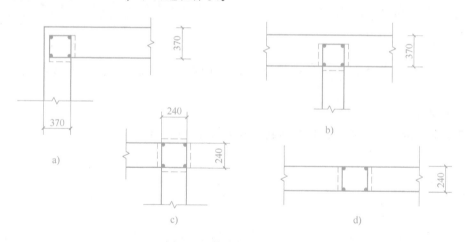

图 8-12 构造柱位置示意图

解：V_a = (0.24m×0.24m+0.24m×0.03m×2)×2.90m = 0.209m³

V_b = (0.24m×0.24m+0.24m×0.03m×3)×2.90m = 0.230m³

V_c = (0.24m×0.24m+0.24m×0.03m×4)×2.90m = 0.251m³

V_d = (0.24m×0.24m+0.24m×0.03m×2)×2.90m = 0.209m³

【例8-4】 如图8-13所示，单层建筑物内外均为240mm砖墙，轴线均居中，内外墙均设圈梁，断面尺寸为240mm×200mm。求现浇混凝土圈梁的工程量。

解：现浇混凝土圈梁的工程量计算见表8-2。

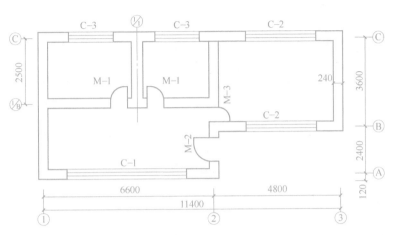

图 8-13　圈梁平面布置图

表 8-2　工程量计算表

工程项目	部　位	尺寸(m)			件数	数量	单位
		长	宽	高			
外墙圈梁							
	ⓒ轴	11.40	0.24	0.20	1	0.547	m³
	ⓑ轴	4.80	0.24	0.20	1	0.230	m³
	ⓐ轴	6.60	0.24	0.20	1	0.317	m³
	①轴	6.00	0.24	0.20	1	0.288	m³
	②轴	2.40	0.24	0.20	1	0.115	m³
	③轴	3.60	0.24	0.20	1	0.173	m³
	小计					1.670	m³
内墙圈梁							
	①/ⒷB轴	6.36	0.24	0.20	1	0.305	m³
	①/①轴	2.26	0.24	0.20	1	0.108	m³
	②轴	3.36	0.24	0.20	1	0.161	m³
	小计					0.574	m³
内外墙圈梁合计						2.244	m³

【例 8-5】　某基础平面及剖面图如图 8-14 所示，垫层厚度为 100mm，C15 预拌混凝土，基础为 C20 预拌混凝土，试计算工程量及分部分项工程费。

解：工程量计算　　　　$L_{中} = (3.60\text{m} \times 2 + 4.80\text{m}) \times 2 = 24.00\text{m}$

$$L_{净} = 4.80\text{m} - 0.24\text{m} = 4.56\text{m}$$

外墙基础垫层工程量 = 外墙基础垫层断面面积 × $L_{中}$

$$= 1.20\text{m} \times 0.10\text{m} \times 24.00\text{m} = 2.88\text{m}^3$$

内墙基础垫层工程量 = 内墙基础垫层断面面积 × $L_{净}$

$$= 1.20\text{m} \times 0.10\text{m} \times 4.56\text{m} = 0.55\text{m}^3$$

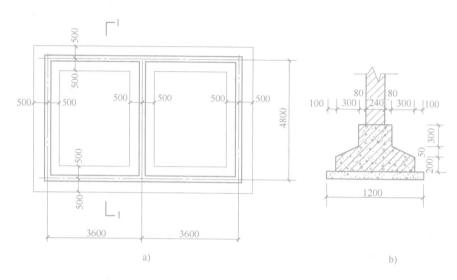

图 8-14 基础平面及剖面图

a) 平面图 b) 1—1 剖面图

$$基础垫层工程量 = 2.88m^3 + 0.55m^3 = 3.43m^3$$

$$外墙基础工程量 = 外墙基础断面面积 \times L_中$$

$$= [(1.20 - 0.10 \times 2) \times 0.20 + (0.40 + 1.00) \times 0.05/2 +$$

$$(0.40 \times 0.30)] m^2 \times 24.00m = 8.52m^3$$

$$内墙基础工程量 = 内墙基础断面面积 \times L_净$$

$$= [(1.20 - 0.10 \times 2) \times 0.20 + (0.40 + 1.00) \times 0.05/2 +$$

$$(0.40 \times 0.30)] m^2 \times 4.56m = 1.62m^3$$

$$内外墙基础工程量 = 8.52m^3 + 1.62m^3 = 10.14m^3$$

分部分项工程费见表 8-3。

表 8-3 工程预算表

序号	定额编号	工程项目名称	单位	工程量	单价(元)	合价(元)	其中人工费(元)	
							单价	合价
1	t5-1	基础垫层 C15 预拌混凝土	m³	3.43	312.09	1070	41.59	143
2	t5-4	带形基础砼 C20 预拌混凝土	m³	10.14	303.28	3075	34.54	350
合计						4145		493

注：预拌混凝土调换为现浇混凝土，混凝土消耗量不变，基价中人工费、机械费均不变，增加现场搅拌混凝土调整费。

单元四 钢筋工程

一、钢筋工程概述

钢筋是钢筋混凝土结构的骨架，依靠握裹力与混凝土结合成整体。钢筋工程是钢筋混凝土工程中的一道关键工序。由于建筑物结构形式、层数、地基条件、抗震等级、抗震烈度等条件的不同，构件设计所需的钢筋规格、品种、数量很多，因此需根据不同的设计图计算实际使用钢筋的数量，并按不同品种、规格分类统计。

1. 钢筋的品种

1）钢筋按生产工艺可分为热轧钢筋、冷轧钢筋、冷拉钢筋、冷拔钢丝、热处理钢筋、碳素钢丝、刻痕钢丝和钢绞线。

2）钢筋按化学成分可分为碳素钢钢筋和普通低合金钢钢筋。碳素钢钢筋按含碳量多少又可分为低碳钢钢筋（含碳量低于 0.25%）、中碳钢钢筋（含碳量 0.25%~0.7%）和高碳钢钢筋（含碳量大于 0.7%）；普通低合金钢钢筋是在低碳钢和中碳钢的成分中加入少量合金元素，获得强度高和综合性能好的钢种，如 20MnSi、20MnTi、45SiMnV 等。

3）钢筋按强度等级分为 HPB300，Ⅰ级钢筋（300/420级，即屈服强度为 300N/mm²，极限强度为 420N/mm²）；HRB335，Ⅱ级钢筋（335/455级）；HRB400、HRBF400、RRB400，Ⅲ级钢筋（400/540级）；HRB500、HRBF500，Ⅳ级钢筋（500/630级）等。

4）钢筋按轧制外形可分为：光圆钢筋和带肋钢筋。带肋钢筋按肋的形状可分为月牙肋钢筋和等高肋钢筋。

5）钢筋按供货方式可分为盘圆钢筋和直条钢筋（长度 6~12m）。

2. 常用混凝土构件中的钢筋种类

1）受力钢筋：又称主筋，配置在受弯、受拉、偏心受压构件的受拉区以承受拉力。

2）架立钢筋：用来固定箍筋以形成钢筋骨架，一般配置在梁上部。

3）箍筋：一方面起架立作用，另一方面还起着抵抗剪力的作用。它应垂直于主筋设置。一般的梁应由受力筋、架立筋和箍筋组成钢筋骨架。

4）分布筋：在板中垂直于受力钢筋，以保证受力钢筋位置并传递内力。它能将构件所受的外力分布于较广的范围，以改善受力情况。

5）附加钢筋：因构件几何形状或受力情况变化而增加的附加筋。

3. 钢筋的混凝土保护层

为了保证钢筋在混凝土中粘接牢靠和不致锈蚀，在钢筋外面必须有一定厚度的混凝土来保护钢筋，这就是混凝土保护层。混凝土保护层的厚度（指最外层钢筋外边缘至混凝土表面的距离）应符合设计要求。如无设计要求时，应符合表8-4 的规定。

表 8-4 混凝土保护层的最小厚度 单位：mm

环境类别	板、墙	梁、柱
一	15	20
二 a	20	25
二 b	25	35
三 a	30	40
三 b	40	50

注：1. 表中混凝土保护层厚度指最外层钢筋外边缘至混凝土表面的距离，适用于设计使用年限为 50 年的混凝土结构。

2. 构件中受力钢筋的保护层厚度不应小于钢筋的公称直径。

3. 一类环境中，设计使用年限为 100 年的结构最外层钢筋的保护层厚度不应小于表中数值的 1.4 倍；二、三类环境中，设计使用年限为 100 年的结构应采取专门的有效措施。

4. 混凝土强度等级不大于 C25 时，表中保护层厚度数值应增加 5mm。

5. 基础底面钢筋的保护层厚度，有混凝土垫层时应从垫层顶面算起，且不应小于 40mm。

4. 钢筋的连接

一般钢筋出厂时，为了便于运输，除小直径的盘圆钢筋外，每根长度多为6~12m，在实际使用时，因构造的需要，有时要求成型钢筋总长超过原材料长度，或者为了节约钢材，需利用被剪断的短料接长使用，这样就需要连接钢筋。

钢筋的连接通常有三种方法，即：绑扎连接、焊接、机械连接。

5. 钢筋的弯钩、弯起

1）绑扎钢筋骨架的受力钢筋应在末端做弯钩，但下列钢筋可以不做弯钩：

① 螺纹、人字纹等变形钢筋。

② 焊接骨架和焊接网中的光面钢筋。

③ 绑扎骨架中受压的光面钢筋。

④ 梁、柱中的附加钢筋及梁的架立钢筋。

⑤ 板的分布钢筋。

2）钢筋弯钩形式及增加长度。钢筋弯钩的形式有斜弯钩、带有平直部分的半圆弯钩和直弯钩三种。预算中计算钢筋的工程量时，弯钩增加长度可不扣除加工时钢筋的延伸率。常用的钢筋弯钩增加长度见表8-5（表中 d 为钢筋直径，单位为mm）。

表8-5　钢筋弯钩增加长度

弯钩类型	图　　示	增加长度计算值
半圆弯钩		6.25d
直弯钩		12.93d
斜弯钩		7.89d

3）弯起钢筋的增加长度。弯起钢筋的弯起角度有30°、45°、60°三种，其弯起增加值是指斜长与水平投影长度之间的差（图8-15），可按弯起角度、弯起钢筋净高（构件断面高-两端保护层）计算。弯起钢筋斜长系数见表8-6。

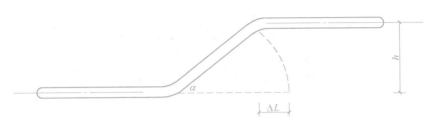

图 8-15　弯起钢筋的增加值

表 8-6　弯起钢筋斜长系数表

弯起角度	30°	45°	60°
斜边长度 S	$2.000h$	$1.414h$	$1.154h$
底边长度 L	$1.732h$	$1.000h$	$0.577h$
增加长度 S-L	$0.268h$	$0.414h$	$0.580h$

6. 钢筋的锚固

钢筋与混凝土共同受力是靠它们之间的粘结力实现的，因此受力筋均应采取必要的锚固措施。用于绑扎骨架中的光圆受力钢筋，除轴心受压构件外，均在末端做弯钩。Ⅰ级光圆钢筋末端做180°弯钩，而Ⅱ、Ⅲ级变形钢筋末端只需做90°或135°的弯折。

在支座锚固处的纵向受拉钢筋，设计有规定的锚固长度按设计要求，设计没有规定的应符合表8-7～表8-9的规定。如支座长度不能满足上述要求时，可采用90°弯折增加锚固长度。

表 8-7　受拉钢筋基本锚固长度 l_{ab}、抗震设计时受拉钢筋基本锚固长度 l_{abE}

钢筋种类	抗震等级 $(l_{abE})(l_{ab})$	混凝土强度等级								
		C20	C25	C30	C35	C40	C45	C50	C55	≥C60
HPB300	一、二级 (l_{abE})	$45d$	$39d$	$35d$	$32d$	$29d$	$28d$	$26d$	$25d$	$24d$
	三级 (l_{abE})	$41d$	$36d$	$32d$	$29d$	$26d$	$25d$	$24d$	$23d$	$22d$
	(l_{ab})	$39d$	$34d$	$30d$	$28d$	$25d$	$24d$	$23d$	$22d$	$21d$
HRB335 HRBF335	一、二级 (l_{abE})	$44d$	$38d$	$33d$	$31d$	$29d$	$26d$	$25d$	$24d$	$24d$
	三级 (l_{abE})	$40d$	$35d$	$31d$	$28d$	$26d$	$24d$	$23d$	$22d$	$22d$
	(l_{ab})	$38d$	$33d$	$29d$	$27d$	$25d$	$23d$	$22d$	$21d$	$21d$
HRB400 HRBF400 RRB400 (l_{ab})	一、二级 (l_{abE})	—	$46d$	$40d$	$37d$	$33d$	$32d$	$31d$	$30d$	$29d$
	三级 (l_{abE})	—	$42d$	$37d$	$34d$	$30d$	$29d$	$28d$	$27d$	$26d$
	(l_{ab})	—	$40d$	$35d$	$32d$	$29d$	$28d$	$27d$	$26d$	$25d$
HRB500 HRBF500	一、二级 (l_{abE})	—	$55d$	$49d$	$45d$	$41d$	$39d$	$37d$	$36d$	$35d$
	三级 (l_{abE})	—	$50d$	$45d$	$41d$	$38d$	$36d$	$34d$	$33d$	$32d$
	(l_{ab})	—	$48d$	$43d$	$39d$	$36d$	$34d$	$32d$	$31d$	$30d$

注：1. 四级抗震时，$l_{abE} = l_{ab}$。

　　2. 当锚固钢筋的保护层厚度不大于5d时，锚固钢筋长度范围内应设置横向构造钢筋，其直径不应小于$d/4$（d为锚固钢筋的最大直径）；对梁、柱等构件间距不应大于5d，对板、墙等构件间距不应大于10d，且均不应大于100（d为锚固钢筋的最小直径）。

表 8-8 受拉钢筋锚固长度 l_a

钢筋种类	混凝土强度等级																
	C20	C25		C30		C35		C40		C45		C50		C55		≥C60	
	$d{\le}25$	$d{\le}25$	$d{>}25$	$d{\le}25$	$d{>}25$	$d{\le}25$	$d{>}25$	$d{\le}25$	$d{>}25$	$d{\le}25$	$d{>}25$	$d{\le}25$	$d{>}25$	$d{\le}25$	$d{>}25$	$d{\le}25$	$d{>}25$
HPB300	39d	34d	—	30d	—	28d	—	25d	—	24d	—	23d	—	22d	—	21d	—
HRB335 HRBF335	38d	33d	—	29d	—	27d	—	25d	—	23d	—	22d	—	21d	—	21d	—
HRB400 HRBF400 RRB400	—	40d	44d	35d	39d	32d	35d	29d	32d	28d	31d	27d	30d	26d	29d	25d	28d
HRB500 HRBF500	—	48d	53d	43d	47d	39d	43d	36d	40d	34d	37d	32d	35d	31d	34d	30d	33d

表 8-9 受拉钢筋抗震锚固长度 l_{aE}

钢筋种类及抗震等级		混凝土强度等级																
		C20	C25		C30		C35		C40		C45		C50		C55		≥C60	
		$d{\le}25$	$d{\le}25$	$d{>}25$	$d{\le}25$	$d{>}25$	$d{\le}25$	$d{>}25$	$d{\le}25$	$d{>}25$	$d{\le}25$	$d{>}25$	$d{\le}25$	$d{>}25$	$d{\le}25$	$d{>}25$	$d{\le}25$	$d{>}25$
HPB300	一、二级	45d	39d	—	35d	—	32d	—	29d	—	28d	—	26d	—	25d	—	24d	—
HPB300	三级	41d	36d	—	32d	—	29d	—	26d	—	25d	—	24d	—	23d	—	22d	—
HRB335 HRBF335	一、二级	44d	38d	—	33d	—	31d	—	29d	—	26d	—	25d	—	24d	—	24d	—
HRB335 HRBF335	三级	40d	35d	—	30d	—	28d	—	26d	—	24d	—	23d	—	22d	—	22d	—
HRB400 HRBF400	一、二级	—	46d	51d	40d	45d	37d	40d	33d	37d	32d	36d	31d	35d	30d	33d	29d	32d
HRB400 HRBF400	三级	—	42d	46d	37d	41d	34d	37d	30d	34d	29d	33d	28d	32d	27d	30d	26d	29d
HRB500 HRBF500	一、二级	—	55d	61d	49d	54d	45d	49d	41d	46d	39d	43d	37d	40d	36d	39d	35d	38d
HRB500 HRBF500	三级	—	50d	56d	45d	49d	41d	45d	38d	42d	36d	39d	34d	37d	33d	36d	32d	35d

注：1. 当为环氧树脂涂层带肋钢筋时，表中数据尚应乘以 1.25。

2. 当纵向受拉钢筋在施工过程中易受扰动时，表中数据尚应乘以 1.1。

3. 当锚固长度范围内纵向受力钢筋周边保护层厚度为 3d、5d（d 为锚固钢筋的直径）时，表中数据可分别乘以 0.8、0.7；中间时按内插值。

4. 当纵向受拉普通钢筋锚固长度修正系数（注 1～注 3）多于一项时，可按连乘计算。

5. 受拉钢筋的锚固长度 l_a、l_{aE} 计算值不应小于 200。

6. 四级抗震时，$l_{aE} = l_a$。

7. 当锚固钢筋的保护层厚度不大于 5d 时，锚固钢筋长度范围内应设置横向构造钢筋，其直径不应小于 d/4（d 为锚固钢筋的最大直径）；对梁、柱等构件间距不应大于 5d，对板、墙等构件间距不应大于 10d，且均不应大于 100（d 为锚固钢筋的最小直径）。

纵向受拉钢筋如果在受拉区截断，或纵向受压钢筋在跨中截断时，其伸出的锚固长度应符合设计要求。

7. 钢筋的每米理论重量

钢筋的每米理论重量值在钢筋工程手册或预算手册中均可查到，在没有现成表格可查的情况下，可以用下式计算：

$$钢筋每米理论重量 = 0.00617D^2\ \text{kg/m}$$

式中，D 表示钢筋直径，单位为 mm。

二、混凝土结构施工图平面整体设计简介

混凝土结构施工平面整体设计方法（平法），是混凝土结构施工图设计表示方法的重大改革，它改变了传统的那种将构件从结构平面布置图中索引出来，再逐个绘制配筋详图的烦琐方法。按平法设计就是把结构构件的尺寸和配筋等，按照平面整体表示方法制图规则，整体直接表达在各类构件的结构平面布置图上，再与标准构件详图相配合，即构成一套新型完整的结构设计。平法设计主要是对现浇混凝土柱、梁、墙传统设计的改革。

2003 年 1 月 20 日，建设部将《混凝土结构施工图平面整体表示方法制图规则和构造详图》正式批准为国家建筑标准图集。

2011 年 9 月 1 日，根据住房和城乡建设部建质［2011］110 号"关于批准《城市道路工程设计技术措施》及《外墙内保温建筑构造》等 14 项国家建筑标准设计的通知"，实施 11G101-1、11G101-2、11G101-3 平法，同时废止 03G101-1、03G101-2、04G101-3、04G101-4、08G101-5、06G101-6 平法。

2016 年 9 月 1 日，根据住房和城乡建设部建质函［2016］168 号"批准《钢筋混凝土基础梁》等 29 项国家建筑标准设计的通知"，实施 16G101-1、16G101-2、16G101-3 平法，同时废止 11G101-1、11G101-2、11G101-3 平法。

新平法系列图集包括：

16G101-1《混凝土结构施工图平面整体表示方法制图规则和构造详图（现浇混凝土框架、剪力墙、梁、板）》（替代原 11G101-1）。

16G101-2《混凝土结构施工图平面整体表示方法制图规则和构造详图（现浇混凝土板式楼梯）》（替代原 11G101-2）。

16G101-3《混凝土结构施工图平面整体表示方法制图规则和构造详图（独立基础、条形基础、筏形基础、桩基础）》（替代原 11G101-3）。

1. 柱平法施工图

柱平面整体配筋图在柱平面布置图上采用列表注写方式或截面注写方式表达。

1）列表注写方式：列表注写方式适用于各种柱结构类型。在柱平面布置图上增设柱表，在柱表中注写柱的几何元素与配筋元素。单项工程的柱平法施工图通常仅需要一张图纸，即可将柱平面布置图中所有柱的从基础顶面（或基础结构顶面）到柱顶端的设计内容集中表达清楚。

此外，在柱平面布置图上，需要分别在同一编号的柱中选择一个（或几个）标注几何参数代号 b_1 与 b_2，h_1 与 h_2。规定与图面 X 向平行的柱边为 b 边，与图面 Y 向平行的柱边为 h 边。列表注写方式是在柱平面布置图上，分别在同一编号的柱中各选择一个截面标注几何参数代号；在柱表中注写柱号、柱段起止标高，几何尺寸与配筋的具体数值，并配以各种柱截面形状及其箍筋类型图的一种表达方式。图 8-16 为采用列表注写方式的柱平法施工图示例。

2）截面注写方式：在相同编号的柱中选择一根柱，将其在原位放大绘制"截面配筋图"，并在其上直接引注几何尺寸和配筋，对于其他相同编号的柱仅需标注编号和偏心尺寸，如图 8-17 所示。

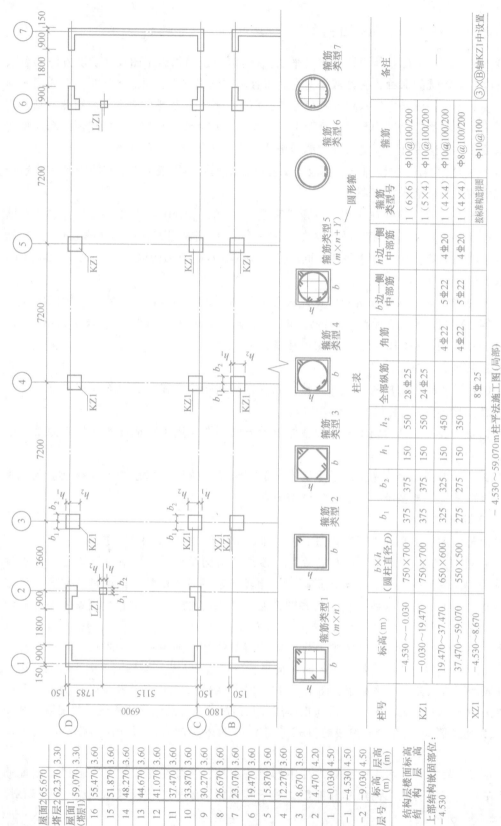

柱表

柱号	标高(m)	$b \times h$ (圆柱直径D)	b_1	b_2	h_1	h_2	全部纵筋	角筋	b 边一侧中部筋	h 边一侧中部筋	箍筋类型号	箍筋	备注
KZ1	−4.530～−0.030	750×700	375	375	150	550	28 Φ25				1 (6×6)	Φ10@100/200	
	−0.030～19.470	750×700	375	375	150	550	24 Φ25				1 (5×4)	Φ10@100/200	
	19.470～37.470	650×600	325	325	150	450		4Φ22	5Φ22	4Φ20	1 (4×4)	Φ10@100/200	
	37.470～59.070	550×500	275	275	150	350		4Φ22	5Φ22	4Φ20	1 (4×4)	Φ8@100/200	
XZ1	−4.530～8.670						8 Φ25				按标准构造详图	Φ10@100	③×⑧轴KZ1中设置

−4.530～59.070m柱平法施工图列表注写方式

图 8-16 柱平法施工图（局部）

层号	标高(m)	层高(m)
屋面2	65.670	
塔层2	62.370	3.30
屋面1(塔层1)	59.070	3.30
16	55.470	3.60
15	51.870	3.60
14	48.270	3.60
13	44.670	3.60
12	41.070	3.60
11	37.470	3.60
10	33.870	3.60
9	30.270	3.60
8	26.670	3.60
7	23.070	3.60
6	19.470	3.60
5	15.870	3.60
4	12.270	3.60
3	8.670	3.60
2	4.470	4.20
1	−0.030	4.50
−1	−4.530	4.50
−2	−9.030	4.50
层号	标高(m)	层高(m)

结构层楼面标高
结构层高
上部结构嵌固部位: −4.530

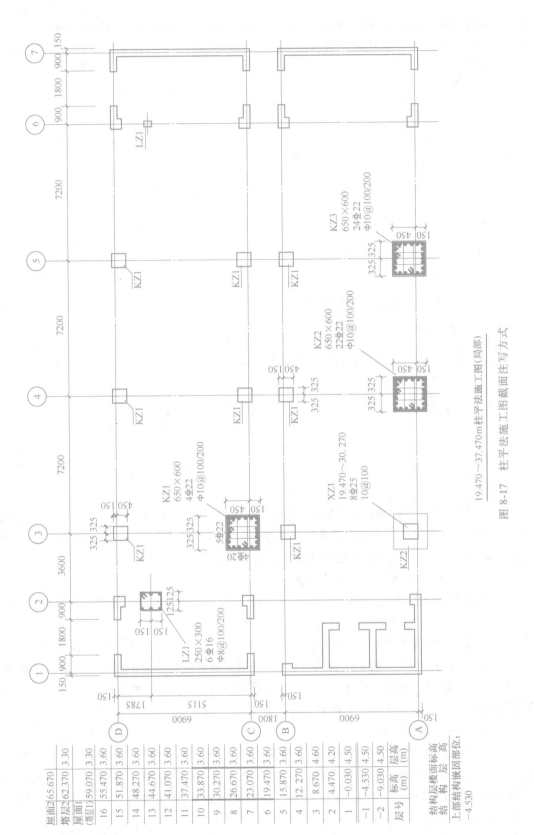

19.470~37.470m柱平法施工图(局部)

图 8-17　柱平法施工图截面注写方式

柱截面配筋图上直接引注的内容：柱编号、柱高（分段起止高度，选注值）、截面尺寸、纵向钢筋、箍筋，如图 8-18 所示。

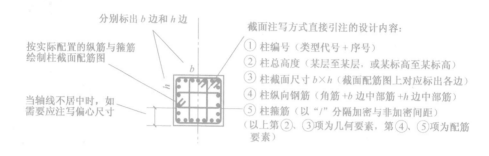

图 8-18　柱截面注写方式的注写内容

3）柱编号由类型代号和序号组成，规定的表达方式见表 8-10。

表 8-10　柱编号

柱 类 型	代 号	序 号
框架柱	KZ	××
转换柱	ZHZ	××
芯柱	XZ	××
梁上柱	LZ	××
剪力墙上柱	QZ	××

4）平法设计中，标准构件详图与整体直接表达的各类构件的结构平面布置图同样重要，只有两者配合使用，才能清楚地表达钢筋的配置。本地区常用的 KZ、QZ、LZ 箍筋加密区范围以及 QZ、LZ 纵向钢筋构造示意图如图 8-19 所示。

5）柱平面整体配筋图的其他有关规定。

① 柱截面轴线关系的几何参数代号及表示方法见列表注写方式示意图（图 8-16）。柱的截面尺寸：$b×h$；$b=b_1+b_2$；$h=h_1+h_2$。

② 柱箍筋分为 7 种类型（图 8-16），其中箍筋类型 1 的复合方式如图 8-20 所示。

③ 当结构为抗震设计时，用斜线"/"区分箍筋加密区与非加密区长度范围内箍筋的不同间距。柱箍筋加密区有三种长度值，一种是柱净高的 1/6，第二种是柱长边长度，第三种是固定值 500mm，在这三个值中取最大值，如图 8-19 所示。

2. 剪力墙平法施工图

1）剪力墙平法施工图是在剪力墙平面布置图上采用列表注写方式或截面注写方式表达。为表达清楚、简便，剪力墙可视为由剪力墙柱、剪力墙身和剪力墙梁三类构件构成。三类构件中墙用 Q××（×排）表示，墙柱、墙梁均由类型代号、序号表示，具体分类见表 8-11。

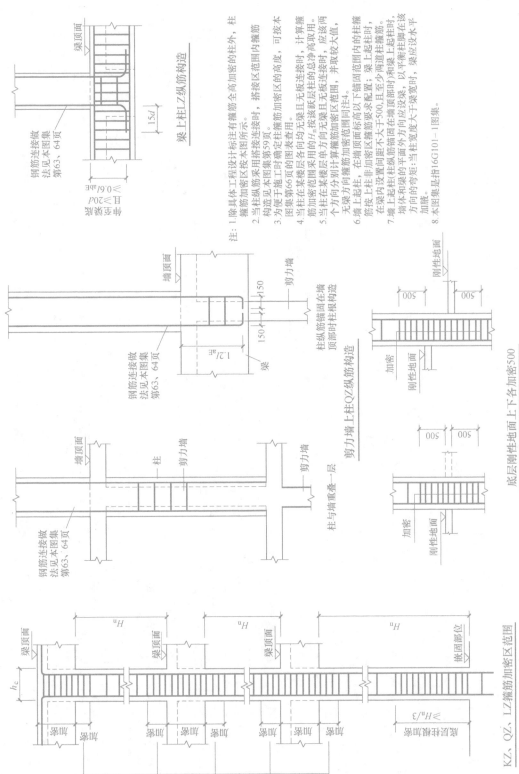

图 8-19　KZ、QZ、LZ 箍筋加密区范围以及 QZ、LZ 纵向钢筋构造

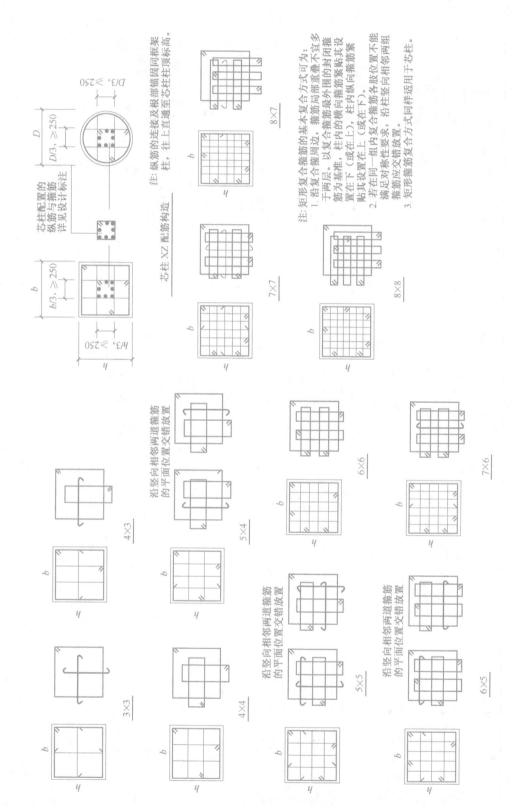

图 8-20 芯柱 XZ 配筋构造以及矩形箍筋复合方式

表 8-11　剪力墙构件编号表

墙柱/墙梁类型	代　号	序　号
约束边缘构件	YBZ	××
构造边缘构件	GBZ	××
非边缘暗柱	AZ	××
扶壁柱	FBZ	××
连梁	LL	××
连梁（对角暗撑配筋）	LL(JC)	××
连梁（交叉斜筋配筋）	LL(JX)	××
连梁（集中对角斜筋配筋）	LL(DX)	××
连梁（跨高比不小于5）	LLK	××
暗梁	AL	××
边框梁	BKL	××

2）剪力墙平面整体配筋图的其他构造做法见《混凝土结构施工图平面整体表示方法制图规则和构造详图（现浇混凝土框架、剪力墙、梁、板)）》（16G101-1）。

3．梁平法施工图

1）梁平面整体配筋图是在梁平面布置图上采用平面注写方式（图 8-21）或截面注写方式（图 8-22）表达。

平面注写方式是在梁平面布置图上，分别在不同编号的梁中各选一根梁，在其上直接注写梁几何尺寸和配筋具体数值的方式来表达梁平法施工图。

平面注写包括集中标注和原位标注。集中标注表达梁的通用数值，原位标注表达梁的特殊数值。当集中标注中的某项数值不适用于梁的某部位时，则将该数值原位标注。施工时，原位标注取值优先。

2）梁编号由类型代号、序号、跨数及有无悬挑代号几项组成，具体编号见表 8-12。

表 8-12　梁编号

梁类型	代号	序号	跨数及是否带有悬挑
楼层框架梁	KL	××	(××)、(××A)或(××B)
楼层框架扁梁	KBL	××	(××)、(××A)或(××B)
屋面框架梁	WKL	××	(××)、(××A)或(××B)
框支梁	KZL	××	(××)、(××A)或(××B)
托柱转换梁	TZL	××	(××)、(××A)或(××B)
非框架梁	L	××	(××)、(××A)或(××B)
悬挑梁	XL	××	(××)、(××A)或(××B)
井字梁	JZL	××	(××)、(××A)或(××B)

注：(××A) 为一端有悬挑，(××B) 为两端有悬挑，悬挑不计入跨数。

3）梁平面整体配筋图的其他构造做法见《混凝土结构施工图平面整体表示方法制图规则和构造详图（现浇混凝土框架、剪力墙、梁、板)》(16G101-1)。

4．板平法施工图

1）结构平面的坐标方向：

① 当两向轴网正交布置时，图面从左至右为 X 向，从下至上为 Y 向。

② 当轴网转折时，局部坐标方向顺轴网转折角度做相应转折。

③ 当轴网向心布置时，切向为 X 向，径向为 Y 向。

2）平面注写方式包括：板块集中标注；板支座原位标注。

板块集中标注的内容：板块编号、板厚、上部贯通纵筋、下部纵筋以及当板面标高不同时的标高高差；板支座原位标注的内容：板支座上部非贯通纵筋和悬挑板上部受力钢筋。有梁楼盖平法施工图如图 8-23 所示。

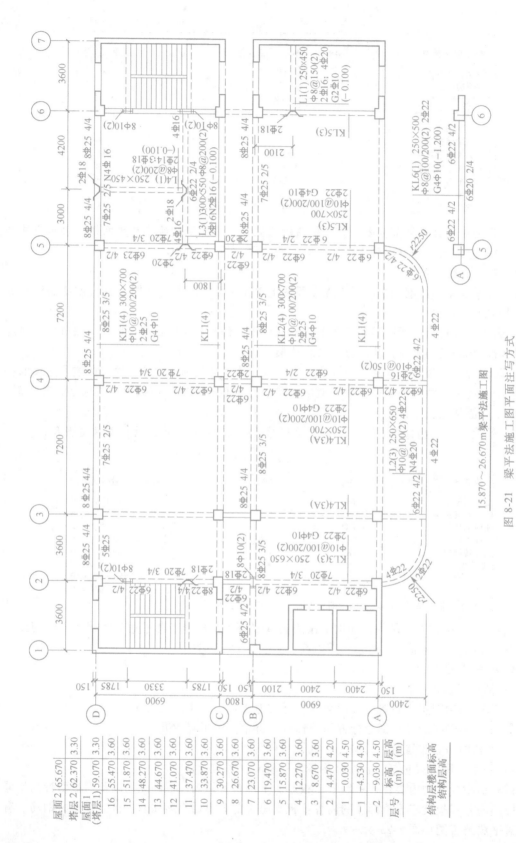

图 8-21　梁平法施工图平面注写方式

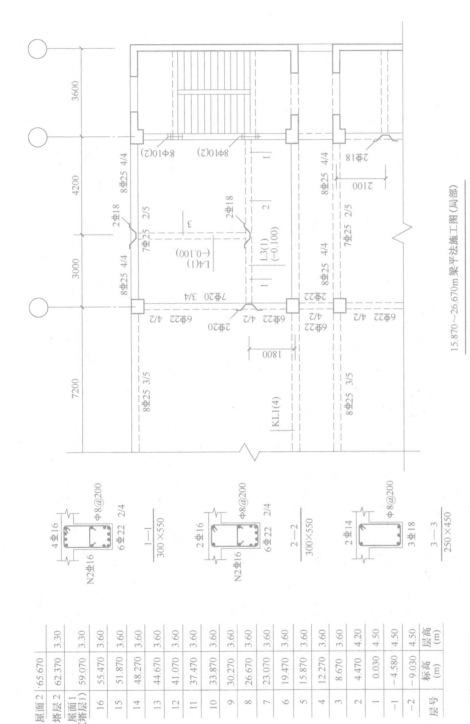

图 8-22　梁平法施工图截面注写方式

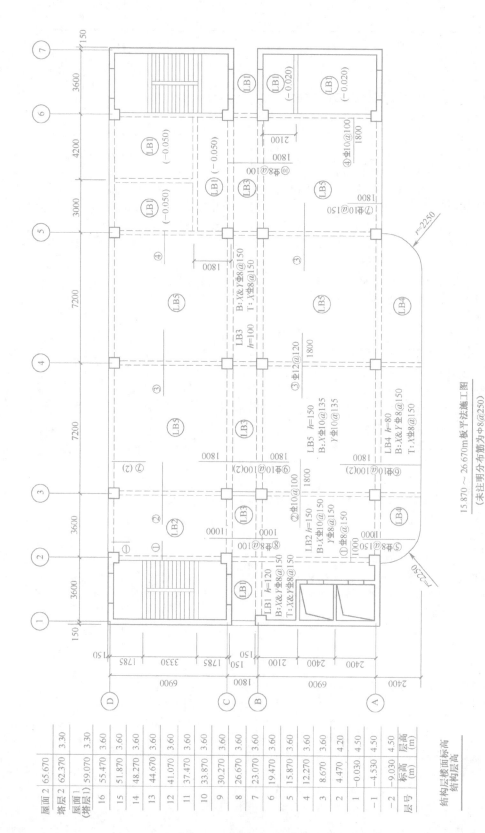

图 8-23 有梁楼盖平法施工图

三、钢筋工程定额的使用说明

1) 钢筋工程按钢筋的不同品种和规格以现浇构件、预制构件、预应力构件以及箍筋分别列项，钢筋的品种、规格比例按常规工程设计综合考虑。

2) 除定额规定单独列项计算以外，各类钢筋、铁件的制作成型、绑扎、安装、接头、固定所用人工、材料、机械消耗均已综合在相应项目内；设计另有规定者，按设计要求计算。直径 25mm 以上的钢筋连接按机械连接考虑。

3) 钢筋工程中措施钢筋，按设计图规定及施工验收规范要求计算。按品种、规格执行相应项目。如采用其他材料时，另行计算。

4) 现浇构件冷拔钢丝按 φ10 以内钢筋制安项目执行。

5) 型钢组合混凝土构件中，型钢骨架执行本定额"金属结构工程"相应项目；钢筋执行现浇构件钢筋相应项目，人工乘以系数 1.50、机械乘以系数 1.15。

6) 弧形构件钢筋执行钢筋相应项目，人工乘以系数 1.05。

7) 混凝土空心楼板（ADS 空心板）中钢筋网片，执行现浇构件钢筋相应项目，人工乘以系数 1.30、机械乘以系数 1.15。

8) 预应力混凝土构件中的非预应力钢筋按钢筋相应项目执行。

9) 非预应力钢筋未包括冷加工，如设计要求冷加工时，应另行计算。

10) 预应力钢筋如设计要求人工时效处理时，应另行计算。

11) 后张法钢筋的锚固是按钢筋帮条焊、U 形插垫编制的，如采用其他方法锚固时，应另行计算。

12) 预应力钢丝束、钢绞线综合考虑了一端、两端张拉；锚具按单锚、群锚分别列项。单锚按单孔锚具列入，群锚按 3 孔列入。预应力钢丝束、钢绞线长度大于 50m 时，应采用分段张拉；用于地面预制构件时，应扣除项目中张拉平台摊销费。

13) 植筋项目不包括植入的钢筋的制作、化学螺栓，钢筋制作，按钢筋制安相应项目执行，化学螺栓另行计算；使用化学螺栓，应扣除植筋胶的消耗量。

14) 地下连续墙钢筋笼安放，不包括钢筋笼制作，钢筋笼制作按现浇钢筋制安相应项目执行。

15) 固定预埋铁件（螺栓）所消耗的材料按实计算，执行相应项目。

16) 现浇混凝土小型构件，执行现浇构件钢筋相应项目，人工、机械乘以系数 2.00。

17) 钢筋混凝土烟筒、水塔执行钢筋相应项目，人工、机械乘以系数 1.50。

18) 钢筋混凝土矩形贮仓执行钢筋相应项目，人工、机械乘以系数 1.20，圆形贮仓执行钢筋相应项目，人工、机械乘以系数 1.40。

19) 钢筋混凝土蒙古包穹顶执行钢筋相应项目，人工乘以系数 1.30。

四、钢筋工程量的计算

1. 现浇构件、预制构件、钢筋网片、钢筋笼、植筋、预埋铁件、螺栓、铁马凳工程量的计算

1) 现浇、预制构件钢筋，按设计图示钢筋长度乘以单位理论质量计算。

2) 钢筋搭接长度应按设计图示及规范要求计算；设计图示及规范要求未标明搭接长度

的，不另计算搭接长度。

3）钢筋的搭接（接头）数量应按设计图示及规范要求计算；设计图示及规范要求未标明的，按以下规定计算：

① φ10 以内的长钢筋按每 12m 计算一个钢筋搭接（接头）。

② φ10 以上的长钢筋按每 9m 计算一个钢筋搭接（接头）。

4）当设计要求钢筋接头采用机械连接时，按数量计算，不再计算该处的钢筋搭接长度。

5）钢筋网片、混凝土灌注桩钢筋笼、地下连续墙钢筋笼按设计图示钢筋长度乘以单位理论质量计算。

6）冷拔丝钢筋网片按设计图示尺寸，以平方米计算。

7）植筋按数量计算，植入钢筋外露和植入部分之和长度乘以单位理论质量计算。

8）混凝土构件预埋铁件、螺栓，按设计图示尺寸，以质量计算。

9）钢筋铁马凳根据施工规范，以质量计算。

10）成品铁马凳根据施工规范，以个计算。成品铁马凳材料价格依据不同规格调整相应单价。

11）现浇构件钢筋、预制构件钢筋、钢筋网片、钢筋笼的工程量，按设计图示钢筋长度乘以每米理论重量，以"t"计算。

设计图中钢筋长度"L"的计算公式：

$$L = 构件长 - 钢筋保护层 + 弯钩 + 弯起增加长度 + 锚固长度 + 搭接长度$$

2. 箍筋工程量的计算

1）箍筋工程量 = 单个箍筋长度 × 箍筋个数 × 每米理论重量

编制预算时，常用单个箍筋长度的确定有以下几种方法：

① 箍筋长度按钢筋混凝土构件断面周长计算，不减构件保护层厚度，不加弯钩长度。

② 箍筋长度为构件断面周长减 8 个保护层加弯钩长。一般直弯钩按 100mm 计算，135° 圆钩单头按 160mm 计算。

③ 箍筋长 = $L + \Delta L$。其中，L 为构件断面周长；ΔL 为箍筋增减值。箍筋增减值见表 8-13。

表 8-13　箍筋增减值

形　式		直径（mm）						备注
		4	6	6.5	8	10	12	
抗震结构		-90	-40	-30	10	70	120	平直长度 10d 弯心圆 2.5d
非抗震结构		-150	-120	-110	-90	-60	-40	平直长度 5d
		-130	-110	-90	-60	-40	0	弯心圆 2.5d

2）箍筋个数的计算。

箍筋个数＝（构件长度－混凝土保护层）÷箍筋间距＋1，计算结果取整数。

3）特殊箍筋的计算。

① 双箍方形（图8-24）。

$$外箍设计长度＝(B-2b+d_0)\times4+2\ 个弯钩增加长度$$

$$内箍设计长度＝\left[(B-2b)\times\frac{\sqrt{2}}{2}+d_0\right]\times4+2\ 个弯钩增加长度$$

式中　b——保护层厚度；

　　　d_0——箍筋直径。

弯钩增加长度：直弯钩按100mm计算，135°圆钩单头按160mm计算。

② 双箍矩形（图8-25）

$$每个箍的设计长度＝(H-2b+d_0)\times2+(B-2b+B'+2d_0)+2\ 个弯钩增加长度$$

③ 三角箍（图8-26）

$$每个箍的设计长度＝(B-2b+d_0)+\sqrt{4(H-2b+d_0)^2+(B-2b+d_0)^2}+2\ 个弯钩增加长度$$

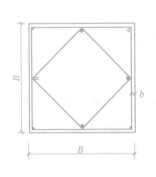

图8-24　双箍方形

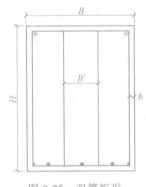

图8-25　双箍矩形

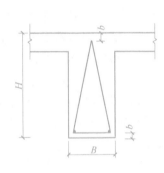

图8-26　三角箍

④ S箍（拉条）（图8-27）

$$每个箍的设计长度＝H+d_0+2\ 个弯钩增加长度$$

⑤ 螺旋箍筋（图8-28）

$$箍筋长度＝N\sqrt{P^2+(D-2b+d_0)^2\pi^2}+2\ 个弯钩增加长度$$

式中　N——螺旋圈数，$N=L/P$，其中L为构件长；

　　　P——螺距；

　　　D——构件直径。

图8-27　S箍

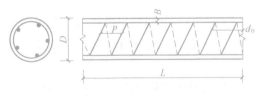

图8-28　螺旋箍筋

3. 先张法预应力钢筋工程量的计算

先张法预应力钢筋按设计图示钢筋长度乘以单位理论质量计算。

4. 后张法预应力钢筋、预应力钢丝、预应力钢绞线工程量的计算

后张法预应力钢筋按设计图示钢筋（绞线、丝束）长度乘以单位理论质量计算。其中长度的确定按下列规定执行：

1）低合金钢筋两端均采用螺杆锚具时，钢筋长度按孔道长度减 0.35m 计算，螺杆另行计算。

2）低合金钢筋一端采用墩头插片，另一端采用螺杆锚具时，钢筋长度按孔道长度计算，螺杆另行计算。

3）低合金钢筋一端采用墩头插片，另一端采用帮条锚具时，钢筋按增加 0.15m 计算；两端均采用帮条锚具时，钢筋长度按孔道长度增加 0.3m 计算。

4）低合金钢筋采用后张混凝土自锚时，钢筋长度按孔道长度增加 0.35m 计算。

5）低合金钢筋（钢绞线）采用 JM、XM、QM 型锚具，孔道长度≤20m 时，钢筋长度按孔道长度增加 1m 计算；孔道长度>20m 时，钢筋长度按孔道长度增加 1.8m 计算。

6）碳素钢丝采用锥形锚具，孔道长度≤20m 时，钢丝束长度按孔道长度增加 1m 计算；孔道长度>20m 时，钢丝束长度按孔道长度增加 1.8m 计算。

7）碳素钢丝采用墩头锚具时，钢丝束长度按孔道长度增加 0.35m 计算。

8）预应力钢丝束、钢绞线锚具安装按套数计算。

5. 钢筋工程量和总消耗量的计算

钢筋工程量=钢筋（钢丝）计算长度×该钢筋每米重量。因现行消耗量定额中已经综合了钢筋加工的合理损耗，因此如果计算实际工程中钢材耗用量，则需要考虑损耗，其计算公式如下：

$$钢筋（钢丝）总耗用量=钢筋（钢丝）理论重量×（1+损耗率）$$

定额中对钢筋、钢丝、钢丝束（钢绞线）损耗率做如下规定：

1）现浇混凝土施工：钢筋直径 10mm 以内损耗为 2%，10mm 以上损耗为 2.5%。

2）预制构件和预应力构件中非预应力钢筋：钢筋直径 10mm 以内损耗为 2%，10mm 以上损耗为 2.5%。

3）先张法预应力钢筋：钢筋直径 10mm 以内损耗为 9%，10mm 以上损耗为 6%；冷拔低碳钢丝损耗为 9%（胡子筋不计入钢筋含量中）。

4）后张法钢筋：钢筋损耗为 13%，预应力钢丝束（钢绞线）损耗为 2.5%，铁件 1% 已综合在定额项目内。

五、钢筋工程实例

【例 8-6】 某建筑物层高 3m，有钢筋混凝土构造柱 20 根，构造柱断面及配筋如图 8-29 所示，求构造柱的混凝土工程量和钢筋工程量。

解：

1）构造柱混凝土工程量=（0.24m×0.24m+0.24m×0.03m×3）×6.45m×20=10.22m³

2）钢筋工程量计算见表 8-14。

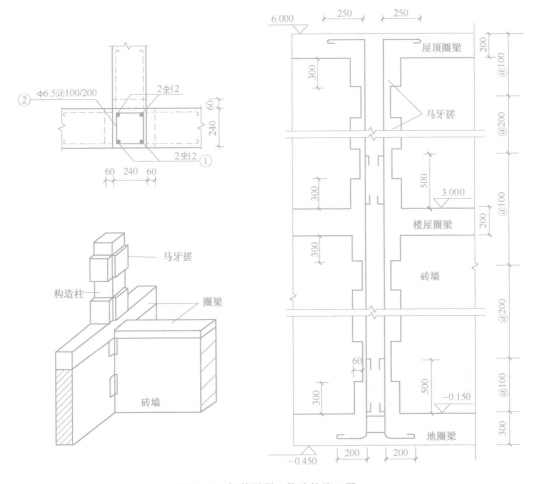

图 8-29 钢筋混凝土构造柱施工图

表 8-14 钢筋工程量计算表

钢筋编号	规格型号	根数/根	每根长度（m）	总长（m）	每米重（kg/m）	总重量（kg）
①	Φ12	4	6+0.15+0.3−2×0.02+0.5×2+0.25+0.2+6×6.25×0.012=8.31	8.31×4×20=664.80	0.888	590.34
②	Φ6.5	(6+0.15)÷0.2+1+2+(0.5+1+0.5+0.2+0.2)÷0.2=46	(0.24−2×0.02−0.0065)×4+2×(0.075+1.9×0.0065)=0.95	0.95×46×20=874.0	0.261	228.11

【例 8-7】 某项目的梁板施工图如图 8-30 所示，L1、L2 截面尺寸均为 300mm×600mm；板中未注明的构造筋为 Φ8@200；构造筋搭接长度 300mm；板厚 120mm。求有梁板的钢筋用量。

解：钢筋工程量计算见表 8-15。

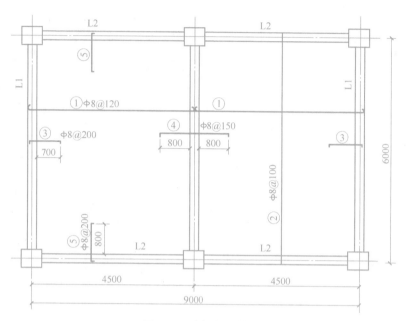

图 8-30 有梁板配筋图

表 8-15 钢筋工程量计算表

构件名称	钢筋编号	钢筋规格	根数（根）	每根长度（m）	总长（m）	每米重（kg/m）	总重量（kg）
有梁板	①	Φ 8@ 120	$[(6-0.3-2\times0.05)\div$ $0.12+1]\times2=96$	$4.5-0.3+0.15\times2+2\times$ $6.25\times0.008=4.60$	441.60	0.395	174.43
	②	Φ 8@ 100	$[(4.5-0.3-2\times0.05)\div$ $0.10+1]\times2=84$	$6-0.3+0.15\times2+2\times$ $6.25\times0.008=6.10$	512.40	0.395	202.40
	③	Φ 8@ 200	$[(6-0.3-2\times0.05)\div$ $0.20+1]\times2=58$	$0.3-0.02+0.7+2\times$ $(0.12-0.015\times2)=1.16$	67.28	0.395	26.58
	③构造筋	Φ 8@ 200	$[(0.7-0.05)\div$ $0.20+1]\times2=8$	$6-0.3-0.8\times$ $2+2\times0.3=4.70$	37.60	0.395	14.85
	④	Φ 8@ 150	$(6-0.3-2\times0.05)\div$ $0.15+1=38$	$0.8+0.3+0.8+2\times$ $(0.12-0.015\times2)=2.08$	79.04	0.395	31.22
	④构造筋	Φ 8@ 200	$[(0.8-0.05)\div$ $0.20+1]\times2=10$	$6-0.3-0.8\times2+$ $2\times0.3=4.70$	47.00	0.395	18.57
	⑤	Φ 8@ 200	$[(4.5-0.3-2\times0.05)\div$ $0.2+1]\times2=44;44\times2=88$	$0.3-0.02+0.8+2\times$ $(0.12-0.015\times2)=1.26$	110.88	0.395	43.80
	⑤构造筋	Φ 8@ 200	$[(0.8-0.05)\div$ $0.20+1]\times2=10;10\times2=20$	$4.5-0.3-0.8-$ $0.7+2\times0.3=3.30$	66.00	0.395	26.07

【例 8-8】 如图 8-31 所示杯形基础 6 个，试计算其钢筋用量（当基础边长 B 大于或等于 2.5m 时，钢筋长度可取 0.9B，交错布置，如图 8-32 所示）。

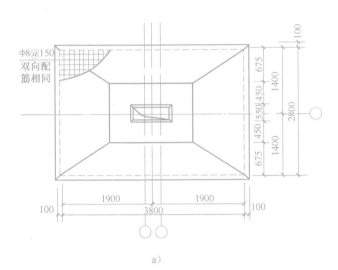

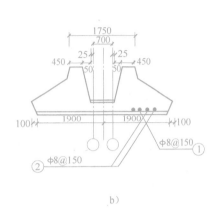

a)　　　　　　　　　　　　　　b)

图 8-31　杯形基础施工图

a）平面图　b）剖面图

解：① 号钢筋：单根长度 $L_1 = (3.80-0.04\times2+2\times6.25\times0.008)$ m/根 = 3.82m/根

根数：$n = 2$ 根

单根长度 $L_2 = (0.90\times3.80+2\times6.25\times0.008)$ m/根 = 3.52m/根

根数：$n = (2.80-0.040\times2)\div0.15$ 根 +1 根 -2 根 ≈ 17 根

① 号钢筋工程量 = （3.82m/根×2 根 +3.52m/根×17 根）×0.395kg/m ×6 = 159.93kg

② 号钢筋：单根长度 $L_1 = (2.8-0.04\times2+2\times6.25\times0.008)$ m/根 = 2.82m/根

根数：$n = 2$ 根

单根长度 $L_2 = (0.90\times2.80+2\times6.25\times0.008)$ m/根 = 2.62m/根

根数：$n = (3.8-0.035\times 2)\div0.15$ 根 +1 根 -2 根 ≈ 24 根

② 号钢筋工程量 = （2.82m/根×2 根 +2.62m/根×24 根）×0.395kg/m×6 = 162.39kg

基础钢筋用量 = 159.93kg+162.39kg = 322.32kg

【例 8-9】　已知某教学楼有 10 根编号为 L_1 的梁，配筋如图 8-33 所示，求各种规格钢筋的用量（环境类别为二 a 类）。

解：

① 号钢筋：2Φ25（延米重量：3.85kg/m）

单根长度 $L = (6.24-2\times0.025+0.20\times2+2\times6.25\times0.025)$ m/根 = 6.90m/根

① 号钢筋工程量 = 6.90m/根×2×3.85kg/m×10 根 = 531.30kg

② 号钢筋：2Φ20（延米重量：2.47kg/m）

单根长度 $L = (6.24-2\times0.025+2\times6.25\times0.02)$ m/根 = 6.44m/根

② 号钢筋工程量 = 6.44m/根×2×2.47kg/m ×10 根 = 318.14kg

③ 号钢筋：1Φ25（弯起角度 45°）

弯起增加长度：$\Delta L = (0.50-2\times0.025)$ m/根×0.414 = 0.186m/根

单根长度 $L = (6.24-2\times0.025+2\times6.25\times0.025+2\times0.186)$ m/根 = 6.875m/根

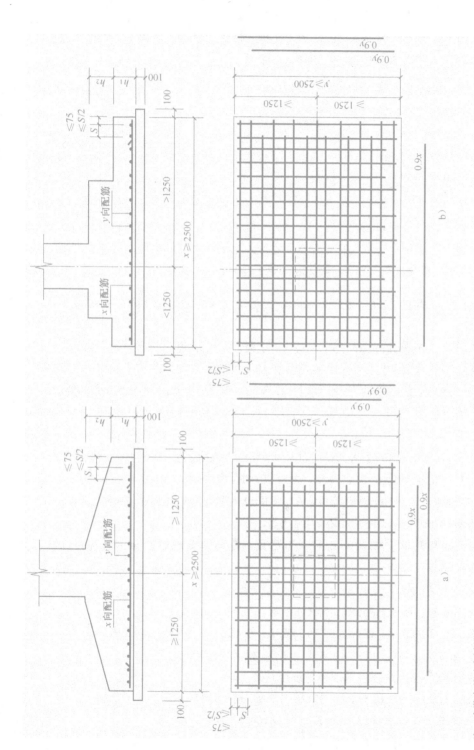

图 8-32　基础底板配筋长度减短 10% 构造

a) 对称独立基础　b) 非对称独立基础

注:1 当独立基础底板长度 ≥2500 mm 时，除外侧钢筋外，底板配筋长度可取相应方向底板长度的 0.9 倍。

2 当非对称独立基础底板长度 ≥2500 mm，但该基础某侧从柱中心至基础底板边缘的距离 <1250 mm 时，钢筋在该侧不应减短。

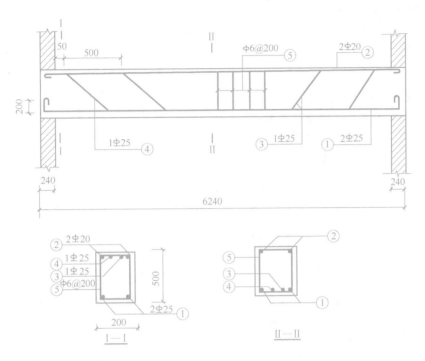

图 8-33　梁配筋图

③ 号钢筋工程量 = 6.875m/根×1×3.85kg/m×10 根 = 264.69kg

④ 号钢筋：1Φ25（弯起角度 45°）

单根长度 L = (6.24−2×0.025+2×6.25×0.025+2×0.186) m/根 = 6.875m/根

④ 号钢筋工程量 = 6.875m/根×1×3.85kg/m×10 根 = 264.69kg

⑤ 号钢筋：Φ6@200（延米重量：0.222kg/m）

单根长度 L = (0.20+0.50)×2m/根 = 1.40m/根

根数：n = (6.24−0.025×2)÷0.2 根+1 根 ≈ 32 根

⑤ 号钢筋工程量 = 1.40m/根×0.222kg/m×32×10 根 = 99.46kg

分规格合计：Φ6 钢筋工程量：99.46kg；Φ20 钢筋工程量：318.14kg；Φ25 钢筋工程量：1060.68kg。

【例 8-10】　某多层砖混结构房屋，其二层与三层圈梁之间的净距为 3m，墙厚 240mm，拉结钢筋为 Φ6.5，如图 8-34 所示，试计算拉结钢筋用量。

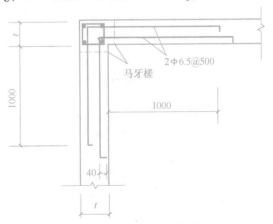

2Φ6.5@500

马牙槎

图 8-34　砌体中拉结钢筋示意图

解：每道拉结钢筋长度 = (1.00+0.24+0.04)×2×2m/道 = 5.12m/道

拉结钢筋设置道数 = 3.00÷0.50 道−1 道 = 5 道

拉结钢筋总长度 = 5.12m/道×5 道 = 25.60m

拉结钢筋重量 = 25.60m×0.261kg/m = 6.68kg

六、平法钢筋计算

1. 梁构件

（1）梁构件钢筋计算基础知识

1）梁的分类。梁的分类见表8-16。

表8-16 梁的分类

图集	16G101-1	16G101-3
梁类型	楼层框架梁 KL	基础梁 JL
	屋面框架梁 WKL	基础主梁（柱下）JL
	框支梁 KZL	基础次梁 JCL
	非框架梁 L	承台梁 CTL
	悬挑梁 XL	基础联系梁 JLL
	井字梁 JZL	

2）梁的钢筋骨架。梁钢筋骨架的组成见表8-17。

表8-17 梁钢筋骨架的组成

纵向钢筋	上	上部钢筋（上部通长筋）
	中	侧部钢筋（构造或受扭钢筋）
	下	下部钢筋（通长或不通长）
	左	左端支座钢筋（支座负筋）
	中	跨中钢筋
	右	右端支座钢筋（支座负筋）
箍筋		加密区及非加密区箍筋
附加钢筋		吊筋和附加箍筋

3）上部通长筋。上部通长筋的含义见表8-18。

表8-18 上部通长筋的含义

钢筋	概念及作用	钢筋锚固
上部通长筋	通长筋是指直径不一定相同,但必须采用搭接或焊接接长且两端应按受拉锚固的钢筋	①框架梁、屋面框架梁、非框架梁 ②弯锚、直锚 ③单排、双排,多于双排由设计者设计

（2）楼层框架梁（KL）钢筋计算 楼层框架梁（KL）钢筋计算条件见表8-19。

表8-19 楼层框架梁（KL）钢筋计算条件

混凝土强度	梁保护层	支座保护层	抗震等级	定尺长度	连接方式	l_{aE}/l_a
C30	20mm	20mm	一级抗震	9000mm	机械连接	$33d/29d$

1）上部通长筋计算。KL1平法施工图如图8-35所示,其上部通长筋计算过程见表8-20。

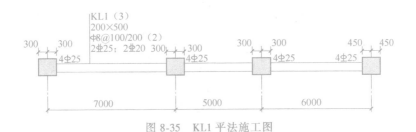

图 8-35　KL1 平法施工图

表 8-20　上部通长筋计算过程

第一步	查表得 l_{aE}	查 16G101-1 第 58 页,得 $l_{aE}=33d=33\times25=825\text{mm}$	
第二步	判断直锚/弯锚	左支座 $600<l_{aE}$,故需要弯锚	
		右支座 $900>l_{aE}$,故采用直锚	
第三步	分别计算直锚和弯锚长度	左支座弯锚长度	$h_c-c+15d$	$600-20+15\times25=955\text{mm}$
		右支座直锚长度	$\max(0.5h_c+5d,l_{aE})$	$\max(0.5\times900+5\times25,825)=825\text{mm}$
第四步	计算上部通长筋总长度	净长+左支座锚固+右支座锚固	$7000+5000+6000-750+955+825=19030\text{mm}$	
第五步	计算接头个数	$19030/9000-1\approx2(\text{个})$	

2）梁侧部钢筋计算。KL10 平法施工图如图 8-36 所示,其侧部钢筋计算过程见表 8-21。

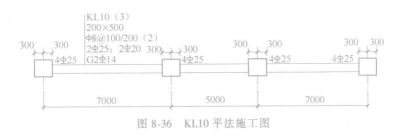

图 8-36　KL10 平法施工图

表 8-21　侧部钢筋计算过程

	计算方法:净长+两端锚固+搭接
侧部构造钢筋长度	锚固长度 $=15d=15\times14$
	搭接长度 $=15d=15\times14$
	钢筋长度 $=7000\times2+5000-600+2\times15\times14=18820\text{mm}$
	搭接接头个数 $=18820/9000-1\approx2$ 个
	总长度 $=18820+2\times15\times14=19240\text{mm}$

注:1. 当为梁侧面构造筋时,其搭接与锚固长度可取为 $15d$。

　　2. 当为梁侧面受扭纵向钢筋时,其搭接长度为 l_1 或 l_{1E}（抗震）,其锚固长度为 l_{aE} 或 l_a,锚固方式同框架梁下部纵筋。

3）梁侧部钢筋的拉筋计算。KL11 平法施工图如图 8-37 所示,梁侧部钢筋的拉筋计算见表 8-22。

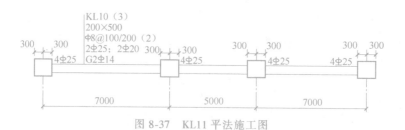

图 8-37 KL11 平法施工图

表 8-22 梁侧部钢筋的拉筋计算过程

拉筋的计算项目	长度
	根数
长度计算	计算公式 = 梁宽 - 2×保护层 + 拉筋直径 + 2L_w；(L_w = max(11.9d, 75+1.9d))
	长度 = 300 - 2×20 + 6 + 2×max(11.9×6, 75+1.9×6) = 439mm
根数计算	根数 = (7000-600-100)/400+1 ≈ 17 根

4) 楼层框架梁下部钢筋计算。KL12 平法施工图如图 8-38 所示，其下部通长筋计算过程见表 8-23。

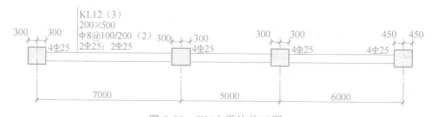

图 8-38 KL12 平法施工图

表 8-23 下部通长筋计算过程

第一步	查表得 l_{aE}	查 16G101-1 第 58 页，得 l_{aE} = 33d = 33×25 = 825mm	
第二步	判断直锚/弯锚	左支座 600<l_{aE}，故需要弯锚	
		右支座 900>l_{aE}，故采用直锚	
第三步	分别计算直锚和弯锚长度	左支座弯锚长度	$h_c - c + 15d$	600-20+15×25 = 955mm
		右支座直锚长度	max(0.5h_c+5d, l_{aE})	max(0.5×900+5×25, 825) = 825mm
第四步	计算下部通长筋总长度	净长+左支座锚固+右支座锚固	7000+5000+6000-750+955+825 = 19030mm
第五步	计算接头个数	19039/9000-1 ≈ 2 个	

5) 楼层框架梁支座负筋计算。KL16 平法施工图如图 8-39 所示，其支座负筋计算见表 8-24。

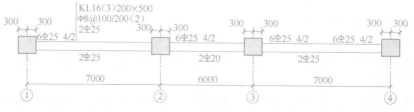

图 8-39 KL16 平法施工图

表 8-24　支座负筋计算过程

	端支座负筋计算公式 = 延伸长度 + 伸入支座锚固长度(支座弯锚、直锚判断过程略)	
支座1负筋	第一排支座负筋 (2根)	锚固长度 = $h_c - c + 15d = 600 - 20 + 15 \times 25 = 955$mm
		延伸长度 = $l_n/3 = (7000-600)/3 = 2133$mm
		总长 = $2133 + 955 = 3088$mm
	第二排支座负筋 (2根)	锚固长度 = $h_c - c + 15d = 600 - 20 + 15 \times 25 = 955$mm
		延伸长度 = $l_n/4 = (7000-600)/4 = 1600$mm
		总长 = $1600 + 955 = 2555$mm
支座2负筋	中间支座负筋计算公式 = 支座宽度 + 两端延伸长度	
	第一排支座负筋 (2根)	延伸长度 = $\max(7000-600, 6000-600)/3 = 2133$mm
		总长 = $600 + 2 \times 2133 = 4866$mm
	第二排支座负筋 (2根)	延伸长度 = $\max(7000-600, 6000-600)/4 = 1600$mm
		总长 = $600 + 2 \times 1600 = 3800$mm
支座3负筋	同支座2	
支座4负筋	同支座1	

6）箍筋计算。KL22 平法施工图如图 8-40 所示，其箍筋图样如图 8-41 所示。

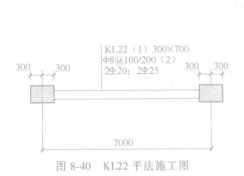

图 8-40　KL22 平法施工图

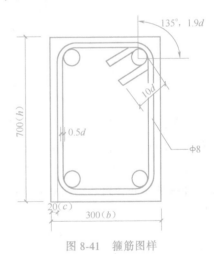

图 8-41　箍筋图样

箍筋长度 = $[(b-2 \times c-d)+(h-2 \times c-d)] \times 2 + 2 \times [\max(10d, 75) + 1.9d]$

　　　　 = $[(300-2 \times 20-8)+(700-2 \times 20-8)]$mm $\times 2 + 2 \times [\max(10 \times 8, 75)+1.9 \times 8]$mm

　　　　 = 1998mm

注：式中的"-8"是指计算至箍筋中心线。

箍筋根数计算过程见表 8-25。

表 8-25　箍筋根数计算过程

第一步	确定加密区长度，一级抗震为 $\geq 2h_b \geq 500$	1400mm
第二步	计算一端加密区箍筋根数	$(1400-50)/100+1 = 14.5 \approx 15$ 根
第三步	计算中间非加密区箍筋根数	$(7000-600-1400 \times 2)/200-1 \approx 17$ 根
第四步	计算总根数	$17 + 15 \times 2 = 47$ 根

7）附加钢筋计算。

① 吊筋一。KL23 平法施工图如图 8-42 所示，其吊筋如图 8-43 所示。

次梁吊筋位于梁端 $l_n/3$ 范围时，平直段长度为 20d。

吊筋长度 = 300mm + 2×320mm + 2×636mm = 2212mm

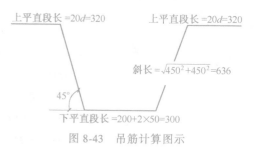

图 8-42 KL23 平法施工图

图 8-43 吊筋计算图示

② 吊筋二。KL24 平法施工图如图 8-44 所示，其吊筋如图 8-45 所示。

次梁吊筋位于梁中 $l_n/3$ 范围时，平直段长度为 10d。

吊筋长度 = 300mm + 2×160mm + 2×601mm = 1822mm

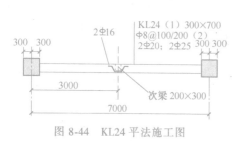

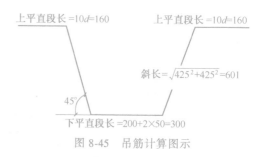

图 8-44 KL24 平法施工图

图 8-45 吊筋计算图示

2. 柱构件

（1）柱构件钢筋计算基础知识

1）柱的分类。柱可分为框架柱 KZ、框支柱 KZZ、梁上柱 LZ、芯柱 XZ、剪力墙上柱 QZ。

2）柱构件钢筋骨架。柱钢筋骨架的组成见表 8-26。

表 8-26 柱钢筋骨架的组成

柱构件钢筋骨架		
纵筋		基础插筋
		中间层钢筋
		顶层钢筋
箍筋		加密区及非加密区箍筋

（2）柱平法钢筋的计算

1）计算条件。框架柱钢筋工程量计算条件见表 8-27。

表 8-27 框架柱钢筋工程量计算条件

混凝土强度	抗震等级	基础保护层	柱保护层	连接方式	l_{aE}/l_a
C30	一级抗震	40mm	20mm	电渣压力焊	33d/29d

2）KZ1 平法施工图如图 8-46 所示，其钢筋工程量计算见表 8-28。

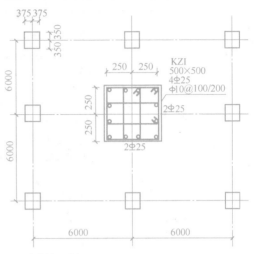

层号	顶标高(m)	层高(m)	梁高(mm)
4	15.9	3.6	700
3	12.3	3.6	700
2	8.7	4.2	700
1	4.5	4.5	700
基础	−0.8	—	基础厚度：500

图 8-46　KZ1 平法施工图

表 8-28　KZ1 钢筋工程量计算表

基础插筋 **（低）**	计算公式＝基础底部弯折长度+基础内高度+基础顶面非连接区高度（相邻钢筋错开连接）	
	基础底部的弯折长度	$\max(15d,150)=\max(15\times25,150)=375\text{mm}$
	基础内高度	$500-40=460\text{mm}$
	基础顶面非连接区高度	$H_n/3=(4500+800-700)/3=1533\text{mm}$
	总长	$375+460+1533=2368\text{mm}$
	基础底部的弯折长度	$\max(15d,150)=\max(15\times25,150)=375\text{mm}$
	基础内高度	$500-40=460\text{mm}$
	基础顶面非连接区高度	$H_n/3=(4500+800-700)/3=1533\text{mm}$
	错开连接的高度	$35d=35\times25=875\text{mm}$
	总长	$375+460+1533+875=3243\text{mm}$
一层纵筋 **（低）**	计算公式＝层高−本层非连接区高度+伸入上层非连接区高度	
	伸入上层的非连接区高度	$\max(H_n/6,500,h_c)=\max[(4200-700)/6,500,500]=583\text{mm}$
	总长	$5300-1533+583=4350\text{mm}$
一层纵筋 **（高）**	伸入上层的非连接区高度	$\max(H_n/6,500,h_c)=\max[(4200-700)/6,500,500]=583\text{mm}$
	总长	$5300-1533-875+583+875=4350\text{mm}$（875 为错开长度）
二层纵筋 **（低）**	伸入上层的非连接区高度	$\max(H_n/6,500,h_c)=\max[(3600-700)/6,500,500]=500\text{mm}$
	总长	$4200-583+500=4117\text{mm}$
二层纵筋 **（高）**	伸入上层的非连接区高度	$\max(H_n/6,500,h_c)=\max[(3600-700)/6,500,500]=500\text{mm}$
	总长	$4200-583-875+500+875=4117\text{mm}$（875 为错开长度）
三层纵筋 **（低）**	伸入上层的非连接区高度	$\max(H_n/6,500,h_c)=\max[(3600-700)/6,500,500]=500\text{mm}$
	总长	$3600-500+500=3600\text{mm}$
三层纵筋 **（高）**	伸入上层的非连接区高度	$\max(H_n/6,500,h_c)=\max[(3600-700)/6,500,500]=500\text{mm}$
	总长	$3600-500-875+500+875=3600\text{mm}$（875 为错开长度）

（续）

四层纵筋（低）	计算公式 = 净高 - 本层非连接区高度 + 伸入顶层梁高度	
	伸入顶层梁高度	梁高 - 保护层 + 12d = 700 - 20 + 12×25 = 980mm
	总长	3600 - 700 - 500 + 980 = 3380mm
四层纵筋（高）	伸入顶层梁高度	梁高 - 保护层 + 12d = 700 - 20 + 12×25 = 980mm
	总长	3600 - 700 - 500 - 875 + 980 = 2505mm（875 为错开长度）
箍筋	外大箍长度	2×[(500-40-10)+(500-40-10)]+2×11.9×10 = 2038mm
	里小箍	小箍筋宽度 =（500-40-2×10-25）/3+25+10 = 173mm 小箍筋长度 = 2×[173+(500-40-10)]+2×11.9×10 = 1484mm
箍筋	第 1 层箍筋根数	下部加密区高度 = $H_n/3$ =（5300-700）/3 = 1533mm 上部加密区高度及节点高 = max（$H_n/6$, h_c, 500）+ h_b 　　　　　　 = max[（5300-700）/6, 500, 500]+700 　　　　　　 = 767+700 = 1467mm 箍筋根数 =（1533/100+1）+（1467/100+1）+[（5300-1533-1467）/200-1] 　　　　 ≈ 43 根
	第 2 层箍筋根数	上、下部加密区高度 = max[（4200-700）/6, 500, 500] = 583mm 箍筋根数 =（583/100+1）+[（583+700）/100+1]+[（4200-583×2-700）/200-1] ≈ 32 根
	第 3、4 层箍筋根数	上、下加密区高度 = max[（3600-700）/6, 500, 500] = 500mm 箍筋根数 =（500/100+1）+[（500+700）/100+1] 　　　　 +[（3600-500-1200）/200-1] ≈ 28 根

3. 板构件

（1）板构件钢筋计算基础知识

1）板的类型。板的类型见表 8-29。

表 8-29　板的类型

有梁楼盖板	楼面板 LB
	屋面板 WB
	悬挑板 XB
无梁楼盖板	柱上板带 ZSB
	跨中板带 KZB

2）板的钢筋骨架。板的钢筋骨架组成见表 8-30。

表 8-30　板的钢筋骨架组成

板的钢筋骨架	主要钢筋	板底筋
		板顶筋
		支座负筋
	附加钢筋	温度筋
		角部附加放射筋
		洞口附加筋

3）注意"隔一布一"。双层双向配筋的板，同时在梁上布置了支座负筋，则支座负筋与板顶筋采用"隔一布一"的方式。

4）板顶钢筋与支座负筋的分布筋相互替代。支座负筋和板顶筋分布相互替代，也就是它们分别作为对方的分布筋，对方原有的分布筋不需要计算。

（2）板平法钢筋的计算

1）计算条件。板平法钢筋计算条件见表 8-31。

表 8-31 板平法钢筋计算条件

混凝土强度	梁保护层	板保护层	抗震等级	定尺长度	连接方式	l_{aE}/l_a
C30	20mm	15mm	一级抗震	9000mm	搭接	35d/30d

2）板底筋钢筋计算

【例 8-11】 单跨板 LB1（梁支座）平法施工图如图 8-47 所示，计算其板底钢筋。

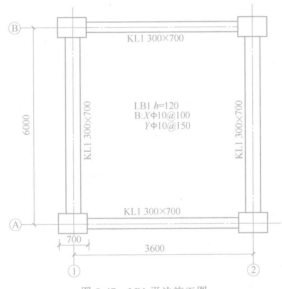

图 8-47 LB1 平法施工图

解：LB1 板底钢筋计算见表 8-32。

表 8-32 LB1 板底钢筋计算

$X\phi10@100$	长度	计算公式＝净长+端支座锚固+弯钩长度
		端支座锚固长度＝$\max(b/2,5d)$＝$\max(150,5\times10)$＝150mm
		180°弯钩长度＝6.25d
		总长＝3600-300+2×150+2×6.25×10＝3725mm
	根数	计算公式＝（钢筋布置范围长度-起步距离）/间距+1
		（6000-300-100）/100+1＝57 根

（续）

		计算公式＝净长＋端支座锚固＋弯钩长度
$Y\phi10@150$	长度	端支座锚固长度＝$\max(b/2, 5d)=\max(150, 5\times10)=150$mm
		$180°$弯钩长度＝$6.25d$
		总长＝$6000-300+2\times150+2\times6.25\times10=6125$mm
	根数	计算公式＝（钢筋布置范围长度－起步距离）/间距＋1
		$(3600-300-2\times75)/150+1=22$ 根

注：1. 端部支座锚固长度：$\max(b/2, 5d)$，如图 8-48 所示。

　　2. 板底筋的起步距离为 1/2 板底筋间距。16G101—1 第 99 页描述的起步距离是指取距梁边 1/2 板筋间距。

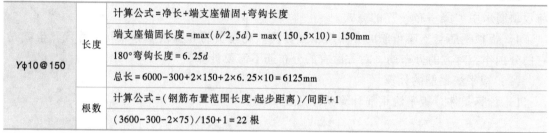

图 8-48　普通楼屋面板在端部支座的锚固构造

【例 8-12】　单跨板 LB2（砖墙支座）平法施工图如图 8-49 所示，计算其板底钢筋（端部支座详图如图 8-50 所示）。

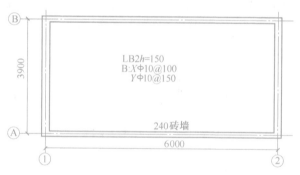

图 8-49　LB2 平法施工图

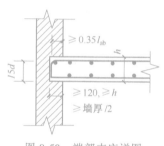

图 8-50　端部支座详图

解：LB2 板底钢筋计算见表 8-33。

表 8-33　LB2 板底钢筋计算

		计算公式＝净长＋端支座锚固＋弯钩长度
$X\phi10@100$	长度	端支座锚固长度＝$\max(120, h, 墙厚/2)=\max(120, 150, 240/2)=150$mm
		$180°$弯钩长度＝$6.25d$
		总长＝$6000-240+2\times150+2\times6.25\times10=6185$mm
	根数	计算公式＝（钢筋布置范围长度－起步距离）/间距＋1
		$(3900-240-2\times50)/100+1\approx37$ 根

（续）

Yφ10@150	长度	计算公式 = 净长+端支座锚固+弯钩长度
		端支座锚固长度 = max(120, h, 墙厚/2) = max(120, 150, 240/2) = 150mm
		180°弯钩长度 = 6.25d
		总长 = 3900−240+2×150+2×6.25×10 = 4085mm
	根数	计算公式 = (钢筋布置范围长度−起步距离)/间距+1
		(6000−240−2×75)/150+1 ≈ 39 根

【例 8-13】　多跨板 LB4 平法施工图如图 8-51 所示，计算其板底钢筋工程量。

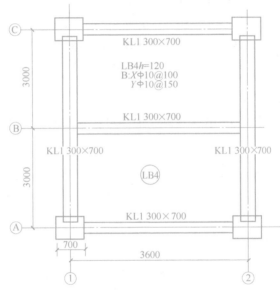

图 8-51　LB4 平法施工图

解：LB4 板底钢筋计算见表 8-34。

表 8-34　LB4 板底筋钢筋计算

Ⓑ~Ⓒ轴	Xφ10@100	长度	计算公式 = 净长+端支座锚固+弯钩长度
			端支座锚固长度 = max(b/2, 5d) = max(150, 5×10) = 150mm
			180°弯钩长度 = 6.25d
			总长 = 3600−300+2×150+2×6.25×10 = 3725mm
		根数	计算公式 = (钢筋布置范围长度−起步距离)/间距+1
			(3000−300−100)/100+1 = 27 根
	Yφ10@150	长度	计算公式 = 净长+端支座锚固+弯钩长度
			端支座锚固长度 = max(b/2, 5d) = max(150, 5×10) = 150mm
			180°弯钩长度 = 6.25d
			总长 = 3000−300+2×150+2×6.25×10 = 3125mm
		根数	计算公式 = (钢筋布置范围长度−起步距离)/间距+1
			(3600−300−2×75)/150+1 = 22 根

（续）

Ⓐ~Ⓑ轴	X Φ10@100	长度	计算公式=净长+端支座锚固+弯钩长度
			端支座锚固长度=max($b/2,5d$)=max(150,5×10)=150mm
			180°弯钩长度=6.25d
			总长=3600-300+2×150+2×6.25×10=3725mm
		根数	计算公式=(钢筋布置范围长度-起步距离)/间距+1
			(3000-300-100)/100+1=27根
	Y Φ10@150	长度	计算公式=净长+端支座锚固+弯钩长度
			端支座锚固长度=max($b/2,5d$)=max(150,5×10)=150mm
			180°弯钩长度=6.25d
			总长=3000-300+2×150+2×6.25×10=3125mm
		根数	计算公式=(钢筋布置范围长度-起步距离)/间距+1
			(3600-300-2×75)/150+1=22根

3）板顶筋钢筋计算。

【例8-14】 多跨板LB9、LB10平法施工图如图8-52所示，计算其板顶钢筋。

图8-52 LB9、LB10平法施工图

解：LB9、LB10板顶钢筋计算见表8-35。

表8-35 LB9、LB10板顶钢筋计算

LB9	X Φ10@150（①~②跨贯通计算）	长度	计算公式=净长+左端支座锚固+右端伸入③~④轴跨中连接
			端支座锚固长度=梁宽-保护层+15d=300-20+15×10=430mm
			总长=3600+7200-150+430+(7200/2+42/2d) =3600+7200-150+430+(7200/2+21×10)=14890mm
			接头个数=14890/9000-1≈1个
		根数	计算公式=(钢筋布置范围长度-起步距离)/间距+1
			(1800-300-2×75)/150+1=10根
	Y Φ10@150	长度	计算公式=净长+端支座锚固
			端支座锚固长度=梁宽-保护层+15d=300-20+15×10=430mm
			总长=1800-300+2×430=2360mm
		根数	计算公式=(钢筋布置范围长度-起步距离)/间距+1
			①~②轴：(3600-300-2×75)/150+1=22根
			②~③轴：(7200-300-2×75)/150+1=46根

（续）

		计算公式=1/2跨长+左端与相邻跨伸过来的钢筋搭接+右端支座锚固
	长度	端支座锚固长度=梁宽-保护层+15d=300-20+15×8=400mm
		总长=7200/2+42/2d-150+400=7200/2+21×8-150+400=4018mm
Xφ8@150		计算公式=（钢筋布置范围长度-起步距离）/间距+1
	根数	（1800-300-2×75）/150+1=10根
		计算公式=净长+端支座锚固
	长度	端支座锚固长度=梁宽-保护层+15d=300-20+15×8=400mm
Yφ8@150		总长=1800-300+2×400=2300mm
		计算公式=（钢筋布置范围长度-起步距离）/间距+1
	根数	②~③轴=（7200-300-2×75）/150+1=46根

（表左侧第一列合并单元格：**LB10**）

4）板支座负筋计算。

【例 8-15】 板支座负筋平法施工图如图 8-53 所示，计算板支座负筋。

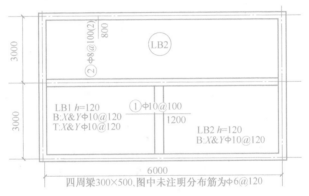

图 8-53　板支座负筋平法施工图

解： 板支座负筋计算见表 8-36。

表 8-36　板支座负筋计算

		计算公式=平直段长度+两端弯折
	长度	弯折长度=h-15=120-15=105mm
①号支座负筋		总长度=2×1200+2×105=2610mm
		计算公式=（布置范围净长-两端起步距离）/间距+1
	根数	起步距离=1/2钢筋间距
		根数=（3000-300-2×50）/100+1=27根
①号支座负筋左侧分布筋		左侧不需要分布筋，由LB1板顶Y方向替代负筋分布筋
	长度	负筋布置范围长
①号支座负筋右侧分布筋		3000-300=2700mm
	根数	单侧根数=（1200-150）/200+1≈7根

(续)

②号支座负筋	长度	计算公式 = 平直段长度 + 两端弯折
		弯折长度 = $h-15 = 120-15 = 105$mm
		总长度 = $800+150-20+2\times105 = 1140$mm
	根数	计算公式 = (布置范围净长 - 两端起步距离)/间距 + 1
		起步距离 = 1/2 钢筋间距
		根数 = $(6000-300-2\times50)/100+1 = 57$ 根
②号支座负筋分布筋	长度	负筋布置范围长
		$6000-300 = 5700$mm
	根数	单侧根数 = $(800-150)/200+1 \approx 5$ 根

4. 马凳

（1）马凳长度计算

1）马凳的形状。常见的马凳形状有三种，如图8-54所示。

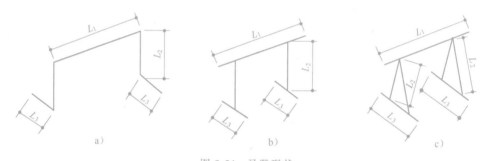

图 8-54 马凳形状

a) Ⅰ型马凳 b) Ⅱ型马凳 c) Ⅲ型马凳

2）马凳直径的确定。马凳各段直径一般按 12mm ≤ 马凳筋直径 ≤ 面筋直径取值。

3）马凳长度计算。马凳各段长度一般根据工地实际情况进行确定。马凳长度计算图如图 8-55 所示。

根据图 8-55 可以推导出平板式筏基马凳长度的计算公式，见表 8-37。

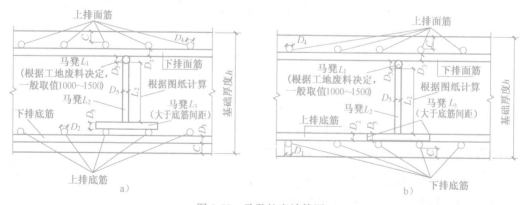

图 8-55 马凳长度计算图

a) 马凳放在上排底筋上 b) 马凳放在下排底筋上

表 8-37 平板式筏基马凳长度计算公式

马凳型号	放置方式判断	马凳各段取值		
Ⅰ型马凳		马凳长度 $=L_1+L_2\times2+L_3\times2$		
		L_1	L_2	L_3
	马凳放在下排底筋上	根据工地废料决定，一般取值 100~300	$L_2=h-2C-D_1-D_2-D_3-D_4-D_5\times2$	大于所在底筋间距
	马凳放在上排底筋上		$L_2=h-2C-D_1-D_3-D_4-D_5\times2$	
Ⅱ型马凳		马凳长度 $=L_1+L_2\times2+L_3\times2$		
		L_1	L_2	L_3
	马凳放在下排底筋上	根据工地废料决定，一般取值 1000~1500	$L_2=h-2C-D_1-D_2-D_3-D_4-D_5\times2$	大于所在底筋间距
	马凳放在上排底筋上		$L_2=h-2C-D_1-D_3-D_4-D_5\times2$	
Ⅲ型马凳		马凳长度 $=L_1+L_2\times4+L_3\times2$		
		L_1	L_2	L_3
	马凳放在下排底筋上	根据工地废料决定，一般取值 1000~1500	$L_2=(h-2C-D_1-D_2-D_3-D_4-D_5\times2)$ ×斜度系数	大于所在底筋间距
	马凳放在上排底筋上		$L_2=(h-2C-D_1-D_3-D_4-D_5\times2)$ ×斜度系数	

（2）马凳个数计算

1）Ⅰ型马凳个数计算。Ⅰ型马凳属于点式布置马凳，布置在面筋纵横筋的交错位置，经常出现两种布置方式：矩形布置和梅花形布置。

① 平板式筏基马凳矩形布置情况。平板式筏基Ⅰ型马凳矩形布置情况如图 8-56 所示。根据图 8-56 可推导出平板式筏基Ⅰ型马凳矩形布置情况个数计算公式，见表 8-38。

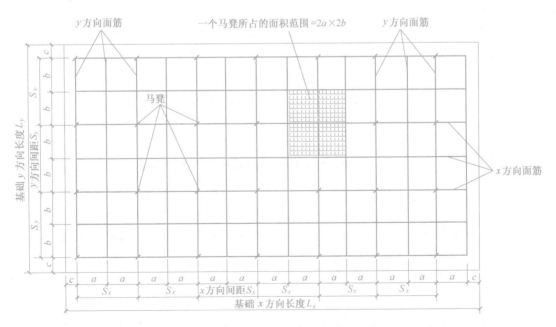

图 8-56 平板式筏基Ⅰ型马凳矩形布置图

表 8-38　平板式筏基Ⅰ型马凳矩形布置个数计算公式

马凳型号	近似算法：马凳个数＝总面积/每个马凳的面积范围			
平板式筏基Ⅰ型马凳矩形布置	总面积＝基础 x 方向长度×基础 y 方向长度		每个马凳的面积范围＝马凳 x 方向间距×马凳 y 方向间距	
	基础 x 方向长度	基础 y 方向长度	马凳 x 方向间距	马凳 y 方向间距
	L_x	L_y	$S_x(S_x=2a)$	$S_y(S_y=2b)$
	马凳个数＝$(L_x×L_y)/(S_x×S_y)=(L_x×L_y)/(2a×2b)$			

② 平板式筏基梅花形布置情况。平板式筏基Ⅰ型马凳梅花形布置情况如图 8-57 所示。根据图 8-57 可推导出平板式筏基Ⅰ型马凳梅花形布置个数计算公式，见表 8-39。

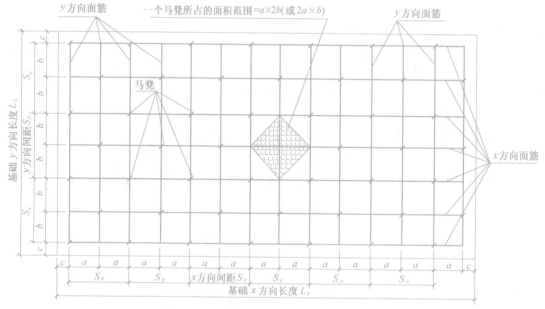

图 8-57　平板式筏基Ⅰ型马凳梅花形布置图

表 8-39　平板式筏基Ⅰ型马凳梅花形布置个数计算公式

马凳型号	近似算法：马凳个数＝总面积/每个马凳的面积范围			
平板式筏基Ⅰ型马凳梅花形布置	总面积＝基础 x 方向长度×基础 y 方向长度		每个马凳的面积范围＝（马凳 x 方向间距）×（马凳 y 方向间距/2）	
	基础 x 方向长度	基础 y 方向长度	马凳 x 方向间距	马凳 y 方向间距
	L_x	L_y	S_x	$S_y/2$
	马凳个数＝$(L_x×L_y)/(S_x×S_y/2)$			

③ 梁板式筏基矩形布置情况。梁板式筏基Ⅰ型马凳矩形布置情况如图 8-58 所示。根据图 8-58 可推导出梁板式筏基Ⅰ型马凳矩形布置个数计算公式，见表 8-40。

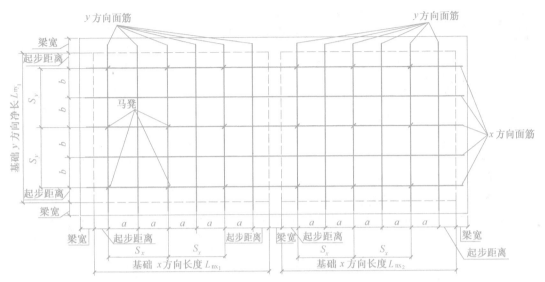

图 8-58　梁板式筏基 I 型马凳矩形布置图

表 8-40　梁板式筏基 I 型马凳矩形布置情况个数计算公式

马凳型号	马凳总个数＝每块个数相加	
梁板式筏基 I 型马凳矩形布置	近似算法：马凳每块个数＝每块净面积(去掉梁所占的面积)/每个马凳的面积范围	
	图中左块净面积＝$L_{nx1} \times L_{ny1}/(S_x \times S_y)$	图中右块净面积＝$L_{nx2} \times L_{ny1}/(S_x \times S_y)$
	＝$(L_{nx1} \times L_{ny1})/(2a \times 2b)=n_1$，值取整数	(取整)＝$(L_{nx2} \times L_{ny1})/(2a \times 2b)=n_2$，值取整数
	马凳总个数＝n_1+n_2	

　　④ 梁板式筏基梅花形布置情况。梁板式筏基 I 型马凳梅花形布置情况如图 8-59 所示。根据图 8-59 可推导出梁板式筏基 I 型马凳梅花形布置个数计算公式，见表 8-41。

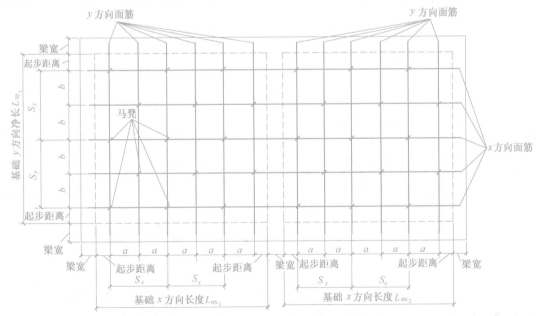

图 8-59　梁板式筏基 I 型马凳梅花形布置图

表 8-41 梁板式筏基Ⅰ型马凳梅花形布置情况个数计算公式

马凳型号	马凳总个数=每块个数相加	
梁板式筏基Ⅰ型马凳梅花形布置	近似算法：马凳每块个数=每块净面积(去掉梁所占的面积)/每个马凳的面积范围	
	图中左块净面积=$(L_{nx1} \times L_{ny1})/(S_x \times S_y/2)$ $= (L_{nx1} \times L_{ny1})/(2a \times 2b) = n_1$，值取整数	图中右块净面积=$L_{nx2} \times L_{ny1}/(S_x \times S_y/2)$ $= (L_{nx2} \times L_{ny1})/(2a \times 2b) = n_2$，值取整数
	马凳总个数=$n_1 + n_2$	

2）Ⅱ、Ⅲ型马凳个数计算。

① 平板式筏基情况。平板式筏基Ⅱ、Ⅲ型马凳在实际施工中只取一个方向（x方向或y方向）布置马凳，如图 8-60 所示。根据图 8-60 可推导出平板式筏基Ⅱ、Ⅲ型马凳个数计算公式，见表 8-42。

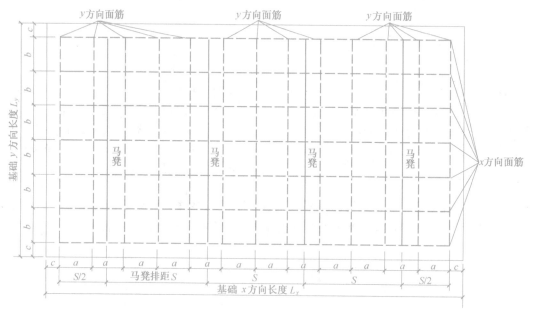

图 8-60 平板式筏基Ⅱ、Ⅲ型马凳布置图

表 8-42 平板式筏基Ⅱ、Ⅲ型马凳个数计算公式

马凳型号	马凳个数=每排个数×排数				
平板式筏基Ⅱ、Ⅲ型马凳布置	每排个数=（基础y方向长度-保护层×2)/单个马凳长度L_1			排数=（基础x方向长度-保护层×2-马凳间距)/马凳间距+1	
	基础y方向长度	保护层	单个马凳长度	基础x方向长度	马凳间距
	L_y	c	L_1	L_x	S
	Y方向每排个数=$(L_y-2c)/L_1=n$，值取整数			基础x方向长度=$(L_x-2c-S)/S+1=p$，值取整数	
	马凳个数=$n \times p$				

② 梁板式筏基情况。梁板式筏基Ⅱ、Ⅲ型马凳在实际施工中马凳布置如图 8-61 所示。根据图 8-61 可推导出梁板式筏基Ⅱ、Ⅲ型马凳个数计算公式，见表 8-43。

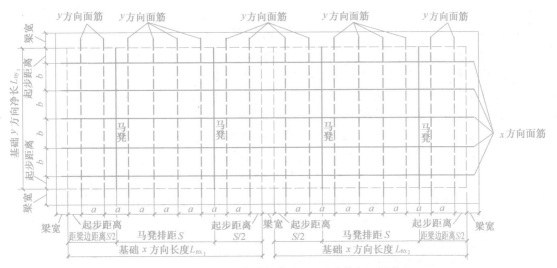

图 8-61 梁板式筏基Ⅱ、Ⅲ型马凳布置图

表 8-43 梁板式筏基Ⅱ、Ⅲ型马凳个数计算公式

马凳型号	马凳总个数=左块个数+右块个数=y方向每排的个数×x方向左块马凳排数+ y方向每排的个数×x方向右块马凳排数		
梁板式筏基Ⅱ、Ⅲ型马凳布置	y方向每排马凳个数=基础y方向净长/单个马凳长度=$L_{ny1}/L_1=n$，值取整数		
	图中左块个数=y方向每排马凳个数×x方向左块排数	图中右块个数=y方向每排马凳个数×x方向右块排数	
	左块x方向排数=（基础左块x方向净长－马凳间距）/马凳间距+1	右块x方向排数=（基础右块x方向净长－马凳间距）/马凳间距+1	
	基础左块x方向净长	马凳间距	基础右块x方向净长
	L_{nx1}	S	L_{nx2}
	左块x方向排数=$(L_{nx1}-S)/S+1=p_1$，值取整数	右块x方向排数=$(L_{nx2}-S)/S+1=p_2$，值取整数	
	图中左块个数=$n×p_1$	图中右块个数=$n×p_2$	
	马凳总个数=左块个数+右块个数=$n×p_1+n×p_2$		

❁ 小 结 ❁

　　本学习情境主要对混凝土、钢筋混凝土、钢筋工程等定额的有关说明及工程量计算规则进行了全面讲解，并附有典型实例分析。

　　通过本学习情境的学习，学生应学会识读混凝土结构及钢筋混凝土结构工程施工图，掌握其分项工程计量与计价，具备编制钢筋混凝土工程施工图预算的能力。

❁ 同 步 测 试 ❁

一、单项选择题

1. 混凝土及钢筋混凝土构件的工程量，均按图示尺寸以体积计算，应扣除（　　）所占体积。

A. 钢筋　　　　　　　　　　　　B. 预埋铁件

C. 0.5m×0.5m 的孔洞所占体积　　D. 0.6m×0.6m 的孔洞所占体积

2. 混凝土散水、台阶按设计图示尺寸的（　　）计算。

A. 水平投影面积　　B. 展开面积　　C. 实际接触面积　　D. 混凝土体积

3. 挑檐、天沟壁高度在 400mm 内，执行（　　）项目。

A. 女儿墙　　　　B. 栏板　　　　C. 挑檐　　　　D. 压顶

4. 在平法配筋中，柱基础顶面箍筋加密区的长度为（　　）。

A. $H_n/2$　　　　B. $H_n/3$　　　　C. $H_n/4$　　　　D. $H_n/5$

5. 单梁、连续梁、（　　）其断面非矩形时，执行异形梁定额。

A. 框架梁　　　　B. 圈梁　　　　C. 过梁　　　　D. 叠合梁部分

二、多项选择题

1. 混凝土构造柱的工程量，由（　　）项组成。

A. 伸根体积　　B. 马牙槎体积　　C. 柱身体积

D. 柱帽体积　　E. 暗柱体积

2. 整体现浇普通楼梯，按水平投影面积计算，应包括以下（　　）部分。

A. 休息平台　　B. 平台梁　　C. 斜梁

D. 伸入墙内部分　　E. 与楼板连接的梁

3. 下列各项构件按 m² 计量的有（　　）。

A. 预制钢筋混凝土构件模板工程量

B. 现浇楼梯

C. 现浇阳台伸出墙外部分

D. 现浇混凝土台阶

E. 螺旋形楼梯

4. 平法钢筋计算时，下列选项中（　　）不是板底钢筋的起步距离。

A. 底筋搭接长度　　B. 分步筋距离　　C. 1/2 板底间距

D. 板底筋间距　　E. 板保护层

5. 箱式基础的工程量，由（　　）部分组成。

A. 基础垫层体积　　B. 基础底板体积　　C. 基础主梁体积

D. 基础次梁体积　　E. 柱基体积

三、问答题

1. 混凝土及钢筋混凝土工程的定额项目是如何划分的？

2. 现浇混凝土构件的工程量计算的一般原则是什么？

3. 现浇混凝土构件在工程量计算时，应该扣除和不扣除的内容有哪些？

4. 预制构件的混凝土工程量如何计算？

5. 钢筋工程量计算的一般规则是什么？

6. 钢筋工程量计算中，损耗是如何规定的？

7. 有梁板、无梁板、空心板、挑檐板的工程量如何计算？

学习情境九

金属结构工程

知识目标

- 能够识读金属结构工程的施工图
- 掌握金属结构工程的计量与计价

能力目标

- 熟练使用定额与标准图集，了解金属结构工程的施工过程
- 熟练使用消耗量定额，通过正确的直接套价法或换算方法得出合理的工程费用

单元一　金属结构的组成及金属结构工程定额的有关说明

一、金属结构的组成

1. 钢柱

钢柱是承受竖向压力的构件。钢柱的主要作用是承受与支撑上部的动荷载、静荷载及自身重量，通过媒介把荷载传至地基。根据钢柱的断面形式分为空腹柱、格构柱、实腹柱。

2. 钢屋架

由各种钢材（圆钢、角钢、型钢等）组成，用来直接承受屋面荷载的格构式钢结构称为钢屋架。钢屋架一般由上弦、下弦（不管是水平还是倾斜的均称为弦）、腹杆（直腹杆、斜腹杆）、节点支撑、节点连接板等不同规格型号的型钢组成。各种杆件组合成钢屋架的连接方式主要采用焊接。钢屋架的类型有普通钢屋架、轻型钢屋架、薄壁型钢屋架、钢网架。钢网架主要的组成构件同钢屋架相似，即由上弦杆、下弦杆、腹杆和节点球（节点球即钢屋架中的节点板）构成网架结构。

3. 钢梁

钢梁是钢结构中常见的一种跨空结构，主要承受弯矩和剪力。梁承受荷载后，传到柱节点，再由柱传到基础。钢梁根据截面形式不同可分为型钢梁和组合梁两大类。另外，吊车梁和制动梁也是常见的钢梁。

4. 钢支撑

钢支撑是在承重结构为平面结构的建筑物和构筑物中，用以增加建筑物的整体刚度和侧向稳定性，传递吊车水平荷载、风荷载以及地震作用的构件。

钢支撑按其作用部位点分为屋（顶）架支撑和柱间支撑两大类。钢屋架的横向水平支撑和竖向支撑以及柱间支撑共同构成了保证钢结构具有空间刚度、几何不变形和建筑物总体稳定的支撑体系。

5. 金属梯及栏杆

工业厂房及民用建筑和一些构筑物工程，由于生产操作、设备检修、安全消防、清扫擦洗等需要，常设置钢梯。用于室外或处于有侵蚀性介质环境中的金属梯，应适当加大其用量规格。

钢梯按其使用功能基本上分三种，第一种是作业钢梯，第二种是屋面检修梯，第三种是专门设置为特定人员使用的钢梯。

6. 其他金属构件

金属结构构件除去上述的结构承重构件、防护性构件和服务性构件外，还有许多工作金属构件，如悬挂式起重机轨道、垃圾斗、垃圾门、钢平台、钢漏斗、钢滑模、吊车轨道车挡等。

二、金属结构工程定额使用说明

本定额本章包括金属结构制作、金属结构运输、金属结构安装和金属结构楼（墙）面板及其他。

1. 金属结构制作、安装

1）本定额适用于现场制作和施工企业附属加工厂制作的金属构件。若采用成品构件，可按各盟市工程造价管理机构发布的信息价执行。

2）构件制作项目中钢材按钢号 Q235 编制，若采用低合金钢，其制作人工用量乘系数1.10。配套焊材单价相应调整，用量不变。

3）本定额金属构件制作子目，均按焊接编制，如实际采用成品 H 形钢的，主材按成品价格进行换算，人工、机械及除主材外的其他材料乘以系数 0.60。

4）构件制作定额中钢材的损耗量已包括了切割和制作损耗。

5）构件制作定额已包括加工厂预装配所需的人工、材料、机械台班用量及预拼装平台摊销费用。

6）钢网架制作、安装项目按平面网格结构编制，如设计为筒壳、球壳及其他曲面结构的，其制作项目人工、机械乘以系数 1.30，安装项目人工、机械乘以系数 1.20。

7）钢桁架制作、安装项目按直线形桁架编制，如设计为曲线、折线形桁架，其制作项目人工、机械乘以系数 1.30，安装项目人工、机械乘以系数 1.20。

8）十字形构件执行相应 H 形钢构件制作项目，定额人工、机械乘以系数 1.05。

9）钢柱安装在混凝土柱上，其人工、机械乘以系数 1.43。

10）定额中圆（方）钢管构件按成品钢管编制，如实际采用钢板加工而成的，主材价格调整，加工费用另计。

11）构件制作按构件种类及截面形式不同执行相应项目，构件安装按构件种类及质量不同执行相应项目。构件安装定额中的质量指按设计图所确定的构件单元质量。

12）轻钢屋架是指单榀质量在 1t 以内，且用角钢或圆钢、管材作为支撑、拉杆的钢屋架。

13）实腹钢柱（梁）是指 H 形、箱形、T 形、L 形、十字形等，空腹钢柱是指格构形等。

14）制动梁、制动板、车档执行钢吊车梁相应项目。

15）柱间、梁间、屋架间的 H 形或箱形钢支撑，执行相应的钢柱或钢梁制作、安装项目；墙架柱、墙架梁和相配套连接杆件执行钢墙架相应项目。

16）型钢混凝土组合结构中的钢构件执行本定额本章相应的项目，制作项目人工、机械乘以系数 1.15。

17）钢栏杆（钢护栏）定额适用于钢楼梯、钢平台及钢走道板等与金属结构相连的栏杆，其他部位的栏杆、扶手应执行本定额"第十五章　其他装饰工程"相应项目。

18）基坑围护中的钢格构柱执行本定额本章相应的项目，其中制作项目（除主材外）乘以系数 0.70，安装项目乘以系数 0.50。同时，应考虑钢格构柱拆除、回收残值等因素。

19）单件质量在 25kg 以内的加工铁件执行本定额本章中的零星构件。需埋入混凝土中的铁件及螺栓执行本定额"第五章　混凝土及钢筋混凝土工程"相应项目。

20）金属构件安装中的植筋、植化学锚栓执行本定额"第五章　混凝土及钢筋混凝土工程"相应项目。

21）构件制作项目中未包括除锈工作内容，发生时执行相应项目。其中喷砂或抛丸除锈项目按 Sa2.5 级除锈等级编制，如设计为 Sa3 级则定额乘以系数 1.10，设计为 Sa2 级或 Sa1 级则定额乘以系数 0.75；手工及动力工具除锈项目按 St3 除锈等级编制，如设计为 St2 级则定额乘以系数 0.75。

22）构件制作中未包括油漆工作内容，如设计有要求时，执行本定额"第十四章 油漆、涂料、裱糊工程"相应项目。

23）构件制作、安装项目中已包括了施工企业按照质量验收规范要求所需的磁粉探伤、超声波探伤等常规检测费用。

24）钢结构构件 15t 及以下构件按单机吊装编制，其他按双机抬吊考虑吊装机械，网架按分块吊装考虑配置相应机械。

25）钢构件安装项目按檐高 20m 以内、跨内吊装编制。实际须采用跨外吊装的，应按施工方案进行调整。

26）钢结构构件采用塔式起重机吊装的，将钢构件安装项目中的汽车式起重机 20t、40t 分别调整为自升式塔式起重机 2500kN·m、3000kN·m，人工及起重机械乘以系数 1.20。

27）钢构件安装项目中已考虑现场拼装费用，但未考虑分块或整体吊装的钢网架、钢桁架地面平台拼装摊销，如发生则执行现场拼装平台摊销定额项目。

28）钢支撑（钢拉条）制作不包括花篮螺栓，设计采用时，花篮螺栓按相应定额计算。

29）钢檩条制作定额未包含表面镀锌费用，发生时另行计算。

30）钢通风气楼、钢风机架制作套用钢天窗架子目。

31）钢格栅如果采用成品格栅，制作人工、辅材、机械乘以 0.60。

32）整座网架重量<120t，定额人工、机械乘以系数 1.20；不锈钢螺栓球网架安装套用螺栓节点球网架安装，取消油漆及稀释剂，同时安装人工减少 0.2 工日。

33）H 形、箱形柱间支撑套用钢柱安装定额；H 形、箱形梁间（屋面）支撑套用钢梁安装定额。

34）钢支撑包括：柱间支撑、屋面支撑、系杆、拉条、撑杆、隔撑等。

35）钢天窗架及钢通风气楼上 C、Z 型钢执行钢檩条项目。

36）执行轨道制作项目时，如遇 50kg/m 以上轨道时，可换算轨道价格，其余不变。

37）轨道项目中未考虑轨道连接件，安装时根据图纸需用量执行轨道连接件项目，轨道连接件价格可根据实际进行换算。

38）箱形柱、梁项目中不含栓钉及其施工，实际发生时按剪力栓钉定额项目执行。

39）依附漏斗的型钢并入漏斗工程量内。加工铁件等小型构件，按零星钢构件项目执行。

2. 金属结构运输

1）金属结构构件运输定额是按加工厂至施工现场考虑的，运输运距以 30km 为限，运距在 30km 以上时按照构件运输方案和市场运价调整。

2）金属结构构件运输按表 9-1 分为三类，套用相应定额。

3）金属结构构件运输过程中，如遇路桥限载（限高）而发生的加固、拓宽的费用及有电车线路和公安交通管理部门的保安护送费用，应另行处理。

表 9-1　金属结构构件分类

类别	构 件 名 称
一	钢柱、屋架、桁架、吊车架、网架、钢架桥
二	钢梁、檩条、支撑、拉条、栏杆、钢平台、钢走道、钢楼梯、零星构件
三	墙架、挡风架、天窗架、轻钢屋架、其他构件

3. 金属结构楼（墙）面板及其他

1）金属结构楼面板和墙面板按成品板编制。

2）压型楼面板的收边板未包括在楼面板项目内，应单独计算。

3）屋面兼强板执行本定额本章节的成品兼强板安装项目。

4）直立锁边铝镁锰合金板适用于现场加工，若设计有防水、保温等，执行本定额"第九章　屋面及防水工程"及"第十章　保温、隔热、防腐工程"相应项目。

5）楼板栓钉另按本定额本章相应项目执行。

6）固定压型钢板楼板的支架按本定额本章相应项目执行。

7）自承式楼承板上钢筋桁架按本定额"第五章　混凝土及钢筋混凝土工程"中钢筋相应项目执行。

8）装饰工程中的彩钢夹心板隔墙执行"第十一章　楼地面装饰工程"隔墙相应项目。

9）不锈钢天沟、彩钢板天沟展开宽度为 600mm，若实际展开宽度与定额不同时，板材按比例调整，其他不变；天沟支架制作、安装执行相应项目。

10）屋脊盖板内已包括屋脊托板含量，若屋脊托板使用其他材料，则屋脊盖板含量应做调整。

11）檐口端面项目也适用于雨篷等处的封边、包角。

12）其他封边、包角定额适用于墙面、板面、高低屋面等处需封边、包角的项目。

13）彩板墙面、楼承板项目其金属面材厚度与设计标准不同时，可调整材料规格，换算价格，其消耗量不变。

单元二　金属结构工程的工程量计算规则

一、金属构件制作

1）金属构件工程量按设计图示尺寸乘以理论质量计算。

2）金属构件计算工程量时，不扣除单个面积 $\leq 0.3 m^2$ 的孔洞质量，焊缝、铆钉、螺栓等不另增加质量。

3）钢网架计算工程量时，不扣除孔眼的质量，焊缝、铆钉等不另增加质量。焊接空心球网架质量包括连接钢管杆件、连接球、支托和网架支座等零件的质量，螺栓球节点网架质量包括连接钢管杆件（含高强螺栓、销子、套筒、锥头或封板）、螺栓球、支托和网架支座等零件的质量。

4）依附在钢柱上的牛腿及悬臂梁的质量等并入钢柱的质量内，钢柱上的柱脚板、加劲板、柱顶板、隔板和肋板并入钢柱工程量内。

5）钢管柱上的节点板、加强环、内衬板（管）、牛腿等并入钢管柱的质量内。

6）钢平台的工程量包括钢平台的柱、梁、板、斜撑等的质量，依附于钢平台上的钢扶梯及平台栏杆，应按相应构件另行列项计算。

7）钢楼梯的工程量包括楼梯平台、楼梯梁、楼梯踏步等的质量，钢楼梯上的扶手、栏杆另行列项计算。

8）钢栏杆包括扶手的质量，合并套用钢栏杆项目。

9）机械或手工及动力工具除锈按设计要求以构件质量计算。

10）地脚锚栓定位支架按设计图示尺寸以质量计算，设计无规定时按施工方案计算，执行预埋铁件项目。

二、金属结构运输、安装

1）金属结构构件运输、安装工程量同制作工程量。

2）钢构件现场拼装平台摊销工程量按实施拼装构件的工程量计算。

三、金属结构楼（墙）面板及其他

1）楼面板按设计图示尺寸以铺设面积计算，不扣除单个面积 $\leqslant 0.3m^2$ 的柱、垛及孔洞所占面积。

2）墙面板按设计图示尺寸以铺挂面积计算，不扣除单个面积 $\leqslant 0.3m^2$ 的梁、孔洞所占面积。

3）钢板天沟按设计图示尺寸以质量计算，依附天沟的型钢并入天沟的质量内计算；不锈钢天沟、彩钢板天沟按图示尺寸以展开面积计算。

4）金属构件安装使用的高强螺栓、花篮螺栓和剪力栓钉按设计图以数量以"套"为单位计算。

5）金属构件安装使用的地脚锚栓按设计图以质量以"吨"为单位计算。

6）槽铝檐口端面封边包角、混凝土浇捣收边板高度按150mm考虑，工程量按设计图示尺寸以延长米计算；其他材料的封边包角、混凝土浇捣收边板按设计图示尺寸以展开面积计算。

7）屋面成品兼强板安装按设计图示尺寸以展开面积计算；兼强板隔墙板以设计图示尺寸铺挂展开面积计算，不扣除单个面积 $\leqslant 0.3m^2$ 的柱、垛及孔洞所占面积。

8）直立锁边铝镁锰合金板按设计图示尺寸以展开面积计算，不扣除单个面积 $\leqslant 0.3m^2$ 的柱、垛及孔洞所占面积。

单元三　金属结构工程实例

【例9-1】　计算图9-1~图9-13所示的钢梁、钢柱的工程量及分部分项工程费。

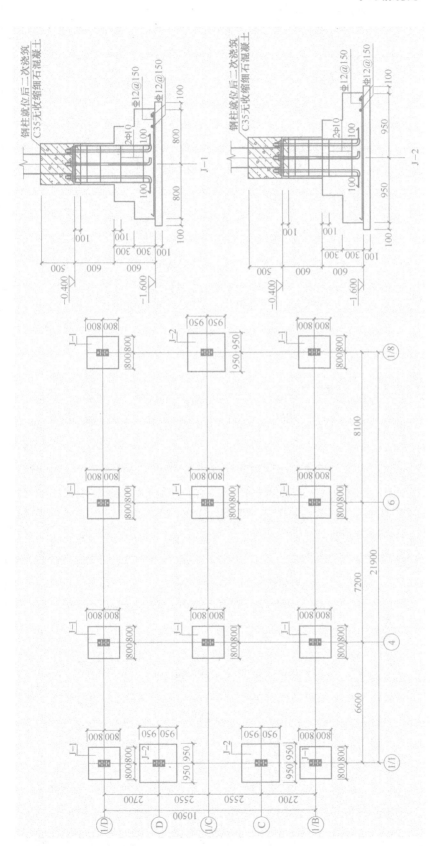

图 9-1　基础、柱脚节点平面布置图

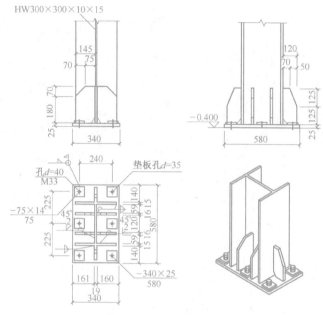

图 9-2　钢柱脚详图

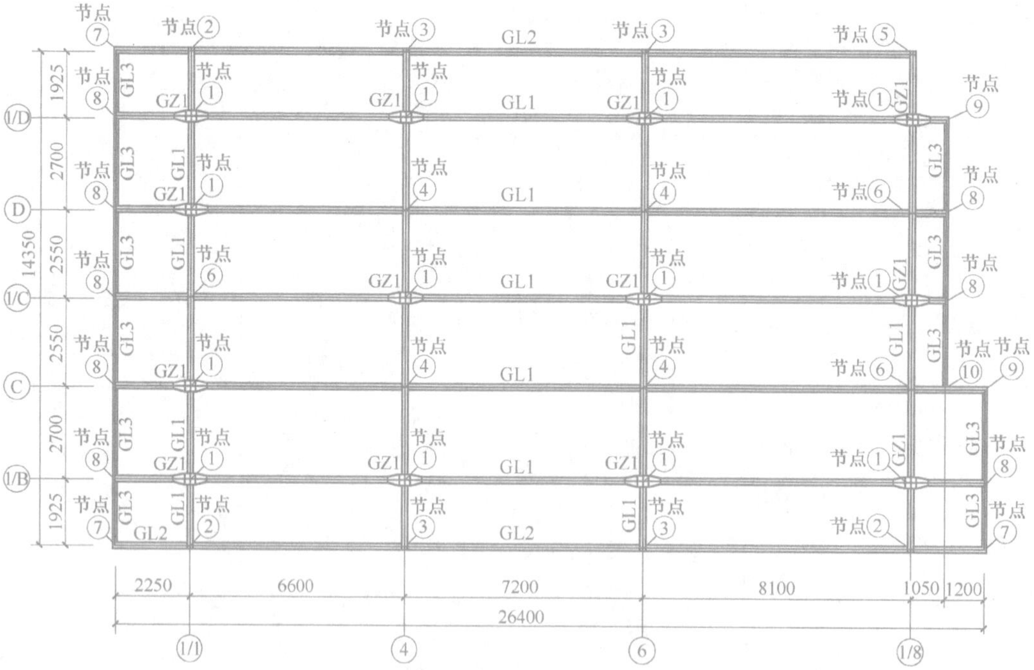

图 9-3　一层顶结构布置图

截　面　表				
标号	名　称	截　面	材质	备注
GZ1	钢　柱	HW300×300×10×15	Q345 B	
GL1	钢　梁	HN350×175×7×11	Q345 B	
GL2	钢　梁	H300×150×6×9	Q345 B	
GL3	钢　梁	H200×100×5×8	Q345 B	

注：梁顶标高3.400m。

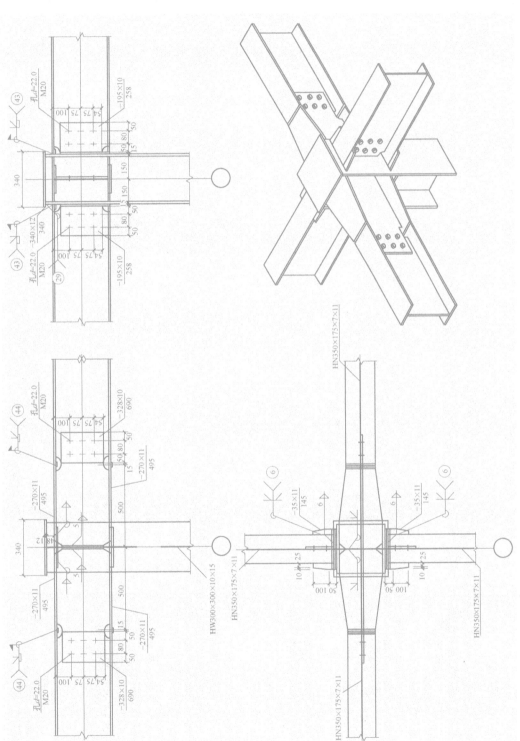

图 9-4 节点①详图

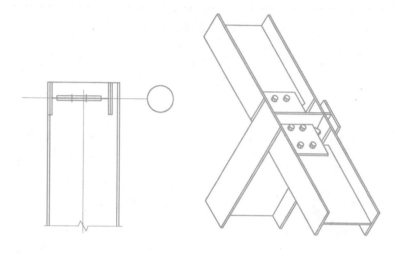

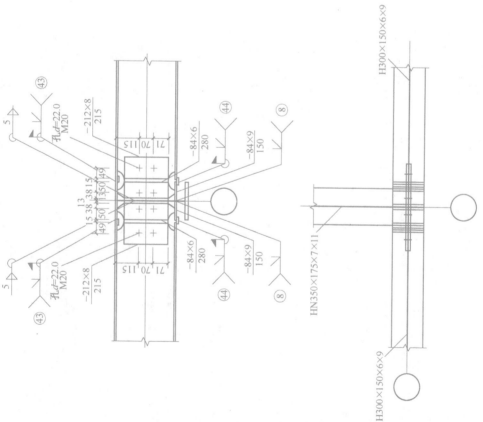

图 9-5 节点②详图

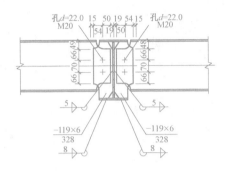

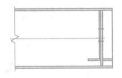

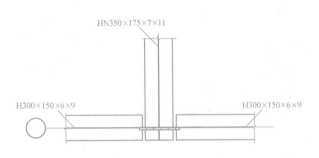

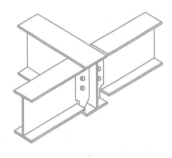

图 9-6 节点③详图

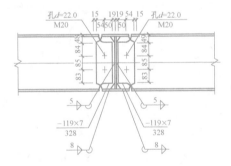

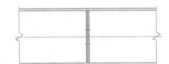

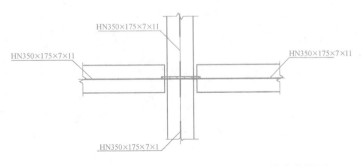

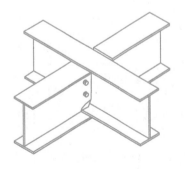

图 9-7 节点④详图

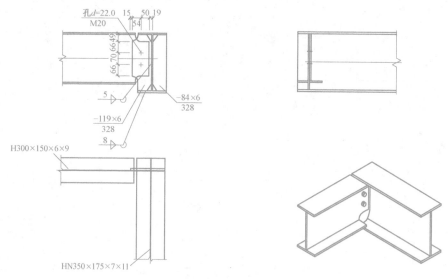

图9-8 节点⑤详图

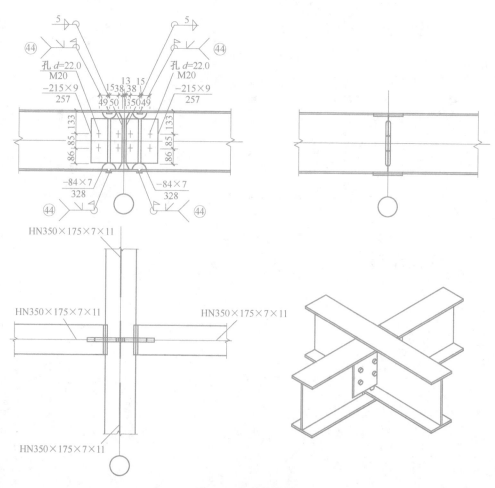

图9-9 节点⑥详图

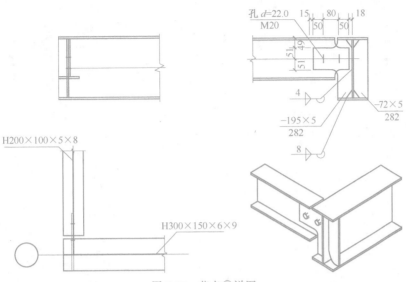

图 9-10　节点⑦详图

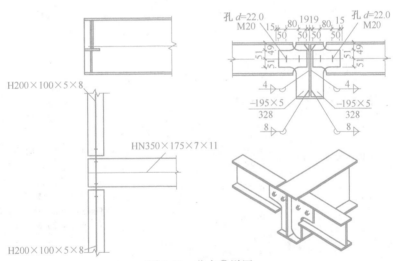

图 9-11　节点⑧详图

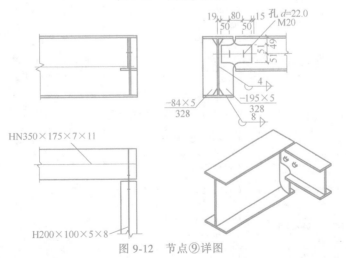

图 9-12　节点⑨详图

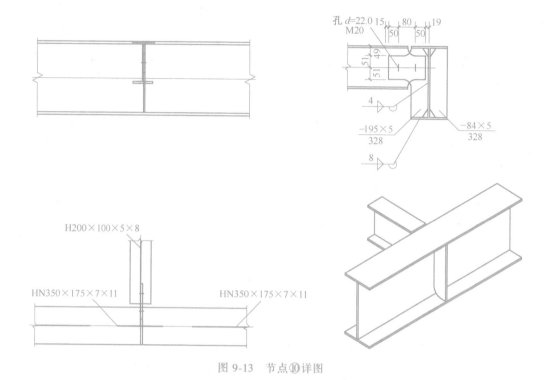

图 9-13　节点⑩详图

解：钢柱、钢梁工程量计算见表 9-2。

表 9-2　钢柱、钢梁工程量计算表

GZ1 钢柱	HW300×300×10×15	$L = (0.4+3.4)×13$ $= 49.40m$	$W_{GZ1} = 49.40 ×91.84$ $= 4536.90kg$
加强肋	①	$-250×120×19$	$S = 0.25×0.12×2×13 = 0.78m^2$ $W_1 = 0.78×149.15 = 116.34kg$
	②	$-250×145×16$	$S = 0.25×0.145×4×13 = 1.885m^2$ $W_2 = 1.885×125.6 = 236.76kg$
GL1 钢梁	HN350×175×7×11	⑪/Ⓑ轴： $L = 26.40m$ Ⓒ轴： $L = 26.40m$ ⑪/Ⓒ轴： $L = 25.20m$ Ⓓ轴： $L = 25.20m$ ⑪/Ⓓ轴： $L = 25.20m$ ⑪/①轴、④轴、⑥轴、⑪/Ⓑ轴 -⑪/Ⓑ -⑪/Ⓓ轴： $L = 14.35×4 = 57.40m$ 小计：GL1 总长 $L = 185.80m$	$W_{GL1} = 185.80×48.24$ $= 8962.99kg$
GL2 钢梁	H300×150×6×9	$L = 26.4+24.15 = 50.55m$	$W_{GL2} = 50.55×34.47$ $= 1742.46kg$
GL3 钢梁	H200×100×5×8	$L = 14.35+12.425$ $= 26.775m$	$W_{GL3} = 26.775×19.78$ $= 529.61kg$

（续）

柱顶	①	$-340\times340\times12$	$S = 0.34\times0.34\times13$ $= 1.5028m^2$ $W_1 = 1.5028\times94.20$ $= 141.56kg$
节点①柱梁 交接处	②	$-270\times495\times11$	$S = 0.495\times0.27\times2\times13\times2$ $= 6.95m^2$ $W_2 = 6.95\times86.35$ $= 600.13kg$
	③	$-690\times328\times10$	$S = 0.69\times0.328\times13\times2$ $= 5.884m^2$ $W_3 = 5.884\times78.50$ $= 461.89kg$
	④	$-258\times195\times10$	$S = 0.258\times0.195\times13\times2 = 1.308m^2$ $W_4 = 1.308\times78.5 = 102.68kg$
	⑤	$-145\times35\times11$	$S = 0.145\times0.035\times4\times13 = 0.264m^2$ $W_5 = 0.264\times86.35 = 22.80kg$
节点②梁口 交接处	⑥	$-150\times84\times9$	$S = 0.15\times0.084\times2\times3$ $= 0.0756m^2$ $W_6 = 0.0756\times70.65$ $= 5.34kg$
	⑦	$-280\times84\times6$	$S = 0.28\times0.084\times2\times3$ $= 0.141m^2$ $W_7 = 0.141\times47.10$ $= 6.64kg$
	⑧	$-212\times215\times8$	$S = 0.212\times0.215\times2\times3$ $= 0.2735m^2$ $W_8 = 0.2735\times62.80$ $= 17.18kg$
节点③梁口 交接处	⑨	$-328\times119\times6$	$S = 0.328\times0.119\times2\times4$ $= 0.3123m^2$ $W_9 = 0.3123\times47.10$ $= 14.71kg$
节点④梁口 交接处	⑩	$-328\times119\times7$	$S = 0.328\times0.119\times2\times4$ $= 0.3123m^2$ $W_{10} = 0.3123\times54.95$ $= 17.16kg$
节点⑤梁口 交接处	⑪	$-328\times119\times6$	$S = 0.328\times0.119$ $= 0.0390m^2$ $W_{11} = 0.0390\times47.10$ $= 1.84kg$
	⑫	$-328\times84\times6$	$S = 0.328\times0.084$ $= 0.0276m^3$ $W_{12} = 0.0276\times47.10$ $= 1.30kg$

（续）

节点⑥梁口交接处	⑬	$-328\times84\times7$	$S = 0.328\times0.084\times2\times3$ $= 0.1653m^2$ $W_{13} = 0.1653\times54.95$ $= 9.08kg$
	⑭	$-215\times257\times9$	$S = 0.257\times0.215\times2\times3$ $= 0.3315m^2$ $W_{14} = 0.3315\times70.65$ $= 23.42kg$
节点⑦梁口交接处	⑮	$-282\times195\times5$	$S = 0.195\times0.282\times3) = 0.1650m^2$ $W_{15} = 0.1650\times39.25$ $= 6.48kg$
	⑯	$-282\times72\times5$	$S = 0.282\times0.072\times3$ $= 0.0609m^2$ $W_{16} = 0.0609\times39.25$ $= 2.39kg$
节点⑧梁口交接处	⑰	$-328\times195\times5$	$S = 0.328\times0.195\times2\times8$ $= 1.023m^2$ $W_{17} = 1.023\times39.25$ $= 40.15kg$
节点⑨梁口交接处	⑱	$-328\times195\times5$	$S = 0.328\times0.195\times2$ $= 0.1279m^2$ $W_{18} = 0.1279\times39.25$ $= 5.02kg$
	⑲	$-328\times84\times5$	$S = 0.328\times0.084\times2 = 0.055m^2$ $W_{19} = 0.055\times39.25$ $= 2.16kg$
节点⑩梁口交接处	⑳	$-328\times195\times5$	$S = 0.328\times0.195\times1 = 0.064m^2$ $W_{20} = 0.064\times39.25$ $= 2.51kg$
	㉑	$-328\times84\times5$	$S = 0.328\times0.084\times1 = 0.028m^2$ $W_{21} = 0.028\times39.25$ $= 1.10kg$
地脚螺栓		M33	$n = 6\times13 = 78$ 套
高强螺栓		M20	$n = 460$
钢板小计	$W = 141.56+600.13+461.89+102.68+22.80+5.34+6.64+17.18+14.71+17.16+1.84+1.30+9.08+23.42+6.48+2.39+40.15+5.02+2.16+2.51+1.10 = 1485.54kg$		
汇总	GZ1 框架柱：$4536.90+116.34+236.76 = 4890kg$		
	GL1~LG3 框架梁：$8962.99+1742.46+529.61+1485.54 = 12720.60kg$		

钢梁、钢柱的分部分项工程费见表9-3。

表 9-3　工程预算表

序号	定额号	工程项目名称	单位	工程量	单价(元)	合价(元)	定额人工费(元) 单价	定额人工费(元) 合价
		一、钢柱						
1	t6-10	金属结构制作 实腹柱 H 型钢柱 焊接	t	4.890	4772.35	23337	924.64	4521
2	t6-57	钢柱安装 3t 以内	t	4.890	842.54	4120	387.61	1895
3	a12-5	手工除锈 一般钢结构 轻锈	kg	4890	0.5849	2860	0.3481	1702
4	t14-180	金属面 超薄型防火涂料 耐火时间 0.5h、涂层厚度 1.5mm	m²	285.33	29.5712	8438	5.86	1672
		二、钢梁						
5	t6-14	金属结构制作 焊接 H 型 钢梁	t	12.721	4653.59	59198	790.94	10062
6	t6-62	钢梁安装 3t 以内	t	12.721	684.77	8711	234.81	2987
7	a12-5	手工除锈 一般钢结构 轻锈	kg	12721	0.5849	7441	0.3481	4428
8	t14-180	金属面 超薄型防火涂料 耐火时间 0.5h、涂层厚度 1.5mm	m²	696.98	29.5712	20611	5.86	4084
		合计				134716		31351

小　结

　　本学习情境主要对金属结构梁、柱、屋架等定额的有关说明及工程量计算规则进行了全面讲解，并附有典型实例分析。

　　通过本学习情境的学习，能够识读金属结构工程施工图，掌握金属结构工程的计量与计价，具备编制金属结构工程施工图预算的能力。

同步测试

一、单项选择题

1. 钢楼梯的工程量按（　　）计算。

A. 平方米　　　　　　　B. 吨　　　　　　　C. 立方米　　　　　　　D. 延长米

2. 计算钢屋架时，节点处的钢板（　　）工程量。

A. 计算　　　　　　　B. 不计算　　　　　　　C. 定额已考虑　　　　　　　D. 按延长米计算

3. 金属结构使用的地脚螺栓，工程量按（　　）计算。

A. 套　　　　　　　B. 公斤　　　　　　　C. 吨　　　　　　　D. 个

4. 计算墙面压型钢板时，不扣除（　　）m² 的孔洞面积。

A. 0.1　　　　　　　B. 0.2　　　　　　　C. 0.35　　　　　　　D. 单个小于等于 0.3

二、多项选择题

1. 钢柱的断面形式有（　　）。

A. 空腹柱　　　　　　　B. 格构柱　　　　　C. 实腹柱

D. 工字柱　　　　　　　E. 角柱

2. 计算钢楼梯工程量时，包含（　　）。

A. 楼梯平台　　　　　　B. 楼梯梁　　　　　C. 楼梯踏步

D. 楼梯扶手　　　　　　E. 楼梯栏杆

3. 计算钢管柱时，（　　）构件并入钢管柱工程量内。

A. 节点板　　　　　　　B. 内衬管　　　　　C. 加强环

D. 牛腿　　　　　　　　E. 角钢

4. 钢支撑按其作用部位点分为（　　）。

A. 屋架支撑　　　　　　B. 钢柱支撑　　　　C. 柱间支撑

D. 横向水平支撑　　　　E. 竖向垂直支撑

三、问答题

1. 金属结构运输安装的工程量如何计算？

2. 金属结构制作的工程量如何计算？

3. 压型钢板楼面板的工程量如何计算？

学习情境十

木结构工程

知识目标

- 能够识读木结构工程施工图
- 掌握木结构工程的计量与计价

能力目标

- 能够熟练使用定额与标准图集
- 能够熟练使用消耗量定额，通过正确的直接套价法或换算方法得出合理的工程费用

单元一　木结构的组成及木结构工程定额的有关说明

一、木结构的组成

木结构是由木材或主要由木材承受荷载的结构，其主要受力构件有木梁、木柱、木屋架和屋面木基层。

1. 木屋架

根据屋架的力学分析，各种形式的三角形屋架其上弦杆及斜撑是受压杆件，下弦杆及拉杆是受拉杆件。由于木材具有良好的受压性能，钢材能承受较大的拉力，制作屋架时，对受压杆件则采用木材，受拉杆件中部分拉杆既可采用木材，又可采用钢材。在木材长度受到限制需要接头时，可采用木夹板或铁夹板进行连接。

钢木屋架是指屋架受压杆件采用木材、受拉杆件采用钢材的屋架，其组合形式与普通人字屋架相似，因其具有较高的刚度，多用在跨度较大的厂房建筑中。

2. 屋面木基层

（1）檩条　在木结构工程中，檩条按其断面形状分为方檩条和圆檩条两种。檩条作为承重结构铺设在屋架或相邻的间壁墙上，其长度应视屋架或间壁墙的间距而定，一般在 2.6~4m 之间。檩条的断面尺寸，一般方檩条多为 6cm×12cm，圆檩条的梢径不小于 10cm，檩条铺设的中距多为 60~80cm，两端采用铁钉固定。

（2）木基层　木基层是指在屋面檩条以上、屋面瓦以下中间部分的椽木、屋面板、挂瓦条等木构造。木基层的组成要由屋面构造和使用要求决定，通常包括檩条上钉椽条及挂瓦条；檩条上钉屋面板、油毡、顺水条及挂瓦条；檩条钉椽板；檩条上钉屋面板四种。

二、木结构工程定额的使用说明

1）本定额本章包括木屋架、木构件、屋面木基层三节。

2）木材木种均以一、二类木种取定。如采用三、四类木种时，相应定额制作人工及机械乘以系数 1.35。

3）设计刨光的屋架、檩条、屋面板在计算木料体积时，应加刨光损耗，方木一面刨光加 3mm，两面刨光加 5mm；圆木直径加 5mm；板一面刨光加 2mm，两面刨光加 3.5mm。

4）屋架跨度是指屋架两端上、下弦中心线交点之间的距离。

5）屋面板制作厚度不同时可进行调整。

6）木屋架、钢木屋架定额项目中的钢板、型钢、圆钢用量与设计不同时，可按设计数量另加 8% 损耗进行换算，其余不再调整。

单元二　木结构工程的工程量计算规则

一、木屋架

1）木屋架、檩条工程量按设计图示规格尺寸以体积计算。附属于其上的木夹板、垫

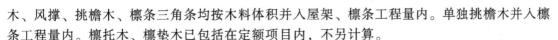

木、风撑、挑檐木、檩条三角条均按木料体积并入屋架、檩条工程量内。单独挑檐木并入檩条工程量内。檩托木、檩垫木已包括在定额项目内，不另计算。

2）圆木屋架上的挑檐木、风撑等设计规定为方木时，应将方木木料体积乘以系数 1.7 折合成圆木并入圆木屋架工程量内。

3）钢木屋架工程量按设计图示的规格尺寸以体积计算。定额内已包括钢构件的用量，不再另外计算。

4）带气楼的屋架，其气楼屋架并入所依附屋架工程量内计算。

5）屋架的马尾、折角和正交部分半屋架，并入相连屋架工程量内计算。

6）简支檩木长度按设计计算，设计无规定时，按相邻屋架或山墙中距增加 0.20m 接头计算，两端出山檩条算至博风板；连续檩的长度按设计长度增加 5%的接头长度计算。

二、木构件

1）木柱、木梁按设计图示尺寸以体积计算。

2）木楼梯按设计图示尺寸以水平投影面积计算，不扣除宽度≤300mm 楼梯井，伸入墙内部分不计算。

3）木地楞按设计图示尺寸以体积计算。定额内已包括平撑、剪刀撑、沿油木的用量，不再另行计算。

4）屋面上人孔按个计算。

三、屋面木基层

1）屋面椽子、屋面板、挂瓦条、竹帘子工程量按设计图示尺寸以屋面斜面积计算。不扣除屋面烟囱、风帽底座、风道、小气窗及斜沟等所占面积。小气窗的出檐部分亦不增加面积。

2）封檐板工程量按设计图示檐口外围长度计算。博风板按斜长度计算，每个大刀头增加长度 0.50m。

小　结

本学习情境主要对木结构工程定额的有关说明及工程量计算规则进行全面讲解。

通过本学习情境的学习，学生应学会识读木结构工程的计量与计价，具备编制木结构施工图预算的能力。

同 步 测 试

一、单项选择题

1. 木屋架按（　　）计算工程量。

A. 立方米　　　　B. 竣工木料以立方米　　　C. 水平投影面积　　　D. 屋面面积

2. 木柱工程量按（　　）计算。

A. 延长米　　　　　　　　　　　　　　　B. 面积

C. 体积　　　　　　　　　　　　　　　　D. 吨

3. 屋面木基层工程量按（　　）计算。

A. 水平投影面积　　　　　　　　　　　　B. 图示尺寸以屋面斜面积

C. 水平投影面积乘延米系数　　　　　　　D. 实铺面积

二、多项选择题

1. 屋面木基层包括（　　）。

A. 檩条　　　　　　　B. 木屋架　　　　　　　C. 木基层

D. 檩木　　　　　　　E. 挂瓦条

2. 计算木楼梯工程量时，（　　）不需要另外计算。

A. 踢脚板　　　　　　B. 平台　　　　　　　　C. 踏步

D. 伸入墙内部分　　　E. 楼梯井

3. 屋面木基层包含（　　）

A. 椽木　　　　　　　B. 屋面板　　　　　　　C. 挂瓦条

D. 油毡　　　　　　　E. 封檐板

三、问答题

屋面木结构构件有哪些？其工程量应如何计算？

学习情境十一
门窗工程

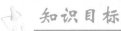
知识目标

- 了解门窗工程的施工工艺
- 熟悉门窗工程的定额说明
- 掌握门窗工程的工程量计算规则

能力目标

- 能够识读门窗工程的施工图
- 能正确计算门窗工程的分部分项工程量
- 能够熟练应用定额进行套价

单元一 门窗工程定额的有关说明

本定额本章包括木门及门框，金属门，金属卷帘（闸），厂库房大门、特种门，其他门，金属窗，门钢架、门窗套，窗台板、窗帘盒（轨），门五金等。

一、木门及门框

成品套装门安装包括门套和门扇的安装。

二、金属门、窗

1）铝合金成品门窗安装项目按隔热断桥铝合金型材考虑，当设计为普通铝合金型材时，按相应项目执行，其中人工乘以系数 0.80。

2）金属门联窗，门、窗应分别执行相应定额。

3）彩板钢窗附框安装执行彩板钢门附框安装项目。

三、金属卷帘（闸）

1）金属卷帘（闸）项目是按卷帘侧装（即安装在门窗洞口内侧或外侧）考虑的，当设计为中装（即安装在洞口中）时，按相应项目执行，其中人工乘以系数 1.10。

2）金属卷帘（闸）项目是按不带活动小门考虑的，当设计为带活动小门时，按相应项目执行，其中人工乘以系数 1.07，材料调整为带活动小门金属卷帘（闸）。

3）防火卷帘（闸）（无机布基防火卷帘除外）按镀锌钢板卷帘（闸）项目执行，并将材料中的镀锌钢板卷帘换为相应的防火卷帘。

四、厂库房大门、特种门

1）厂库房大门项目是按一、二类木种考虑的，如采用三、四类木种时，制作按相应项目执行，人工及机械乘以系数 1.30；安装按相应项目执行，人工和机械乘以系数 1.35。

2）厂库房大门的钢骨架制作以钢材重量表示，已包括在定额中，不再另列项计算。

3）厂库房大门门扇上所用铁件均已列入定额，墙、柱、楼地面等部位的预埋铁件按设计要求另按本定额"第五章　混凝土及钢筋混凝土工程"中相应项目执行。

4）冷藏库门、冷藏冻结间门、射线防护门安装项目包括筒子板制作安装。

五、其他门

1）全玻璃门扇安装项目按地弹门考虑，其中地弹簧消耗量可按实际调整。

2）全玻璃门门框、横梁、立柱钢架的制作安装及饰面装饰，按本定额本章门钢架相应项目执行。

3）无框亮子安装按固定玻璃安装项目执行。

4）电子感应自动门传感装置、伸缩门电动装置安装包括调试用工。

六、门钢架、门窗套

1）门钢架基层、面层子目未包括封边线条，设计要求时，另按本定额"第十五章　其他装饰工程"中相应线条项目执行。

2）门窗套、门窗筒子板均执行门窗套（筒子板）项目。

3）门窗套（筒子板）项目未包括封边线条，设计要求时，按本定额"第十五章　其他装饰工程"相应线条项目执行。

七、窗台板、窗帘盒、窗帘轨

1）窗台板与暖气罩相连时，窗台板并入暖气罩，按本定额"第十五章　其他装饰工程"中相应暖气罩项目执行。

2）石材窗台板项目按成品窗台板考虑。实际为非成品需现场加工时，石材加工按本定额"第十五章　其他装饰工程"石材加工相应项目执行。

3）窗帘盒、窗帘轨为弧形时，人工乘以系数1.60，材料乘以系数1.10。

八、门五金

1）成品木门（扇）安装项目中五金配件的安装仅包括合页安装人工和合页材料费，设计要求的其他五金另按本定额本章"门五金"一节中门特殊五金相应项目执行。

2）成品金属门窗、金属卷帘（闸）、特种门、其他门安装项目包括五金安装人工，五金材料费包括在成品门窗价格中。

3）成品全玻璃门扇安装项目中仅包括地弹簧安装的人工和材料费，设计要求的其他五金另按本定额本章"门五金"一节中门特殊五金相应项目执行。

4）厂库房大门项目均包括五金铁件安装人工，五金铁件材料费另执行本定额本章"门五金"一节中相应项目，当设计与定额取定不同时，按设计规定计算。

5）"厂库房大门五金铁件"一节中，木板大门如带小门者，每樘增加100mm合页2个，125mm拉手2个，木螺钉30个；钢木大门如带小门者，每樘增加铁件5kg，100mm合页2个，125mm拉手2个，木螺钉20个。

单元二　门窗工程的工程量计算规则

一、木门及门框

1）成品木门框安装按设计图示框中心线长度计算。

2）成品木门扇安装按设计图示扇面积计算。

3）成品套装木门安装按设计图示数量计算。

4）木质防火门安装按设计图示洞口面积计算。

二、金属门、窗

1）铝合金门窗（飘窗、阳台封闭除外）、塑钢门窗均按设计图示门、窗洞口面积计算。

2）门联窗按设计图示洞口面积分别计算门、窗面积，其中窗的宽度算至门框的外边线。

3）纱门、纱窗扇按设计图示扇外围面积计算。

4）飘窗、阳台封闭按设计图示框型材外边线尺寸以展开面积计算。

5）钢质防火门、防盗门按设计图示门洞口面积计算。

6）防盗窗按设计图示窗框外围面积计算。

7）彩板钢门窗按设计图示门、窗洞口面积计算。彩板钢门窗附框按框中心线长度计算。

三、金属卷帘（闸）

金属卷帘（闸）按设计图示卷帘门宽度乘以卷帘门高度（包括卷帘箱高度）以面积计算。电动装置安装按设计图示套数计算。

四、厂库房大门、特种门

厂库房大门、特种门按设计图示洞口面积计算。

五、其他门

1）全玻有框门扇按设计图示扇边框外围尺寸以扇面积计算。

2）全玻无框（条夹）门扇按设计图示扇面积计算，高度算至条夹外边线、宽度算至玻璃外边线。

3）全玻无框（点夹）门扇按设计图示玻璃外边线尺寸以扇面积计算。

4）无框亮子按设计图示门框与横梁或立柱内边缘尺寸玻璃面积计算。

5）全玻转门按设计图示数量计算。

6）不锈钢伸缩门按设计图示延长米计算。

7）传感和电动装置按设计图示套数计算。

六、门钢架、门窗套

1）门钢架按设计图示尺寸以质量计算。

2）门钢架基层、面层按设计图示饰面外围尺寸展开面积计算。

3）门窗套（筒子板）龙骨、面层、基层均按设计图示饰面外围尺寸展开面积计算。

4）成品门窗套按设计图示饰面外围尺寸展开面积计算。

七、窗台板、窗帘盒、窗帘轨

1）窗台板按设计图示长度乘宽度以面积计算。图纸未注明尺寸的，窗台板长度可按窗框的外围宽度两边共加 100mm 计算。窗台板凸出墙面的宽度按墙面外加 50mm 计算。

2）窗帘盒、窗帘轨按设计图示长度计算。

3）窗帘按设计尺寸以平方米计算。

单元三　门窗工程实例

门窗工程量可根据门窗分类统计表直接计算。计算时要注意由于不同材质、不同类型的门窗其价格往往会不同，所以不同材质、不同类型的门窗均要分别计算；同时要严格核对门窗统计表中的统计数量是否正确。

在计算墙体工程量时，要扣除门窗及洞口面积。为了简化墙体工程量计算程序，可以将门窗列表计算。计算时要根据砂浆强度等级确定如何列表。如某六层住宅楼，砌筑墙体时，一~三层采用 M10-H-3 砂浆，可将一~三层门窗及洞口面积列一张表；四~六层采用 M7.5-H-3 砂浆，可将四~六层门窗及洞口面积再列一张表计算；然后再将相同材质、相同类型的合并，见表 11-1。这种方法的优点是墙体工程量计算不容易出错，缺点是门窗工程量计算并不简便。

表 11-1　门窗部位统计表（一~三层）

门窗类型及编号	洞口尺寸 （mm）	单樘面积 （m²）	370 外墙		240 内墙		120 内墙		合计
			数量	面积	数量	面积	数量	面积	
防盗门 M-1	1000×2100	2.10	12	25-20					25.20
成品木门 M-2	900×2100	1.89			60	113.40			113.40
断桥铝合金窗 C-1	1800×2100	3.78	38	143.64					143.64
...									...
...									...
合计									

【例 11-1】　某商业住宅楼底店共 15 间，标准间如图 11-1 所示，门窗运输距离 8km，门窗统计及相关说明见表 15-2。计算门窗工程量及分部分项工程费。

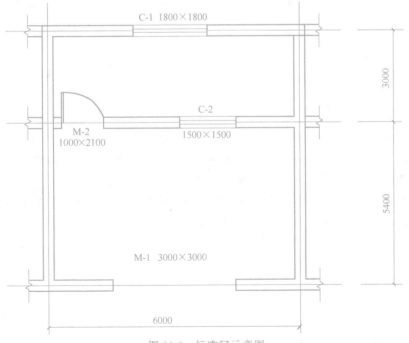

图 11-1　标准间示意图

表 11-2 门窗统计表

序号	门窗名称	洞口尺寸(mm)	数量	单位	说明
1	电动卷闸门 M-1	3000×3000	15	樘	电动卷闸门安装高度按洞口高度增加600mm
2	成品木门 M-2	1000×2100	15	樘	成品门套
3	断桥铝合金窗 C-1	1800×1800	15	樘	单框双玻
4	单层铝合金窗 C-2	1500×1500	15	樘	60系列固定框、成品窗套

解：电动卷闸门 M-1　　工程量 $=3.00\mathrm{m}\times(3.00+0.60)\mathrm{m}\times15=162.00\mathrm{m}^2$

成品木门 M-2　　工程量 $=15$ 扇

断桥铝合金窗 C-1　　工程量 $=1.8\mathrm{m}\times1.8\mathrm{m}\times15=48.60~\mathrm{m}^2$

单层铝合金窗 C-2　　工程量 $=1.5\mathrm{m}\times1.5\mathrm{m}\times15=33.75~\mathrm{m}^2$

成品窗套　　工程量 $=(1.8\times4+1.5\times4)\mathrm{m}\times15\times0.25\mathrm{m}=49.50\mathrm{m}^2$

分部分项工程费见表 11-3。

表 11-3 工程预算表

序号	定额号	工程项目名称	单位	工程量	单价(元)	合价(元)	定额人工费(元) 单价	定额人工费(元) 合价
1	t8-17	电动卷闸门	m²	162.00	299.97	48595	63.96	10362
2	t8-20	卷帘机电动装置	套	15	1690.6	25359	214.93	3224
3	t8-3	成品木门扇安装	扇	15	895.23	13428	41.38	621
4	t8-96	门窗套(筒子板)木龙骨	m²	49.50	33.8	1673	9.94	492
5	t8-101	门窗套(筒子板)面层 不锈钢板	m²	49.50	114.45	5665	16.52	818
6	t8-76	单层铝合金固定窗	m²	33.75	233.29	7874	21.71	733
7	t8-73	断桥铝合金窗	m²	48.60	460.06	22359	29.05	1412
		合　计				124953		17662

小　结

本学习情境主要对门窗工程的木门及门框，金属门、窗，金属卷帘（闸），厂库房大门、特种门，其他门，门钢架、门窗套，窗台板、窗帘盒、窗帘轨等定额的有关说明及工程量计算规则进行了全面讲解，并附有典型实例分析。

通过本学习情境的学习，学生应学会识读装饰工程的门窗工程施工图，掌握门窗工程的计量与计价，具备编制门窗工程施工图预算的能力。

同 步 测 试

一、单项选择题

1. 成品套装木门安装按（　　）计算。

A. 门窗洞口　　　　　　　B. 樘　　　　　　　C. 外围面积　　　　　D. 扇

2. 窗台板如图示未注明长度和宽度时，可按（　　）计算。

A. 长度可按窗框的外围宽度两边共加15cm，凸出墙面的宽度按抹灰面另加10cm

B. 长度可按窗框的外围宽度两边共加10cm，凸出墙面的宽度按墙面另加5cm

C. 房间的开间长度，宽度按33cm

D. 常规做法

3. 窗套，花岗岩门套、门窗筒子板按设计图示饰面外围尺寸（　　）面积计算。

A. 门窗洞口面积　　　　B. 窗框面积　　　　　C. 外围面积　　　　　D. 展开面积

4. 下列说法正确的是（　　）。

A. 纱扇制作、安装按扇计算　　　　　　　B. 全玻转门按设计图示数量计算

C. 不锈钢电子伸缩门按樘计算　　　　　　D. 防盗窗按设计图示数量

二、多项选择题

1. 下列门窗，其工程量按洞口面积计算的有（　　）。

A. 木门窗　　　　　　　　　　　　　　　B. 钢窗

C. 防盗门窗　　　　　　　　　　　　　　D. 卷闸门

E. 铝合金门窗

2. 下列关于门窗工程的工程量计算中，按设计图示尺寸以长度计算的是（　　）。

A. 成品门窗套　　　　　　　　　　　　　B. 门窗贴脸

C. 窗帘轨　　　　　　　　　　　　　　　D. 窗帘盒

E. 窗台板

3. 门窗工程量的计算规则包括（　　）。

A. 门窗制作安装工程量均按门窗洞口面积计算

B. 木质防火门安装按设计图示洞口面积计算

C. 纱扇安装工程量按扇外围面积计算

D. 成品套装木门安装按面积计算

E. 彩板钢门窗按设计图示门、窗洞口面积计算

三、问答题

1. 金属卷闸的工程量如何计算？

2. 门钢架如何计算？

3. 厂库房大门是按照一、二类木种考虑的，如采用三、四类木种时，应如何套用定额子目？

学习情境十二

屋面及防水工程

知识目标

- 了解屋面防水、楼地面防水工程的定额说明
- 掌握屋面防水、楼地面防水工程的工程量计算规则
- 熟悉屋面防水、楼地面防水工程的工程量计算方法

能力目标

- 能够识读屋面防水、楼地面防水工程施工图
- 能够正确计算屋面防水、楼地面防水工程的工程量
- 能够熟练应用定额进行套价

单元一　屋面及防水工程定额的有关说明

本定额本章包括屋面工程，屋面防水及其他，墙、楼（地）面防水防潮。

本定额本章项目是按标准或常用材料编制，设计与定额不同时，材料可以换算，人工、机械不变；保温等项目执行本定额"第十章　保温、隔热、防腐工程"相应项目，找平层等项目执行本定额"第十一章　楼地面装饰工程"相应项目。

一、屋面工程

1）黏土瓦若穿铁丝钉圆钉，每100m² 增加11工日，增加镀锌低碳钢丝（22#）3.5kg，圆钉2.5kg；若用挂瓦条，每100m² 增加4工日，增加挂瓦条（尺寸25mm×30mm）300.3m，圆钉2.5kg。

2）各种瓦屋面的瓦规格与定额不同时，瓦的数量可以换算，但人工、其他材料及机械台班数量不变。

3）金属板屋面中一般金属板屋面执行彩钢板和彩钢夹芯板项目；装配式单层金属压型板屋面区分檩距不同执行定额项目。

4）采光板屋面如设计为滑动式采光顶，可以按设计增加U形滑动盖帽等部件，调整材料、人工乘以系数1.05。

5）膜结构屋面的钢支柱、锚固支座混凝土基础等执行其他章节相应项目。

6）25%<坡度≤45%及人字形、锯齿形、弧形等不规则瓦屋面，人工乘以系数1.30；坡度>45%的，人工乘以系数1.43。

二、屋面防水及其他

1. 屋面防水

1）细石混凝土防水层，使用钢筋网时，执行本定额"第五章　混凝土及钢筋混凝土工程"相应项目。

2）平（屋）面以坡度≤15%为准，15%<坡度≤25%的，按相应项目的人工乘以系数1.18；25%<坡度≤45%及人字形、锯齿形、弧形等不规则屋面或平面，人工乘以系数1.30；坡度>45%的，人工乘以系数1.43。

3）冷粘法以满铺为依据编制，点、条铺粘者按其相应项目的人工乘以系数0.91，粘合剂乘以系数0.70。

4）金属压条，宽度是按3cm计算的，实际宽度不同时可按比例增加铁皮用量，其他不变。如压条带有出沿者执行泛水项目。

5）刚性防水水泥砂浆内掺防水粉、防水剂项目，如设计与定额不同时，掺和剂及其含量可换算，人工不变。

2. 屋面排水

1）落水管、水口、水斗均按材料成品、现场安装考虑。

2）铁皮屋面及铁皮排水项目内已包括铁皮咬口和搭接的工料。

3）采用不锈钢水落管排水时，执行镀锌钢管项目，材料按实换算，人工乘以系数 1.10。

3. 变形缝与止水带

1）变形缝嵌填缝定额项目中，建筑油膏、聚氯乙烯胶泥设计断面取定为 30mm×20mm；油浸木丝板取定为 150mm×25mm；其他填料取定为 150mm×30mm。

2）变形缝盖板，木板盖板断面取定为 200mm×25mm；铝合金盖板厚度取定为 1mm；不锈钢板厚度取定为 1mm。

3）钢板（紫铜板）止水带展开宽度为 400mm（450mm），氯丁橡胶宽度为 300mm，涂刷式氯丁胶贴玻璃纤维止水片宽度为 350mm。

三、墙、楼地面防水防潮

墙和楼地面防水、防潮工程适用于楼地面、墙基、墙身、构筑物、水池、水塔、室内厕所、浴室及建筑物±0.00 以下的防水防潮等。

单元二　屋面及防水工程的工程量计算规则

一、屋面工程

1）各种屋面和型材屋面（包括挑檐部分）均按设计图示尺寸以面积计算（斜屋面按斜面面积计算），不扣除房上烟囱、风帽底座、风道、小气窗、斜沟和脊瓦等所占面积，小气窗的出檐部分也不增加。

2）西班牙瓦、瓷质波形瓦、英红瓦屋面的正斜脊瓦、檐口线，按设计图示尺寸以长度计算。

3）脊瓦按设计图示尺寸以延长米计算。

4）屋面塑料排水板按设计图示尺寸以平方米计算。

5）采光板屋面和玻璃采光顶屋面按设计图示尺寸以面积计算；不扣除面积≤0.3m² 孔洞所占面积。

6）膜结构屋面按设计图示尺寸以需要覆盖的水平投影面积计算，膜材料可调整含量。

二、屋面防水工程及其他

1. 屋面防水

1）屋面防水，按设计图示尺寸以面积计算（斜屋面以斜面面积计算），不扣除房上烟囱、风帽底座、风道、屋面小气窗等所占面积，上翻部分也不另计算；屋面的女儿墙、伸缩缝和天窗等处的弯起部分，按设计图示尺寸计算；设计无规定时，伸缩缝、女儿墙、天窗的弯起部分按 500mm 计算，并入相应屋面工程量内。

2）屋面分格缝，按设计图示尺寸，以长度计算。

3）刚性防水按设计图尺寸以展开面积计算，不扣除房上烟囱、风帽底座风道等所占面积。

2. 屋面排水

1）屋面排水管按设计图示尺寸以长度计算。如设计未标注尺寸，以檐口至设计室外散水上表面垂直距离计算。

2）水斗、下水口、雨水口、弯头、短管等均以设计数量计算。

3）铁皮排水按图示尺寸以展开面积计算，咬口和搭接已计入定额内，不得另行计算。

4）种植屋面排水按实际尺寸以铺设排水层面积计算；不扣除房上烟囱、风帽底座、风道、屋面小气窗、斜沟和脊瓦所占面积，以及面积≤0.3m² 的孔洞所占面积，屋面小气窗的出檐部分也不增加。

3. 变形缝与止水带

变形缝（嵌缝料与盖板）与止水带按设计图示尺寸，以长度计算。

三、墙、楼（地）面防水防潮

1）楼（地）面防水、防潮层按设计图示尺寸以主墙间净面积计算，扣除凸出地面的构筑物、设备基础等所占面积，不扣除间壁墙及单个面积≤0.3m² 柱、垛、烟囱和孔洞所占面积，平面与立面交接处，上翻高度≤300mm 时，按展开面积并入平面防水工程量内计算，高度>300mm 时，按立面防水层计算。

2）墙基水平防水、防潮层，外墙基按外墙基中心线长度、内墙基按墙基净长度乘以宽度，以面积计算。

3）墙的立面防水、防潮层，不论内墙、外墙，均按设计图示尺寸以面积计算。

4）基础底板的防水、防潮层按设计图示尺寸以面积计算，不扣除桩头所占面积。桩头处外包防水按桩头投影外扩300mm 以面积计算，地沟、坑处防水按展开面积计算，均计入平面工程量，执行相应规定。

单元三　屋面及防水工程实例

【例 12-1】 根据图 12-1、图 12-2 所示的尺寸及工程做法，计算屋面防水工程分部分项工程费并提取人工费。

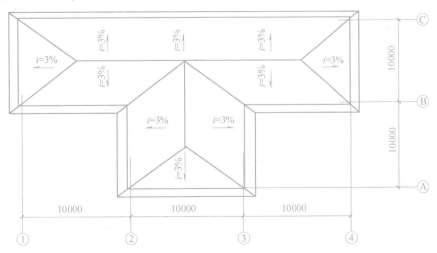

图 12-1　屋顶平面示意图

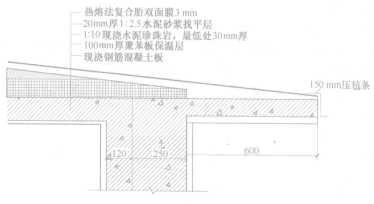

图 12-2 檐口大样图

解：屋顶建筑面积：$S = 30.5\text{m} \times 10.5\text{m} + 10.5\text{m} \times 10\text{m} = 425.25\text{m}^2$

SBS 防水层：$S = 425.25\text{m}^2 + [(30.5 \times 2 + 10.5 \times 2 + 10 \times 2) + 4 \times 0.6]\text{m} \times 0.6\text{m}$
$= 487.89 \text{ m}^2$

透气孔：$[(30.5 + 10) \div 6] \times 2 \text{ 个} \approx 14 \text{ 个}$

压毡条（执行泛水）：$S = [(30 + 0.85 \times 2)\text{m} + (10 + 0.85 \times 2)\text{m} + 10]\text{m} \times 2 \times 0.15\text{m}$
$= 16.02\text{m}^2$

费用计算见表 12-1。

表 12-1 工程预算表

序号	定额号	工程项目名称	单位	工程量	单价（元）	合价（元）	定额人工费（元）	
							单价	合价
1	t9-42	屋面 SBS 改性沥青卷材 热熔一层	m²	487.89	46.05	22467	3.70	1805
2	t9-97	屋面保温层透气管制作安装	个	14.00	38.98	546	14.86	208
3	t9-100	镀锌铁皮泛水	m²	16.02	39.83	638	8.94	143
		合　计				23651		2156

【例 12-2】 某建筑物地下室外边线长度为 60m，宽度为 14m，地下室底板及侧壁防水如图 12-3 所示，试计算地下室防水工程量并套价。

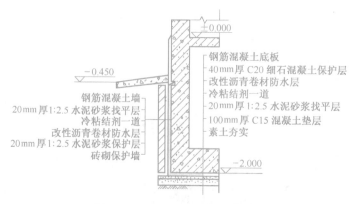

图 12-3 地下室底板及侧壁防水

解：地下室底板防水工程量　　　　$60m×14m=840m^2$

地下室墙身防水工程量　　　　$(60+14)m×2×(2-0.45)m=229.40m^2$

冷底子油：　　　　　　　　　　$840m^2+229.40m^2=1069.40m^2$

费用计算见表12-2。

表 12-2　工程预算表

序号	定额号	工程项目名称	单位	工程量	单价（元）	合价（元）	定额人工费（元）	
							单价	合价
1	t9-175	地下室水平 SBS 改性沥青卷材一层（热熔）	m²	804.00	41.37	33261	2.94	2364
2	t9-176	地下室立面 SBS 改性沥青卷材一层（热熔）	m²	229.40	44.31	10165	5.10	1170
3	t9-231	地面冷底子油一遍	m²	1069.40	5.09	5443	1.88	2010
		合　计				48869		5544

【例 12-3】　根据图 12-4 所示尺寸计算地面聚氨酯防水（2.5mm 厚）工程量并套价。

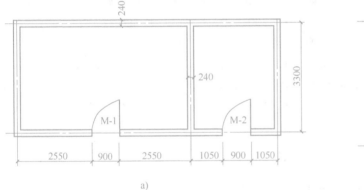
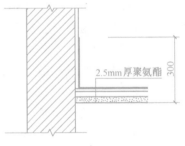

图 12-4　地面防水示意图

a）平面图　b）墙角处防水详图

解：楼（地）面防水、防潮层，平面与立面交接处，上翻高度≤300mm 时，按展开面积并入平面防水工程量内计算。

地面防水工程量：$S=(6-0.24+3-0.24)m×(3.3-0.24)m+[(6+3-0.48)×2+(3.3-0.24)×4]m×0.3m$

$\qquad\qquad=34.86m^2$

费用计算见表12-3。

表 12-3　工程预算表

序号	定额号	工程项目名称	单位	工程量	单价（元）	合价（元）	定额人工费（元）	
							单价	合价
1	t9-219	地面聚氨酯防水 2mm 厚	m²	34.86	40.98	1429	3.76	131
2	t9-221	地面聚氨酯防水增加 0.5mm 厚	m²	34.86	10.83	378	0.94	33
		合　计				1807		164

小　结

本学习情境主要对屋面工程，屋面防水及其他，墙、楼（地）面防水防潮等定额的有关说明及工程量计算规则进行了全面讲解，并附有典型实例分析。

通过本学习情境的学习，学生应学会识读建筑工程屋面、楼地面防水施工图，掌握屋面及楼地面防水工程的计量与计价，具备编制防水工程施工图预算的能力。

同　步　测　试

一、单项选择题

1. 屋面水泥砂浆找平层、面层按（　　）相应水泥砂浆项目定额执行。

A. 屋面　　　　　　B. 墙面　　　　　　C. 楼地面　　　　　　D. 结合层

2. 计算卷材屋面工程时，如图中未标明，女儿墙、伸缩缝处弯起高度为（　　）mm。

A. 200　　　　　B. 250　　　　　C. 300　　　　　D. 500

3. 建筑物地面防水，防水层与墙面连接处的高度（　　）时，按立面防水套价。

A. 大于300mm　　　B. 大于400mm　　　C. 大于500mm　　　D. 大于600mm

4. 压毡条带出沿时按展开面积计算，套（　　）价格。

A. 泛水　　　　　B. 压毡条　　　　　C. 排水　　　　　D. 盖缝

5. 屋面分隔缝的计算单位是（　　）。

A. m^2　　　　　B. m^3　　　　　C. m　　　　　D. kg

二、多项选择题

1. 计算屋面排水工程的工程量时，雨水口、雨水斗按（　　）计算，雨水管是从（　　）到檐口的垂直距离。

A. 数量　　　　　　　　　　　　B. 长度

C. 设计室内地坪　　　　　　　　D. 设计室外散水上表面

E. 设计室外地坪

2. 卷材屋面（　　）已包括在定额内，不再另行计算。

A. 附加层　　　　　　　　　　　B. 接缝、收头

C. 找平层嵌缝　　　　　　　　　D. 女儿墙处弯起面积

E. 冷底子油

3. 变形缝按图示尺寸以延长米计算，建筑物内有走廊时，应计算（　　）变形缝。

A. 建筑物前后外侧立面　　　　　B. 屋顶平面

C. 建筑物内侧立面　　　　　　　D. 楼地面平面

E. 散水平面

4. 下列工程量计算过程中，需要换算的是（　　）。

A. 瓦屋面的瓦规格与定额不同时，瓦的数量

B. 金属压条（宽度3cm）

C. 屋面刚性防水，当水泥砂浆内掺防水粉与定额不同时，掺和剂及其含量

D. 地面涂膜防水厚度

E. 塑料排水管直径

三、问答题

1. 柔性卷材屋面工程量如何计算？

2. 黏土瓦、西班牙瓦在工程量计算上有何不同？

3. 建筑物地面、墙基、地下室的防水、防潮工程量如何计算？

学习情境十三

保温、隔热、防腐工程

知识目标

- ●了解保温、隔热、防腐工程的定额说明
- ●掌握保温、隔热、防腐工程的工程量计算规则
- ●熟悉保温、隔热、防腐工程的工程量计算方法

能力目标

- ●能够识读屋面、墙面保温、隔热工程施工图
- ●能够正确计算屋面、墙面保温、隔热工程的工程量
- ●能够计算平面、立面防腐工程的工程量
- ●能够熟练应用定额进行套价

单元一　保温、隔热、防腐工程定额的有关说明

一、保温、隔热工程

1）保温层的保温材料配合比、材质、厚度与设计不同时，可以换算。

2）弧形墙墙面保温隔热层，按相应项目的人工乘以系数 1.10。

3）柱面保温根据墙面保温定额项目人工乘以系数 1.19、材料乘以系数 1.04。

4）墙面岩棉板保温、聚苯乙烯板保温及保温装饰一体板保温如使用钢骨架，钢骨架按本定额"第十二章　墙柱面装饰工程"相应项目执行。

5）抗裂保护层工程如用塑料膨胀螺栓固定时，每 1m² 增加：人工 0.03 工日，塑料膨胀螺栓 6.12 套。

6）零星保温执行本定额本章中的线条保温项目。

7）钢屑砂浆整体面层不包括水泥砂浆找平层，如设计要求有找平层者，按本定额"第十一章　楼地面装饰工程"相应项目另行计算。

8）本保温隔热工程项目只包括保温隔热材料的铺贴，不包括隔气、防潮保护层或衬墙等。

9）EPS 模块外墙保温项目适用于既有节能改造项目。

10）凡是采用内蒙古自治区工程建设标准 DBJ03-49—2012《ICF 模块外保温工程建筑构造图集》、DBJ03-59—2014《ICF 外墙外保温工程技术规程》设计的工程，套用 ICF 外墙保温子目。

11）保温、隔热材料应根据设计规范，必须达到国家规定要求的等级标准。

二、防腐工程

1）各种胶泥、砂浆、混凝土配合比以及各种整体面层的厚度，如设计与定额不同时，可以换算。定额已综合考虑了各种块料面层的结合层、胶结料厚度及灰缝宽度。

2）花岗岩面层以六面剁斧的块料为准，结合层厚度为 15mm，如板底为毛面时，其结合层胶结料用量按设计厚度调整。

3）整体面层踢脚板按整体面层相应项目执行，块料面层踢脚板按立面砌块相应项目人工乘以系数 1.20。

4）环氧自流平洁净地面中间层（刮腻子）按每层 1mm 厚度考虑，如设计要求厚度不同时，按厚度可以调整。

5）卷材防腐接缝、附加层、收头工料已包括在定额内，不再另行计算。

6）块料防腐中面层材料的规格、材质与设计不同时，可以换算。

单元二 保温、隔热、防腐工程的工程量计算规则

一、保温、隔热工程

1. 屋面保温、隔热

1）屋面找坡层工程量按照设计图示尺寸以体积计算。

2）屋面保温隔热层工程量按设计图示尺寸以面积计算。扣除 $>0.3m^2$ 孔洞所占面积。其他项目按设计图示尺寸以定额项目规定的计量单位计算。

保温层：$V=$ 图示尺寸面积×平均厚度

找坡平均厚度 = 坡宽 (L) ×坡度系数 (i) × $\dfrac{1}{2}$ +最薄处厚度

2. 墙面保温、隔热

墙面保温隔热层工程量按设计图示尺寸以面积计算。扣除门窗洞口及面积 $>0.3m^2$ 梁、洞口所占面积；门窗洞口侧壁以及与墙相连的柱，并入保温墙体工程量内。墙体及混凝土板下铺贴隔热层不扣除木框架及木龙骨的体积。其中外墙按隔热层中心线计算，内墙按隔热层净长度计算。

3. 天棚、柱、梁、楼地面保温、隔热及其他

1）天棚保温隔热层工程量按设计图示尺寸以面积计算。扣除面积 $>0.3m^2$ 柱、垛、孔洞所占面积，与天棚相连的梁按展开面积计算，其工程量并入天棚内。

2）柱、梁保温隔热层工程量按设计图示尺寸以面积计算。柱按设计图示柱断面保温层中心线展开长度乘以高度以面积计算，扣除面积 $>0.3m^2$ 梁所占面积。梁按设计图示梁断面保温层中心线展开长度乘以保温层长度以面积计算。

3）楼地面保温隔热层工程量按设计图示尺寸以面积计算。扣除柱、垛及单个面积 $>0.3m^2$ 孔洞所占面积。

4）其他保温隔热层工程量按设计图示尺寸展开面积计算。扣除面积 $>0.3m^2$ 孔洞及占位面积。

5）大于 $0.3m^2$ 孔洞侧壁周围及梁头、连系梁等其他零星工程保温隔热工程量，并入墙面的保温隔热工程量内。

6）柱帽保温隔热层，并入天棚保温隔热层工程量内。

7）保温层排气管按设计图示尺寸以长度计算，不扣除管件所占长度，保温排气孔以数量计算。

8）防火隔离带工程量按设计图示尺寸以面积计算。

9）池槽隔热层工程量按池槽保温隔热层的面积计算。池壁按墙面定额项目计算，池底按地面定额项目计算。

二、防腐工程

1）防腐工程面层、隔离层及防腐油漆工程量均按设计图示尺寸以面积计算。

2）平面防腐工程量应扣除凸出地面的构筑物、设备基础等以及面积 $>0.3m^2$ 孔洞、柱、

垛等所占面积，门洞、空圈、暖气包槽、壁龛的开口部分不增加面积。

3）立面防腐工程量应扣除门、窗、洞口以及面积>0.3m² 孔洞、梁所占面积，门、窗、洞口侧壁、垛凸出部分按展开面积并入墙内。

4）池、槽块料防腐面层工程量按设计图示尺寸以展开面积计算。

5）砌筑沥青浸渍砖工程量按设计图示尺寸以面积计算。

6）踢脚板防腐工程量按设计图示长度乘以高度以面积计算，扣除门洞所占面积，并相应增加侧壁展开面积。

7）混凝土面及抹灰面防腐按设计图示尺寸以面积计算。

单元三　保温、隔热、防腐工程实例

【例 13-1】　根据图 12-1、图 12-2 所示的尺寸和条件计算屋面保温层的工程量并套价。

解：屋顶建筑面积：$S = 30.5 \times 10.5 + 10.5 \times 10 = 425.25$（$m^2$）

1:10 水泥珍珠岩保温层：$V = 425.25 m^2 \times \left(0.03 + \dfrac{10.5}{2} \times 3\% \times \dfrac{1}{2}\right) m = 46.25 m^3$

100mm 厚聚苯板保温层：$S = 425.25 m^2$

费用计算见表 13-1。

表 13-1　工程预算表

序号	定额号	工程项目名称	单位	工程量	单价（元）	合价（元）	定额人工费（元）单价	定额人工费（元）合价
1	t10-18	屋面现浇水泥珍珠岩保温	m³	46.25	286.62	13256	82.95	3836
2	t10-41H	屋面干铺聚苯板保温 100mm 厚	m²	425.25	34.35	14607	2.74	1165
合　计						27863		5001

注：t10-41H(273.57+300.3×5.1×2+98.49)元/100m² =3435.12 元/100m²

【例 13-2】　如图 13-1 所示，屋面保温采用现浇水泥陶粒混凝土，计算屋面保温层的工程量并套价（保温层最薄处厚度为 30mm）。

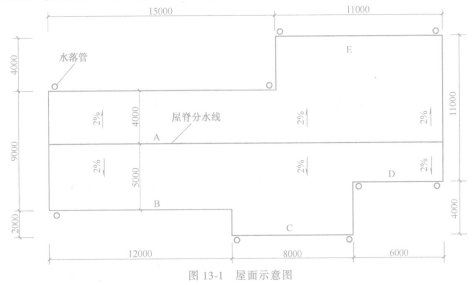

图 13-1　屋面示意图

解：保温层工程量计算见表 13-2。

表 13-2 保温层工程量计算表

部位	面积（m²）	最薄处厚度的计算（m）	平均厚度计算（m）	保温体积（m³）
A 区	4×15 = 60	0.16 - 0.08 + 0.03 = 0.11	4×2%×1/2 + 0.11 = 0.15	60×0.15 = 9.00
B 区	5×12 = 60	0.16 - 0.10 + 0.03 = 0.09	5×2%×1/2 + 0.09 = 0.14	60×0.14 = 8.40
C 区	7×8 = 56	0.16 - 0.14 + 0.03 = 0.05	7×2%×1/2 + 0.05 = 0.12	56×0.12 = 6.72
D 区	3×6 = 18	0.16 - 0.06 + 0.03 = 0.13	3×2%×1/2 + 0.13 = 0.16	18×0.16 = 2.88
E 区	8×11 = 88	0.03	8×2%×1/2 + 0.03 = 0.11	88×0.11 = 9.68
合　计				36.68

费用计算见表 13-3。

表 13-3 工程预算表

序号	定额号	工程项目名称	单位	工程量	单价（元）	合价（元）	定额人工费（元） 单价	定额人工费（元） 合价
1	t-10-20	屋面现浇水泥陶粒混凝土保温	m³	36.68	293.49	10765	80.89	2967
合　计						10765		2967

小　结

本学习情境主要对屋面及墙体保温、隔热、防腐工程定额的有关说明及工程量计算规则进行了全面讲解，并附有典型实例分析。

通过本学习情境的学习，学生应学会识读建筑工程屋面保温、外墙面保温施工图，掌握屋面保温、防水，外墙面保温工程的计量与计价，具备编制保温隔热工程施工图预算的能力。

同步测试

一、单项选择题

1. 屋面保温层兼备找坡功能时，其厚度按照（　　）计算。

A. 0.1m　　　　　B. 最薄处厚度　　　　　C. 最厚处厚度　　　　　D. 平均厚度

2. 外墙粘贴聚苯板、挤塑板，（　　）不同时允许换算，人工及其他材料不变。

A. 厚度　　　　　B. 结合层　　　　　C. 锚栓　　　　　D. 抗裂砂浆

3. 防腐工程项目应区分不同防腐材料种类及厚度，按设计（　　）计算。

A. 体积　　　　　B. 实铺面积　　　　　C. 水平投影面积　　　　　D. 长度

二、多项选择题

1. 墙面保温隔热层工程量包含以下（　　）。

A. 门窗洞口　　　　　　　　　　　　　B. 门窗洞口侧壁

C. 独立柱　　　　　　　　　　　D. 与墙连接的柱

E. 与天棚连接的梁

2. 墙体保温隔热工程，按设计图示尺寸以（　　　　）计算，扣除 $0.3m^2$ 以上孔洞所占（　　　　）。

A. 平方米　　　　　　　　　　　B. 立方米

C. 米　　　　　　　　　　　　　D. 面积

E. 体积

3. 定额中，屋面保温层的计量单位有（　　　　）。

A. 平方米　　　　　　　　　　　B. 立方米

C. 米　　　　　　　　　　　　　D. 千克

E. 层

三、问答题

1. 屋面保温层的材料、配合比，如设计要求不同时是否允许换算？如何换算？

2. 外墙墙面保温隔热层的工程量如何计算？

学习情境十四

措施项目

 知识目标

- 了解各项措施项目内容
- 熟悉各项措施项目的定额说明
- 掌握各项措施项目的工程量计算规则

能力目标

- 能够结合施工图确定需要计算的各项措施项目
- 能够正确计算各项措施项目的工程量
- 能够正确计算各项措施项目的相关费用

单元一 脚手架工程

一、脚手架工程定额的有关说明

1. 一般说明

1) 本定额本章脚手架措施项目是指施工需要的脚手架搭、拆、运输及脚手架摊销的工料消耗。

2) 本定额本章脚手架措施项目材料均按钢管式脚手架编制。

3) 各项脚手架消耗量中未包括脚手架基础加固。基础加固是指脚手架立杆下端以下或脚手架底座下皮以下的一切做法。

4) 高度在 3.6m 以外墙面装饰不能利用原砌筑脚手架时，可计算装饰脚手架。装饰脚手架执行双排脚手架定额乘以系数 0.30。室内凡计算了满堂脚手架，墙面装饰不再计算墙面粉饰脚手架，只按每 100m² 墙面垂直投影面积增加改架一般技工 1.28 工日。

2. 综合脚手架

1) 单层建筑综合脚手架适用于檐高 20m 以内的单层建筑工程。

2) 凡单层建筑工程执行单层建筑综合脚手架项目，二层及二层以上的建筑工程执行多层建筑综合脚手架项目，地下室部分执行地下室综合脚手架项目。

3) 综合脚手架中包括外墙砌筑及外墙粉饰、3.6m 以内的内墙砌筑及混凝土浇捣用脚手架以及内墙面和天棚粉饰脚手架。

4) 执行综合脚手架，有下列情况者，可另执行单项脚手架项目：

① 高度（垫层上皮至基础顶面）在 1.2m 以外的混凝土或钢筋混凝土基础，按满堂脚手架基本层定额乘以系数 0.30；高度超过 3.6m，每增加 1m 按满堂脚手架增加层定额乘以系数 0.30。

② 砌筑高度在 3.6m 以外的砖内墙，按单排脚手架定额乘以系数 0.30；砌筑高度在 3.6m 以外的砌块内墙，按相应双排外脚手架定额乘以系数 0.30。

③ 砌筑高度在 1.2m 以外的屋顶烟囱的脚手架，按设计图示烟囱外周围长另加 3.6m 乘以烟囱出屋顶高度以面积计算，执行里脚手架项目。

④ 砌筑高度在 1.2m 以外的管沟墙及砖基础，按设计图示砌筑长度乘以高度以面积计算，执行里脚手架项目。

⑤ 墙面粉饰高度在 3.6m 以外的执行内墙面粉饰脚手架项目。

⑥ 按照建筑面积计算规范的有关规定未计入建筑面积，但施工过程中需搭设脚手架的施工部位。

5) 凡不适宜使用综合脚手架的项目，可按相应的单项脚手架项目执行。

3. 单项脚手架

1) 建筑物外墙脚手架，设计室外地坪至檐口的砌筑高度在 15m 以内的按单排脚手架计算；砌筑高度在 15m 以外或砌筑高度虽不足 15m，但外墙门窗及装饰面积超过外墙表面积 60% 时，执行双排脚手架项目。

2）外脚手架消耗量中已综合斜道、上料平台、护卫栏杆等。

3）建筑物内墙脚手架，设计室内地坪至板底（或山墙高度的1/2处）的砌筑高度在3.6m以内的，执行里脚手架项目。

4）围墙脚手架，室外地坪至围墙顶面的砌筑高度在3.6m以内的，按里脚手架计算；砌筑高度在3.6m以外的，执行单排外脚手架项目。

5）石砌墙体，砌筑高度在1.2m以外时，执行双排外脚手架项目。

6）大型设备基础，凡距地坪高度在1.2m以外的，执行双排外脚手架项目。

7）挑脚手架适用于外檐挑檐等部位的局部装饰。

8）悬空脚手架适用于有露明屋架的屋面板勾缝、油漆或喷浆等部位。

9）整体提升架适用于高层建筑的外墙施工。

10）独立柱、现浇混凝土单（连续）梁执行双排外脚手架定额项目乘以系数0.30。

11）球形网架在地面拼装、安装用的脚手架，按实际搭设计算；在顶部拼装时，按满堂脚手架计算。

12）构筑物脚手架按照单项脚手架计算。

13）使用滑升模板施工的现浇钢筋混凝土工程，不另计算脚手架及安全网。如建筑物装饰采用吊篮脚手架及装饰脚手架按相关规定计算。

14）施工时采用活动式脚手架的工程，可按照里脚手架项目执行。

4. 其他脚手架

1）建筑物临街因安全防护要求，脚手架需用纤维纺织布做维护或封闭者，按临街立面防护定额执行。

2）临街水平防护棚指脚手架以外单独搭设的用于车辆通道、人行通道、临街防护和施工与其他物体隔离等的防护。

3）电梯井架每一电梯台数为一孔。

二、脚手架工程的工程量计算规则

1. 综合脚手架工程

综合脚手架按设计图示尺寸以建筑面积计算。

2. 单项脚手架工程

1）外脚手架、整体提升架按外墙外边线长度（含墙垛及附墙井道）乘以外墙高度以面积计算。

2）计算内、外墙脚手架时，均不扣除门、窗、洞口、空圈等所占面积。同一建筑物高度不同时，应按不同高度分别计算。

3）里脚手架按墙面垂直投影面积计算。

4）独立柱按设计图示尺寸，以结构外围周长另加3.6m乘以高度以面积计算。

5）现浇钢筋混凝土梁按梁顶面至地面（或楼面）间的高度乘以梁净长以面积计算。

6）满堂脚手架按室内净面积计算，其高度在3.6~5.2m之间时计算基本层，5.2m以外，每增加1.2m计算一个增加层，不足0.6m按一个增加层乘以系数0.50计算。计算公式如下：满堂脚手架增加层=（室内净高-5.2m）/1.2。

7）挑脚手架按搭设长度乘以层数以长度计算。

8）悬空脚手架按搭设水平投影面积计算。

9）吊篮脚手架按外墙垂直投影面积计算，不扣除门窗洞口所占面积。

10）内墙面粉饰脚手架按内墙面垂直投影面积计算，不扣除门窗洞口所占面积。

11）挑出式安全网按挑出的水平投影面积计算。

3. 其他脚手架工程

1）电梯井架按单孔以"座"计算。

2）临街水平防护棚，按水平投影面积计算。

3）临街立面防护，按临街面的实际防护立面投影面积计算。

4）混凝土浇灌道架子，适用于基础（包括设备基础）及沟道工程，面积按实搭水平投影面积计算。高度：设备基础底至顶面高度，其他按基础底面至设计室外地坪的全深计算。如全深或高度超过 5m，其超出部分按 1.2m 为一个增加层，余数 0.6m 以内不计，超过 0.6m 按一个增加层计算。为简化计算，以下浇灌道脚手架可分别按夯底面积乘以相应系数计算：混凝土独立或杯形基础乘 1.12；混凝土沟道、设备基础、带形基础乘 0.76；满堂基础乘 0.90；基础大开挖者，按大开挖的底面积乘以系数 0.70。

5）简易混凝土浇灌道架子适用于泵送混凝土的泵管简易支架，按实际搭设水平投影面积计算。

6）钢结构工程脚手架按单项脚手架执行，相应子目乘以系数 0.60。

三、脚手架工程实例分析

[例 14-1]　某综合办公楼，框架结构，地下一层、地上五层，设计室外地坪为 -0.6m；外墙面装饰不能利用原砌筑脚手架，外墙投影面积为 2929.84m²；各层的层高、建筑面积、3.6m 以上内墙粉饰面积、3.6m 以上内墙砌块面积见表 14-1，试计算脚手架工程量、单价措施项目费及人工费。

表 14-1　层高及面积

序号	楼层号	层高（m）	建筑面积（m²）	3.6m 以上内墙粉饰面积（m²）	3.6m 以上内墙砌块面积（m²）
1	-1	6.0	1369.55	1967.86	856.28
2	1	4.2	1183.30	425.06	208.59
3	2	3.6	1183.30		
4	3	3.6	1183.30		
5	4	3.6	1183.30		
6	5	3.6	1183.30		

解：

1）综合脚手架工程量

① -1 层工程量：1369.55m²

② 1~5 层

檐高 0.6m+4.2m+3.6m×4 = 19.2m　　工程量 1183.30m²×5 = 5916.50m²

2）超过 3.6m 内墙粉刷脚手架工程量：1967.86m²+425.06m² = 2392.92m²

3）超过 3.6m 内墙砌块砌筑脚手架工程量：856.28m²+208.59m² = 1064.87m²

4）外墙面装饰工程量：2929.84m²

费用计算见表14-2。

表 14-2 工程预算表

序号	定额号	工程项目名称	单位	工程量	单价（元）	合价（元）	定额人工费（元） 单价	定额人工费（元） 合价
1	t17-44	地下室综合脚手架	m²	1369.55	17.85	24446	10.08	13805
2	t17-9	多层建筑综合脚手架	m²	5916.50	49.45	292571	24.34	144008
3	t17-67	内墙面粉饰脚手架	m²	2392.92	3.86	9237	2.64	6317
4	t17-52×0.3	砌块砌筑脚手架	m²	1064.87	16.43×0.3	5249	7.83×0.3	2501
5	t17-53×0.3	外墙面装饰脚手架	m²	2929.84	17.82×0.3	15663	8.45×0.3	7427
		合　计				347166		174059

单元二 模板工程

一、模板工程定额的有关说明

1）模板分组合钢模板、大钢模板、复合模板、木模板，定额未注明模板类型的，均按木模板考虑。

2）模板按企业自有编制。组合钢模板包括装箱，且已包括回库维修耗量。

3）复合模板适用于竹胶、木胶等品种的复合板。

4）圆弧形带形基础模板执行带形基础相应项目，人工、材料、机械乘以系数1.15。

5）地下室底板模板执行满堂基础；满堂基础模板已包括集水井模板杯壳。

6）满堂基础下翻构件的砖胎模，砖胎膜中砌体执行本定额"第四章　砌筑工程"砖基础相应项目；抹灰执行本定额"第十一章　楼地面装饰工程""第十二章　墙柱面装饰工程"抹灰的相应项目。

7）独立桩承台执行独立基础项目；带形桩承台执行带形基础项目；与满堂基础相连的桩承台执行满堂基础项目。高杯基础杯口高度大于杯口大边长度3倍以上时，杯口高度部分执行柱项目，杯形基础执行柱项目。

8）现浇混凝土柱（不含构造柱）、墙、梁（不含圈梁、过梁）、板是按高度（板面或地面、垫层面至上层板面的高度）3.6m综合考虑的。如遇斜板面结构时，柱分别按各柱的中心高度为准；墙按分段墙的平均高度为准；框架梁按每跨两端的支座平均高度为准；板（含梁板合计的梁）按高点与低点的平均高度为准。

异形柱、梁是指柱与梁的断面形状为L形、十字形、T形、ㄑ形的柱、梁。

9）柱模板如遇弧形和异形组合时，执行圆柱项目。

10）短肢剪力墙是指截面厚度≤300mm，各肢截面高度与厚度之比的最大值>4但≤8的剪力墙；各肢截面高度与厚度之比的最大值≤4的剪力墙执行柱项目。

11）外墙设计采用一次摊销止水螺杆方式支模时，将对拉螺栓材料换为止水螺杆，其

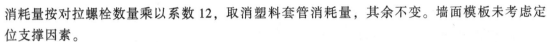

消耗量按对拉螺栓数量乘以系数12，取消塑料套管消耗量，其余不变。墙面模板未考虑定位支撑因素。

柱、梁面对拉螺栓堵眼增加费，执行墙面螺栓堵眼增加费项目，柱面螺栓堵眼人工、机械乘以系数0.30、梁面螺栓堵眼人工、机械乘以系数0.35。

12）板或拱形结构按板顶平均高度确定支模高度，电梯井壁按建筑物自然层层高确定支模高度。

13）斜梁（板）按坡度大于10°且≤30°综合考虑。斜梁（板）坡度在10°以内的，执行梁、板项目；坡度在30°以上、45°以内时，人工乘以系数1.05；坡度在45°以上、60°以内时，人工乘以系数1.10；坡度在60°以上时，人工乘以系数1.20。

14）混凝土梁、板应分别计算执行相应项目，混凝土板适用于截面厚度≤250mm；板中暗梁并入板内计算；墙、梁弧形且半径≤9m时，执行弧形墙、梁项目。

15）现浇空心板执行平板项目，内模安装另行计算。

16）薄壳板模板不分筒式、球形、双曲形等，均执行同一项目。

17）型钢组合混凝土构件模板，按构件相应项目执行。

18）屋面混凝土女儿墙高度>1.2m时执行墙项目，≤1.2m时执行相应栏板项目。

19）混凝土栏板高度（含压顶扶手及翻沿），净高按1.2m以内考虑，超1.2m时执行相应墙项目。

20）现浇混凝土阳台板、雨篷板按三面悬挑形式编制，如一面为弧形栏板且半径≤9m时，执行圆弧形阳台板、雨篷板项目；如非三面悬挑形式的阳台、雨篷，则执行梁、板相应项目。

21）挑檐、天沟壁高度≤400mm，执行挑檐项目；挑檐、天沟壁高度>400mm时，按全高执行栏板项目。单件体积0.1m³以内，执行小型构件项目。

22）预制板间补现浇板缝执行平板项目。

23）现浇飘窗板、空调板执行悬挑板项目。

24）楼梯是按建筑物一个自然层双跑楼梯考虑，如单坡直行楼梯（即一个自然层、无休息平台）按相应项目人工、材料、机械乘以系数1.20；三跑楼梯（即一个自然层、两个休息平台）按相应项目人工、材料、机械乘以系数0.90；四跑楼梯（即一个自然层、三个休息平台）按相应项目人工、材料、机械乘以系数0.75。剪刀楼梯执行单坡直行楼梯相应系数。

25）与主体结构不同时浇捣的厨房、卫生间等处墙体下部现浇混凝土翻边的模板执行圈梁相应项目。

26）散水模板执行垫层相应项目。

27）凸出混凝土柱、梁、墙面的线条，并入相应构件内计算，再按凸出的线条道数执行模板增加费项目；但单独窗台板、栏板扶手、墙上压顶的单阶挑檐不另计算模板增加费；其他单阶线条凸出宽度>200mm的执行挑檐项目。

28）外形尺寸体积在1m³以内的独立池槽执行小型构件项目，1m³以上的独立池槽及与建筑物相连的梁、板、墙结构式水池，分别执行梁、板、墙相应项目。

29）小型构件是指单件体积0.1m³以内且本节未列项目的小型构件。

30）当设计要求为清水混凝土模板时，执行相应模板项目，并做如下调整：复合模板材料换算为镜面胶合板，机械不变，其人工按表14-3增加工日。

31）预制构件地模的摊销，已包括在预制构件的模板中。

32）高大空间有梁板模板是指支撑高度 8m 以上或搭设跨度 18m 以上的复合模板项目，执行本定额时不再执行相应增加层定额。

表 14-3　清水混凝土模板增加工日　　　　　　单位：100m²

项目	柱			梁			墙		板
	矩形柱	圆形柱	异形柱	矩形梁	异形梁	弧形、拱形梁	直行墙、弧形墙、电梯井壁墙	短肢剪力墙	有梁板、无梁板、平板
工日	4	5.2	6.2	5	5.2	5.8	3	2.4	4

33）混凝土穹顶模板适用于本定额蒙元文化章节中蒙古包穹顶的模板项目。

34）倒锥壳水塔塔身钢滑升模板项目，也适用于一般水塔塔身滑升模板工程。

35）烟囱钢滑升模板项目均已包括烟囱筒身、牛腿、烟道口；水塔钢滑升模板均已包括直筒、门窗洞口等模板用量。

二、模板工程措施项目的工程量计算规则

1. 现浇混凝土构件模板

1）现浇混凝土构件模板，除另有规定者外，均按模板与混凝土的接触面积（扣除后浇带所占面积）计算。

2）基础。

① 有肋式带形基础，肋高（指基础扩大顶面至梁顶面的高）≤1.2m 时，合并计算；>1.2m 时，基础底板模板按无肋带形基础项目计算，扩大顶面以上部分模板按混凝土墙项目计算。

② 独立基础：高度从垫层上表面计算到基础上表面。

③ 满堂基础：无梁式满堂基础有扩大或角锥形柱墩时，并入无梁式满堂基础内计算。有梁式满堂基础梁高（从梁面或梁底计算，梁高不含板厚）≤1.2m 时，基础和梁合并计算；>1.2m 时，底板按无梁式满堂基础模板项目计算，梁按混凝土有关规定计算。地下室底板按无梁式满堂基础模板项目计算。

④ 设备基础：块体设备基础按不同体积，分别计算模板工程量。框架设备基础应分别按基础、柱以及墙的相应项目计算；楼层面上的设备基础并入梁、板项目计算，如在同一设备基础中部分为块体，部分为框架时，应分别计算。框架设备基础的柱模板高度应由底板或柱基上表面算至板的下表面；梁的长度按净长计算，梁的悬臂部分应并入梁内计算。

⑤ 设备基础地脚螺栓套孔按不同深度以数量计算。

3）构造柱均应按图示外露部分计算模板面积。带马牙槎构造柱的宽度按马牙槎处的宽度计算。

4）现浇混凝土墙、板上单孔面积在 0.3m² 以内的孔洞，不予扣除，洞侧壁模板亦不增加；单孔面积在 0.3m² 以外时，应予以扣除，洞侧壁模板面积并入墙、板模板工程量以内计算。

对拉螺栓堵眼增加费按墙面、柱面、梁面模板接触面分别计算工程量。

5）现浇混凝土框架分别按柱、梁、板有关规定计算，附墙柱凸出墙面部分按柱工程量计算，暗梁、暗柱并入墙内工程量计算。

6）挑檐、天沟与板（包括屋面板、楼板）连接时，以外墙外边线为分界线；与梁（包括圈梁等）连接时，以梁外边线为分界线；外墙外边线以外或梁外边线以外为挑檐、天沟。

7）现浇混凝土悬挑板、雨篷、阳台按图示外挑部分尺寸的水平投影面积计算，挑出墙外的悬臂梁及板边不另计算。

8）现浇混凝土楼梯（包括休息平台、平台梁、斜梁和楼层板的连接的梁）按水平投影面积计算。不扣除宽度小于 500mm 楼梯井所占面积，楼梯的踏步、踏步板、平台梁等侧面模板不另行计算，伸入墙内部分亦不增加。当整体楼梯与现浇楼板无梯梁连接时，以楼梯最后一个踏步边缘加 300mm 为界。

9）混凝土台阶不包括梯带，按图示台阶尺寸的水平投影面积计算，台阶端头两侧不另计算模板面积；架空式混凝土台阶按现浇楼梯计算；场馆看台按设计图示尺寸以水平投影面积计算。

10）凸出的线条模板增加费，以凸出棱线的道数分别按长度计算，两条及多条线条相互之间净距小于 100mm 的，每两条按一条计算。

11）后浇带按模板与后浇带的接触面积计算。

2. 预制混凝土构件模板

预制混凝土构件模板按模板与混凝土的接触面积计算，地模不计算接触面积。

3. 构筑物混凝土模板

1）液压滑升模板施工的烟囱、筒仓、倒锥壳水塔筒身均按混凝土尺寸以体积计算。

2）贮水（油）池、水塔、贮仓、圆筒形仓壁等，按图示尺寸混凝土与模板接触面面积以平方米计算。

3）倒锥壳水塔的水箱制作按混凝土尺寸以体积计算，水箱提升按不同容积以座计算。

4）钢筋混凝土地沟、检查井、化粪池等参照贮水（油）池相应项目执行。

4. 模板超高

模板超高按下列规定计算：柱、梁、墙、板支撑高度超过 3.6m，每增加 1m，定额均按照每 $100m^2$ 模板与混凝土接触面积超过 3.6m 部分计算钢支撑及其配件增加的费用。高度余数大于等于 0.5m 按每增加 1m 计算，小于 0.5m 舍去不计。

三、模板工程措施项目实例分析

【例 14-2】 计算如图 8-14 所示的基础模板工程量。

解：（1）分析

1）由图 8-14b 可以看出，本基础为带形基础，其支模位置在基础底板（厚 200mm）的两侧和梁（高 300mm）的两侧。所以，混凝土与模板的接触面积应计算的是基础底板的两侧面积和梁两侧的面积。

2）图 8-14a 为基础平面图，也可以看作是基础底板的支模位置图。图中细线显示了支模的位置及长度。

（2）工程量计算

基础模板工程量 = 基础支模长度 × 支模高度

方法 1（按图示长度计算模板工程量）：

外墙基础底板模板工程量 = (3.60m×2+0.50m×2)×2×0.20m+(4.80m+0.50m×

2)×2×0.20m+(3.60m-0.50m×2)×4×0.20m+

(4.80m-0.50m×2)×2×0.20m = 9.20m²

外墙基础梁模板工程量 = $(3.60m×2+0.20m×2)×2×0.30m+(4.80m+0.20m×2)×$

$2×0.30m+(3.60m-0.20m×2)×4×0.30m+(4.80m-$

$0.20m×2)×2×0.30m = 14.16m^2$

内墙基础底板模板工程量 = $(4.80m-0.50m×2)×2×0.20m = 1.52m^2$

内墙基础梁模板工程量 = $(4.80m-0.20m×2)×2×0.30m = 2.64m^2$

基础模板工程量 = 外墙基础底板及梁模板工程量 + 内墙基础底板及梁模板工程量

$= 9.20m^2+14.16m^2+1.52m^2+2.64m^2 = 27.52m^2$

方法 2（按 $L_中$ 和内墙下支模净长度计算模板工程量）：

从 $L_中$ 的含义可以知道，用 $L_中$ 计算外墙模板工程量时，$L_中$ 相对于外墙外侧的模板长度偏短，相对于外墙内侧的模板长度偏长，而其偏长数值等于偏短数值，故计算较为简便。但需注意的是，在纵横墙交接处不支模，不应计算模板工程量。则有

$L_中 = (3.60m×2+4.80m)×2 = 24.00m$

外墙基础模板工程量 = 外墙基础底板模板工程量 + 外墙基础梁模板工程量

$= (24.00m×0.20m-1.00m×0.20m+24.00m×0.30m-$

$0.40m×0.30m)×2 = 23.36m^2$

内墙基础模板工程量 = 内墙基础底板模板工程量 + 内墙基础梁模板工程量

$= (4.80m-0.50m×2)×2×0.20m+(4.80m-0.20m×2)×2×0.30m$

$= 4.16m^2$

基础模板工程量 = 外墙基础模板工程量 + 内墙基础模板工程量

$= 23.36m^2+4.16m^2 = 27.52m^2$

比较两种计算方法可以看出：方法 2 的计算简便快捷，这种计算思路不仅局限于模板工程量的计算，还可以广泛应用于其他有关分项工程量的计算中。

【例 14-3】 某工程在图 14-1 所示位置上设置了构造柱。已知构造柱尺寸为 240mm×240mm，柱支模板高度为 3.00m，墙厚 240mm，试计算构造柱的模板工程量。

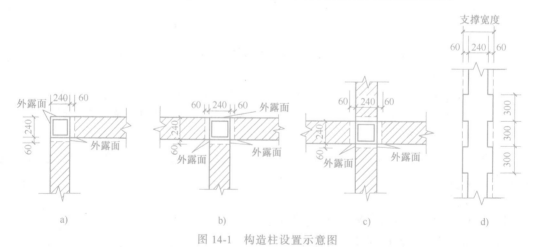

图 14-1 构造柱设置示意图

a）转角处构造柱 b）"T"形接头处构造柱 c）"十"字接头处构造柱 d）构造柱纵向剖面图

解：1）转角处构造柱模板工程量 = $[(0.24m+0.06m)×2+0.06m×2]×3.00m$

$= 2.16m^2$

2）"T"形接头处构造柱模板工程量=（0.24m+0.06m×2+0.06m×2×2）×3.00m

$$= 1.80m^2$$

3）"十"字接头处构造柱模板工程量=0.06m×2×4×3.00m=1.44m²

构造柱模板工程量=各类构造柱模板工程量之和=2.16+1.80+1.44=5.40（m²）

【例14-4】 某工程柱、梁、板的截面尺寸如图14-2所示，一层板顶标高为4.7m，一层结构层底标高为-0.1m，柱基础上表面标高为-0.8m，试计算柱、梁、板的模板工程量及单价措施项目费。

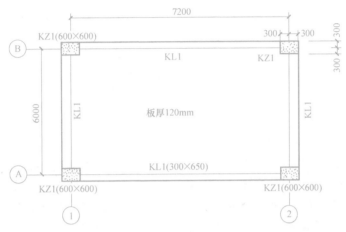

图14-2 柱、梁、板截面尺寸

解：1）柱模板工程量 S =0.6m×4×（4.7+0.8）m×4-0.3m×0.65m×8-0.3m×

$$2×0.12m×4 = 50.95m^2$$

2）柱模板支撑超高 H =（4.7+0.1-0.12-3.6）m=1.08m 按超高1m计算

3）柱模板支撑超过工程量 S =0.6m×4×（4.7+0.1-0.12-3.6）m×4-0.3m×

$$0.65m×8-0.3m×2×0.12m×4 = 8.52m^2$$

4）梁模板工程量 S =［（7.2-0.6）m×2+（6-0.6）m×2］×（0.65+0.3+0.53）m

$$= 35.52m^2$$

5）梁模板支撑高度 H =4.7m+0.1m-0.65m-3.6m=0.55m 按超高1m计算

6）梁模板支撑超过工程量 S =［（7.2-0.6）m×2+（6-0.6）m×2］×（0.65+0.3+0.53）m

$$= 35.52m^2$$

7）板模板工程量 S =7.2m×6m-0.3m×0.3m×4=42.84m²

8）板模板支撑高度 H =4.7m+0.1m-0.12m-3.6m=1.08m 按超高1m计算

9）板模板支撑超过工程量 S =7.2m×6m-0.3m×0.3m×4=42.84m²

单价措施项目费见表14-4。

表14-4 工程预算表

序号	定额号	工程项目名称	单位	工程量	单价（元）	合价（元）	定额人工费（元）	
							单价	合价
1	t17-133	矩形柱竹胶模板钢支撑	m²	50.95	53.56	2729	24.08	1227
2	t17-139×1	柱支撑高度超过3.6米	m²	8.52	4.58×1	39	3.09×1	26

（续）

序号	定额号	工程项目名称	单位	工程量	单价(元)	合价(元)	定额人工费(元)	
							单价	合价
3	t17-145	矩形梁竹胶模板钢支撑	m²	35.52	45.42	1613	20.50	728
4	t17-155×1	梁支撑高度超过3.6米	m²	35.52	4.71×1	167	3.23×1	115
5	t17-174	平板竹胶模板钢支撑	m²	42.84	50.13	2148	21.83	935
6	t17-192×1	板支撑高度超过3.6米	m²	42.84	4.76×1	204	3.30×1	141
合　计						6900		3172

单元三　垂直运输工程

一、垂直运输工程定额的有关说明

1）垂直运输工作内容，包括单位工程在合理工期内完成全部工程项目所需要的垂直运输机械台班，不包括机械的场外往返运输，一次安拆及路基铺垫和轨道铺拆等的费用。若建筑与装饰工程单独计价时，建筑工程按全部垂直运输费用的80%计算，装饰工程按20%计算。

2）檐高3.6m以内的单层建筑，不计算垂直运输机械台班。

3）本定额层高按3.6m考虑，超过3.6m者，应另计层高超高垂直运输增加费，每超过1m，其超高部分按相应定额增加10%，超高不足1m按1m计算。

二、垂直运输工程的工程量计算规则

1）建筑物垂直运输机械台班用量，区分不同建筑物结构及檐高按建筑面积计算。地下室面积与地上面积合并计算，独立地下室层高超过3.6m可计算垂直运输费，垂直运输费按本项目20m以内"塔式起重机施工现浇框架"项目执行。

2）本定额本项目按泵送混凝土考虑，如采用非泵送，垂直运输费按以下方法增加：檐口高20m以内，定额乘以系数1.05；檐口高20m以上100m以内，定额乘以系数1.07；檐口高100m以上200m以内，定额乘以系数1.10；再乘以非泵送混凝土数量占全部混凝土数量的百分比。

3）钢结构工程垂直运输按其他结构相应檐高乘以系数0.40。

单元四　建筑物超高增加费

一、建筑物超高增加费定额的有关说明

建筑物超高增加人工、机械定额适用于建筑物檐口高度超过20m的全部工程项目。若建筑与装饰工程单独计价时，建筑工程按全部超高费用的80%计算，装饰工程按20%计算。

二、建筑物超高增加费的工程量计算规则

1）各项定额中包括的内容指建筑物檐口高度超过 20m 的全部工程项目，但不包括垂直运输、各类构件的水平运输及各项脚手架。

2）建筑物超高增加费的人工、机械按建筑物超高部分的建筑面积计算。

三、建筑物垂直运输、超高增加费实例分析

【例 14-5】　某高层酒店，框架剪力墙结构，地下一层、地上十五层，设计室外地坪为 -0.60m，檐高 56.1m，各层的层高、建筑面积见表 14-5，垂直运输机械为自升式起重机，混凝土采用泵送，试分别计算建筑工程垂直运输工程量、超高工程量、单价措施项目费及人工费。

表 14-5　层高及面积

序号	楼层号	层高（m）	建筑面积（m²）	备注
1	-1 层	6.0	1852.65	
2	1 层	4.8	1237.38	
3	2 层	3.9	1105.58	
4	3～15 层	3.6	1105.58	
5	机房层	4.2	133.59	

解：

（1）层高 3.6m 内垂直运输工程量

-1～机房层：$1852.65m^2 + 1237.38m^2 + 1105.58m^2 \times 14 + 133.59m^2 = 18701.74m^2$

（2）层高超过 3.6m 垂直运输增加费工程量

-1 层	6m-3.6m = 2.4m	按 3m 计算	1852.65m²
1 层	4.8m-3.6m = 1.2m	按 2m 计算	1237.38m²
2 层	3.9m-3.6m = 0.3m	按 1m 计算	1105.58m²
机房层	4.2m-3.6m = 0.6m	按 1m 计算	133.59m²

$> 1239.17m^2$

（3）建筑物超高增加费工程量

$0.6m + 4.8m + 3.9m + 3.6m \times 3 = 20.1m > 20m$，从第 6 层起超高。

超高工程量　$S = 1105.58m^2 \times 10 + 133.59m^2 = 11189.39m^2$

单价措施项目费及人工费见表 14-6。

表 14-6　工程预算表

序号	定额号	工程项目名称	单位	工程量	单价（元）	合价（元）	定额人工费（元）单价	定额人工费（元）合价
1	t17-293×0.8	垂直运输层高 3.6m 内	m²	18701.74	33.86×80%	506593	6.64×80%	99344
2	t17-293×3×0.1×0.8	增加层层高 3m 以内	m²	1852.65	33.86×3×10%×80%	15055	6.64×3×10%×80%	2952
3	t17-293×2×0.1×0.8	增加层层高 2m 以内	m²	1237.38	33.86×2×10%×80%	6704	6.64×2×10%×80%	1315
4	t17-293×1×0.1×0.8	增加层层高 1m 以内	m²	1239.17	33.86×1×10%×80%	3357	6.64×1×10%×80%	658
5	t17-345×0.8	建筑工程超高增加费	m²	11189.39	62.91×80%	563140	45.65×80%	408637
		合　计				1094849		512906

单元五 大型机械设备进出场及安拆

一、大型机械设备进出场及安拆定额的有关说明

1）大型机械设备进出场及安拆费是指机械整体或分体自停放场地运至施工现场或由一个施工地点运至另一个施工地点，所发生的机械进出场运输和转移费用，以及机械在施工现场进行安装、拆卸所需的人工费、材料费、机械费、试运转费和安装所需的辅助设施的费用。

2）塔式起重机轨道铺拆以直线形为准，如铺设弧线形时，定额乘以系数 1.15。

3）大型机械设备安拆费。

① 机械安拆费是安装、拆卸的一次性费用。

② 机械安拆费中包括机械安装完毕后的试运转费用。

③ 柴油打桩机的安拆费中，已包括轨道的安拆费用。

④ 自升式塔式起重机安拆费按塔高 45m 确定，>45m 且檐高≤200m，塔高每增高 10m，按相应定额增加费用 10%，尾数不足 10m 按 10m 计算。

4）大型机械设备进出场费。

① 进出场费中已包括往返一次的费用，其中回程费按单程运费的 25% 考虑。

② 进出场费中已包括了臂杆、铲斗及附件、道木、道轨的运费。

③ 机械运输路途中的台班费，不另计取。

5）大型机械现场的行驶路线需修整铺垫时，其人工修整，可按实际计算。同一施工现场各建筑物之间的运输，定额按 100m 以内综合考虑，如转移距离超过 100m，在 300m 以内的，按相应场外运输费用乘以系数 0.30；在 500m 以内的，按相应场外运输费用乘以系数 0.60。使用道木铺垫按 15 次摊销，使用碎石零星铺垫按一次摊销。

二、大型机械设备进出场及安拆的工程量计算规则

大型机械设备安拆费及进出场费均按台次计算。

三、大型机械设备进出场及安拆实例分析

【例 14-6】 根据施工组织设计某建筑高层剪力墙结构，塔高 53m，发生的特、大型机械有履带式挖掘机 2 台（1m³ 以外，50km 内）、自升式起重机 1 台（75m 内）、施工电梯 1 台，试计算各项单价措施项目费、人工费。

解：单价措施项目费、人工费见表 14-7。

表 14-7　工程预算表

序号	定额号	工程项目名称	单位	工程量	单价（元）	合价（元）	定额人工费（元）	
							单价	合价
1	t17-354	自升式起重机安拆	台次	1	31549.47	31549	13482.00	13482
2	t17-354×0.1	塔高每增 10m	台次	1	31549.47×0.1	3155	13482.00×0.1	1348

（续）

序号	定额号	工程项目名称	单位	工程量	单价（元）	合价（元）	定额人工费（元）	
							单价	合价
3	t17-362	施工电梯安拆	台次	1	12615.01	12615	6066.90	6067
4	t17-368	履带式挖掘机进出场费	台次	2	4879.79	9760	1348.20	2696
5	t17-385	自升式起重机进出场费	台次	1	27909.99	27910	4494	4494
6	t17-387	施工电梯进出场费	台次	1	9672.18	9672	1123.50	1124
合　计						94661		29211

单元六　施工排水、降水

一、常用井点降水方式的工艺特点

1. 明沟排水

明沟排水是指在基坑的两侧或四周设置排水明沟，在基坑四角或每隔 30~40m 设置集水井，使基坑渗出的地下水通过排水明沟汇集于集水井内，然后用水泵将其排出基坑外，如图 14-3、图 14-4 所示。

当基坑开挖深度不深，基坑涌水量不大时，可采用明沟排水的方法。

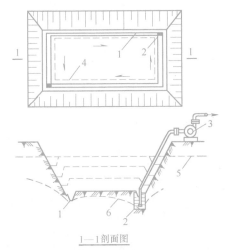

1—1剖面图

图 14-3　明沟、集水井排水方法

1—排水明沟　2—集水井　3—离心式水泵
4—设备基础或建筑物基础边线　5—原地下水位线
6—降低后的地下水位线

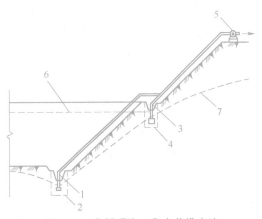

图 14-4　分层明沟、集水井排水法

1—底层排水沟　2—底层集水井　3—二层排水沟
4—二层集水井　5—水泵　6—原地下水位线
7—降低后地下水位线

2. 轻型井点降水

轻型井点降水是指在基坑周围以一定间距埋入井点管（下端为滤管），在地面上用集水总管将各井点管连接起来，并在一定位置上设置抽水设备，利用真空泵和离心泵的真空吸力作用，使地下水经过滤管进井管，然后经总管排出，从而达到降低地下水位的目的，如图 14-5 所示。

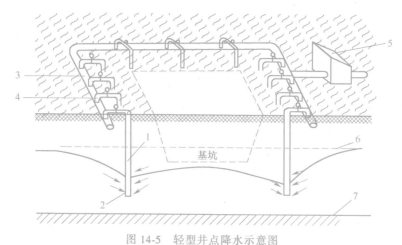

图 14-5 轻型井点降水示意图

1—井点管 2—滤管 3—总管 4—弯联管 5—水泵房
6—原有地下水位线 7—降低后地下水位线

3. 大口径井点降水

大口径井点降水是指在深基坑的周围埋置深于基底的井管，通过设置在井管内的潜水泵将地下水抽出，使地下水位低于坑底，该方法具有排水量大，降水深（大于 15m），井距大，对平面布置干扰小，不受土层限制，井点制作、降水设备及操作工艺、维护均较简单，施工速度快，井点管可以整根拔出重复使用等优点，适用于砂类土、地下水丰富、降水深、面积大、时间长的情况，其井点构造图如图 14-6 所示。

二、施工排水、降水的定额使用说明

1）轻型井点以 50 根为一套，使用时累计根数轻型井点少于 25 根，使用费按相应定额乘以系数 0.70。

2）井管间距应根据地质条件和施工降水要求，按施工组织设计确定，施工组织设计未考虑时，可按轻型井点管距 1.2m 确定。

3）聚乙烯螺旋管成孔直径不同时，只调整相应的中粗砂含量，其余不变；聚乙烯螺旋管直径不同时，调整管材价格的同时，按管子周长的比例调整相应的尼龙过滤网和镀锌铁丝含量。

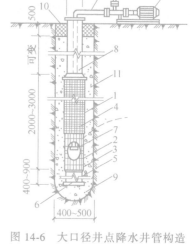

图 14-6 大口径井点降水井管构造

1— 滤水井管 2—钢筋焊接骨架
3—铁环@250mm 4—10 号铁丝垫筋
@250mm 焊于管骨架上，
外包孔眼 1~2mm 铁丝网
5—沉砂管 6—木塞 7—吸水管
8—φ100~200mm 钢管 9—钻孔
10—夯填黏土 11—填充砂砾
12—抽水设备

4）排水井分集水井和大口井两种。集水井定额项目按基坑内设置考虑，井深在 4m 以内，按本定额计算。如井深超过 4m，定额按比例调整。大口井按井管直径分两种规格，抽水结束时回填大口井的人工和材料未包括在消耗量内，实际发生时应另行计算。

三、施工排水、降水的工程量计算规则

1）轻型井点、喷射井点排水的井管安装、拆除以"根"为单位计算，使用以"套·天"计算；真空深井、自流深井排水的安装拆除以每口井计算，使用以每口"井·天"计算。

2）使用天数以每昼夜（24h）为一天，并按施工组织设计要求的使用天数计算。

3）集水井按设计图示数量以"座"计算，大口井按累计井深以长度计算。

四、施工排水、降水工程实例分析

【例 14-7】　某工程地基所处位置原地下水位线-2.5m，因施工需要地下水位需降到-7.0m，采用轻型井点降水，降水总管长度为 130m，井点管间距按 1.2m 设置，连续降水时间为 65 天，降水过程中其他费用不考虑。求该工程轻型井点降水的措施项目费及人工费。

解：1）井点管工程量：降水总管长度÷井点管间距+1，取整数。

井点管数量计算：（130÷1.2+1）根=（109+1）根=110 根

井点管的成井工程量：110 根

2）轻型井点以 50 根为一套，使用时累计根数轻型井点少于 25 根，使用费按相应定额乘以系数 0.70。

井管的使用：110 根÷50 根/套=2 套余 10 根

2 套×65 天=130 套·天

10 根取为 1 套，1 套×65 天=65 套·天

轻型井点降水的费用计算见表 14-8。

表 14-8　措施项目费计算表

序号	定额号	工程项目名称	单位	工程量	单价（元）	合价（元）	定额人工费（元） 单价	定额人工费（元） 合价
1	t17-393	轻型井点成井	根	110	258.99	28489	101.12	11123
2	t17-400	轻型井点降水	套·天	130	642.02	83463	337.05	43817
3	t17-400×0.7	轻型井点降水	套·天	65	449.41	29212	235.94	15336
		合　计				141164		70276

小　结

本学习情境主要对措施项目中的单价措施项目定额的有关说明及工程量计算规则进行了全面讲解，并附有典型实例分析，包括脚手架工程、模板工程、垂直运输工程、建筑物超高增加费、大型机械设备进出场及安拆、施工排水与降水项目。

通过本学习情境的学习，学生应能正确计算单价措施项目费的工程量，熟悉定额的使用方法，具备合理确定单价措施项目费用的应用能力。

同步测试

一、单项选择题

1. 高度在 3.6m 以外墙面装饰不能利用原砌筑脚手架时，可计算（　　）。

A. 单排脚手架　　　B. 双排脚手架　　　C. 双排脚手架×0.3　　　D. 综合脚手架

2. 吊篮脚手架按外墙垂直水平投影面积计算，（　　）的面积。

A. 扣除门窗洞口　　B. 不扣除门窗洞口　　C. 增加洞口侧壁　　D. 扣除板厚

3. 地下室底板模板执行（　　）模板。

A. 平板　　　　　　B. 满堂基础　　　　C. 垫层　　　　　　D. 板式带形基础

4. 下列关于短肢剪力墙相关说法不正确的是（　　）。

A. 短肢剪力墙是指截面厚度≤300mm，各肢截面高度与厚度之比的最大值>4 但 ≤8 的剪力墙

B. 各肢截面高度与厚度之比的最大值≤4 的剪力墙执行柱项目

C. 混凝土剪力墙洞口侧壁模板面积不计

D. 混凝土剪力墙上单孔面积在 0.3m² 以内孔洞的模板面积，不予扣除

5. 散水模板执行（　　）相应项目。

A. 垫层　　　　　　B. 台阶　　　　　　C. 平板　　　　　　D. 其他

6. 现浇混凝土模板计算时，混凝土附墙柱凸出墙面部分按（　　）工程量计算。

A. 墙　　　　　　　B. 柱　　　　　　　C. 附墙柱　　　　　D. 暗柱

7. 下列关于模板施工中对拉螺栓堵眼增加费的描述正确的是（　　）。

A. 柱、梁面对拉螺栓堵眼增加费，执行墙面对拉螺栓堵眼增加费项目

B. 梁面对拉螺栓堵眼增加费，执行墙面对拉螺栓堵眼增加费项目，人工、机械乘系数 0.30

C. 柱面对拉螺栓堵眼增加费，执行墙面对拉螺栓堵眼增加费项目，人工、机械乘系数 0.35

D. 对拉螺栓堵眼增加费按墙面、柱面、梁面模板接触面积分别计算工程量

8. 若建筑与装饰工程单独计价时，建筑工程按全部垂直运输费用的（　　）计算，装饰工程按（　　）计算。

A. 60%，40%　　　B. 70%，30%　　　C. 80%，20%　　　D. 90%，10%

9. 建筑物垂直运输机械台班用量，区分不同建筑结构及檐高按（　　）计算。

A. 建筑面积　　　　B. 机械费　　　　　C. 人工工日　　　　D. 总面积

10. 钢结构工程垂直运输按其他结构相应檐高乘以系数（　　）。

A. 0.1　　　　　　B. 0.2　　　　　　C. 0.3　　　　　　D. 0.4

11. 大型机械设备安拆费及进出场费均按（　　）计算。

A. 工日　　　　　　B. 台次　　　　　　C. 座　　　　　　D. 建筑面积

12. 井管间距应根据地质条件和施工降水要求按施工组织设计确定，施工组织设计未考虑时，可按轻型井点管距（　　）确定。

A. 1.0m　　　　　B. 1.2m　　　　　C. 1.4m　　　　　D. 1.6m

13. 集水井按设计图示数量以（　　）计算。

A. 座　　　　　B. 长度　　　　　C. 根　　　　　D. 套

14. 真空深井、自流深井排水的使用以每口（　　）计算。

A. 井　　　　B. 使用天数　　　　C. 井·天　　　　D. 深度

二、多项选择题

1. 下列属于单价措施项目的是（　　）。

A. 柱模板　　　　　　　　　　B. 综合脚手架

C. 施工排水、降水　　　　　　D. 安全文明施工

E. 夜间施工

2. 执行综合脚手架，（　　）可另执行单项脚手架项目。

A. 高度（垫层上皮至基础顶面）在 1.2m 以外的混凝土或钢筋混凝土基础

B. 砌筑高度在 1.2m 以外的砖内墙

C. 砌筑高度在 3.6m 以外的砌块内墙

D. 墙面粉饰高度在 3.6m 以外

E. 砌筑高度在 1.2m 以内的管沟墙及砖基础

3. 下列关于脚手架的工程量计算规则说法正确的是（　　）。

A. 满堂脚手架按室内净面积计算

B. 综合脚手架按设计图示尺寸以建筑面积加折层面积计算

C. 独立柱按设计图示尺寸以结构外围周长乘以高度以面积计算

D. 电梯井字架按单孔以"座"计算

E. 里脚手架按墙面垂直投影面积计算

4. 现浇混凝土楼梯模板工程量按水平投影面积计算，应包括（　　）。

A. 休息平台　　　　　　　　　B. 平台梁

C. 斜梁　　　　　　　　　　　D. 宽度大于 500mm 的楼梯井

E. 踏步

5. 下列关于垂直运输的说法正确的是（　　）。

A. 垂直运输工作内容包括机械的场外往返运输

B. 檐高 3.6m 以内的单层建筑，不计算垂直运输机械台班

C. 垂直运输定额项目层高是按 3.6m 考虑的

D. 层高超过 3.6m 者，应另计层高超高垂直运输增加费

E. 层高超过 3.6m 者，每超过 1m，其超高部分按相应定额增加 10%，超高不足 1m 不计

6. 大型机械设备安拆费中包括（　　）。

A. 机械安装、拆除的一次性费用

B. 机械安装完毕后的试运转费用

C. 安装所需的辅助设施费用

D. 自升式塔式起重机塔高 45m 的安拆费

E. 场内移动时的安拆费

7. 常用的基坑排水降水方法有（　　　）。

A. 明沟排水

B. 轻型井点降水

C. 大口径井点降水

D. 聚乙烯螺旋管管井降水

E. 分层降水

8. 下列对聚乙烯螺旋管管井降水在定额使用说明中描述正确的是（　　　）。

A. 聚乙烯螺旋管成孔直径不同时，只调整相应的中粗砂含量，其余不变

B. 聚乙烯螺旋管成孔直径不同时，只调整相应的尼龙过滤网和镀锌铁丝含量，其余不变

C. 聚乙烯螺旋管直径不同时，管材价格不调，按管子周长的比例调整相应的尼龙过滤网和镀锌铁丝含量

D. 聚乙烯螺旋管直径不同时，在调整管材价格的同时，按管子周长的比例调整相应的尼龙过滤网和镀锌铁丝含量

E. 聚乙烯螺旋管直径不同时，在调整管材价格的同时，按管子周长的比例调整相应的中粗砂含量

三、问答题

1. 定额中单价措施项目都包括哪些？当同一建筑物结构相同有不同檐高时或有多种结构时，定额中分别是如何说明的？

2. 在定额中综合脚手架有哪些具体说明？综合脚手架如何计算工程量？

3. 满堂基础分为无梁式满堂基础和有梁式满堂基础，在模板工程量计算说明中是如何描述的？

4. 建筑物超高增加费在什么情况下可以计算，工程量如何计算？

5. 垂直运输费是按泵送混凝土考虑的，如果采用非泵送，怎样进行调整？

学习情境十五

建设工程造价的确定

知识目标

- 了解工程造价的两种含义
- 熟悉建设工程费用的项目组成
- 掌握各种费率的适用范围
- 掌握建设工程的取费程序与计算方法

能力目标

- 能够确定各种工程费率
- 能够正确计算各项总价措施项目费
- 能够熟练计算工程各项费用

工程造价是指某项建设工程产品的建造价格，是工程项目按照确定的建设项目、建设规模、建设标准、功能要求、使用要求等全部建成后，经验收合格并交付使用所需的全部费用。站在不同角度，在不同场合，工程造价的含义不同，工程造价有两种含义。

第一种含义，工程造价是指建设一项工程预期或实际开支的全部投资费用。这一含义是从投资者角度来定义的。投资者选定一个投资项目，为了获得预期的效益，需要通过项目评估、决策、设计招标、施工招标、监理招标、工程施工监督管理，直到竣工验收等一系列的投资管理活动，在投资管理活动中所支付的全部费用就形成了固定资产和无形资产。工程造价的第一种含义也是建设项目总投资中的固定资产投资。

第二种含义，工程造价是指为建设一项工程，预计或实际交易活动中，所形成的承发包价格。这一含义以建设工程项目这种特定商品作为交易对象，通过招投标或其他交易方式，在进行多次预估的基础上，最终形成的价格。工程造价的第二种含义也是建设项目总投资中的建筑安装工程费用。我国现行工程建设项目投资构成如图15-1所示。

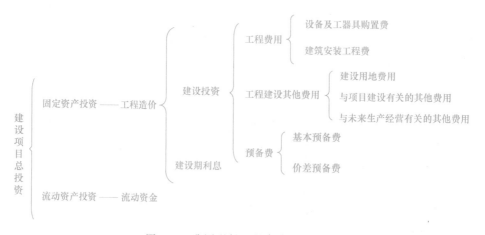

图 15-1 我国现行工程建设项目投资构成

单元一 建设工程费用项目组成（按费用构成要素划分）

建设工程费按照费用构成要素划分：由人工费、材料费（包含工程设备）、施工机具使用费、企业管理费、利润、规费和税金组成。其中人工费、材料费、施工机具使用费、企业管理费和利润包含在分部分项工程费、措施项目费、其他项目费中。

一、人工费

人工费是指按工资总额构成规定，支付给从事建筑安装工程施工的生产工人和附属生产单位工人的各项费用。内容包括：

1）计时工资或计件工资：是指按计时工资标准和工作时间或对已做工作按计件单价支付给个人的劳动报酬。

2）奖金：是指对超额劳动和增收节支支付给个人的劳动报酬。如节约奖、劳动竞赛奖等。

3）津贴、补贴：是指为了补偿职工特殊或额外的劳动消耗和因其他特殊原因支付给个人的津贴，以及为了保证职工工资水平不受物价影响支付给个人的物价补贴。

4）加班加点工资：是指按规定支付的在法定节假日工作的加班工资和在法定日工作时间外延时工作的加点工资。

5）特殊情况下支付的工资：是指根据国家法律、法规和政策规定，因病、工伤、产假、计划生育假、婚丧假、事假、探亲假、定期休假、停工学习、执行国家或社会义务等原因按计时工资标准或计时工资标准的一定比例支付的工资。

6）劳动保险（个人缴纳部分）：是指企业中由个人缴纳的养老、医疗、失业保险。

7）职工福利费：是指集体福利费、夏季防暑降温、冬季取暖补贴、上下班交通补贴等。

8）劳动保护费：是企业按规定发放的劳动保护用品的支出。如工作服、手套、防暑降温饮料以及在有碍身体健康的环境中施工的保健费用等。

9）工会经费：是指企业按《工会法》规定的全部职工工资总额比例计提的工会经费。

10）职工教育经费：是指按职工工资总额的规定比例计提，企业为职工进行专业技术和职业技能培训，专业技术人员继续教育、职工职业技能鉴定、职业资格认定以及根据需要对职工进行各类文化教育所发生的费用。

二、材料费

材料费是指施工过程中耗费的原材料、辅助材料、构配件、零件、半成品或成品、工程设备的费用。内容包括：

1）材料原价：是指材料、工程设备的出厂价格或商家的供应价格。

2）运杂费：是指材料、工程设备自来源地运至工地仓库或指定堆放地点所发生的全部费用。

3）运输损耗费：是指材料在运输装卸过程中不可避免的损耗。

4）采购及保管费：是指为组织采购、供应和保管材料、工程设备的过程中所需要的各项费用，包括采购费、仓储费、工地保管费、仓储损耗。

工程设备是指构成或计划构成永久工程一部分的机电设备、金属结构设备、仪器装置及其他类似的设备和装置。

三、施工机具使用费

施工机具使用费是指施工作业所发生的施工机械、仪器仪表使用费或其租赁费。内容包括：

1）施工机械使用费：以施工机械台班耗用量乘以施工机械台班单价表示，施工机械台班单价应由下列七项费用组成：

① 折旧费：指施工机械在规定的耐用总台班内，陆续收回其原值的费用。

② 检修费：指施工机械在规定的耐用总台班内，按规定的检修间隔进行必要的检修，以恢复其正常功能所需的费用。

③ 维护费：指施工机械在规定的耐用总台班内，按规定的维护间隔进行各级维护和临时故障排除所需的费用。保障机械正常运转所需替换设备与随机配备工具附具的摊销费用、机械运转及日常维护所需润滑与擦拭的材料费用及机械停滞期间的维护费用等。

④ 安拆费及场外运费：安拆费指施工机械在现场进行安装与拆卸所需的人工、材料、机械和试运转费用以及机械辅助设施的折旧、搭设、拆除等费用；场外运费指施工机械整体或分体自停放地点运至施工现场或由一施工地点运至另一施工地点的运输、装卸、辅助材料等费用。

⑤ 人工费：指机上司机（司炉）和其他操作人员的人工费。

⑥ 燃料动力费：指施工机械在运转作业中所耗用的燃料及水、电等费用。

⑦ 其他费：指施工机械按照国家规定应缴纳的车船税、保险费及检测费等。

2）仪器仪表使用费：是指工程施工所需使用的仪器仪表的摊销及维修费用。

四、企业管理费

企业管理费是指建筑安装企业组织施工生产和经营管理所需的费用。内容包括：

1）管理人员工资：是指按规定支付给管理人员的计时工资、奖金、津贴补贴、加班加点工资及特殊情况下支付的工资等。

2）办公费：是指企业管理办公用的文具、纸张、账表、印刷、邮电、书报、办公软件、会议、水电、烧水和集体取暖降温（包括现场临时宿舍取暖降温）等费用。

3）差旅交通费：是指职工因公出差、调动工作的差旅费、住勤补助费、市内交通费和误餐补助费，职工探亲路费，劳动力招募费，职工退休、退职一次性路费，工伤人员就医路费以及管理部门使用的交通工具的油料、燃料等费用。

4）固定资产使用费：是指管理和试验部门及附属生产单位使用的属于固定资产的房屋、设备、仪器等的折旧、大修、维修或租赁费。

5）工具用具使用费：是指企业施工生产和管理使用的不属于固定资产的工具、器具、家具、交通工具和检验、试验、测绘、消防用具等的购置、维修和摊销费。

6）劳动保险：是指由企业支付的职工退职金、按规定支付给离退休干部的经费。

7）检验试验费：是指施工企业按照有关标准规定，对建筑以及材料、构件和建筑安装物进行一般鉴定、检查所发生的费用，包括自设试验室进行试验所耗用的材料等费用，不包括新结构、新材料的试验费，对构件做破坏性试验及其他特殊要求检验试验的费用和建设单位委托检测机构进行检测的费用。对此类检测发生的费用，由建设单位支付；但对施工企业提供的具有合格证明的材料进行检测不合格的，该检测费用由施工企业支付。对上述材料检验试验费未包含部分的费用，结算时应按施工企业缴费凭证据实调整；在编制招标控制价及投标报价时可参照下述标准计算，列入其他项目费。

房屋建筑与装饰工程（包括通用安装工程）的检验试验费按建筑面积计算，其中：建筑与装饰工程占 60%（建筑 40%，装饰 20%），通用安装工程占 40%。市政、园林工程及构筑物按分部分项工程费中人工费的 1.5% 计取：

① 建筑面积小于 $10000m^2$ 的，每平方米 3 元。

② 建筑面积大于 $10000m^2$ 的，超过部分按上述标准乘以系数 0.70。

③ 房屋建筑工程的室外附属配套工程不另计算。

【例 15-1】　某综合办公楼工程，建筑面积 $20000m^2$，计算建筑工程材料检验试验费。

解：检验试验费 $= (10000m^2 \times 3\ 元/m^2 + 10000m^2 \times 3\ 元/m^2 \times 0.7) \times 40\% = 20400\ 元$

8）财产保险费：是指施工管理用财产、车辆等的保险费用。

9）财务费：是指企业为施工生产筹集资金或提供预付款担保、履约担保、职工工资支付担保等所发生的各种费用。

10）税金：是指企业按规定缴纳的房产税、车船使用税、土地使用税、印花税等。

11）其他：包括技术转让费、技术开发费、投标费、业务招待费、绿化费、广告费、公证费、法律顾问费、审计费、咨询费、保险费、城市维护建设税、教育费附加以及地方教育附加等。

五、利润

利润是指施工企业完成所承包工程获得的盈利。

六、规费

规费是指按国家法律、法规规定，由省级政府和省级有关权力部门规定必须缴纳或计取的费用。内容包括：

1）社会保险费：

① 养老保险费：是指企业按照规定标准为职工缴纳的基本养老保险费。

② 失业保险费：是指企业按照规定标准为职工缴纳的失业保险费。

③ 医疗保险费：是指企业按照规定标准为职工缴纳的基本医疗保险费。

④ 工伤保险费：是指企业按照规定标准为职工缴纳的工伤保险费。

⑤ 生育保险费：是指企业按照规定标准为职工缴纳的生育保险费。

2）住房公积金：是指企业按照规定标准为职工缴纳的住房公积金。

3）水利建设基金：水利建设基金是用于水利建设的专项资金。根据内蒙古自治区人民政府文件（内政发〔2007〕92 号）关于印发自治区水利建设基金筹集和使用管理实施细则规定的可计入企业成本的费用。

4）工程排污费：是指施工现场按规定缴纳的工程排污费。

七、税金

税金是指国家税法规定的应计入建设工程造价内的增值税（销项税额）。

一般纳税人为甲供工程（甲供工程是指全部或部分设备、材料、动力由工程发包方自行采购的建筑工程）提供的建筑服务，可以选择适用简易计税方法。

按费用构成要素划分，建设工程费用项目组成如图 15-2 所示。

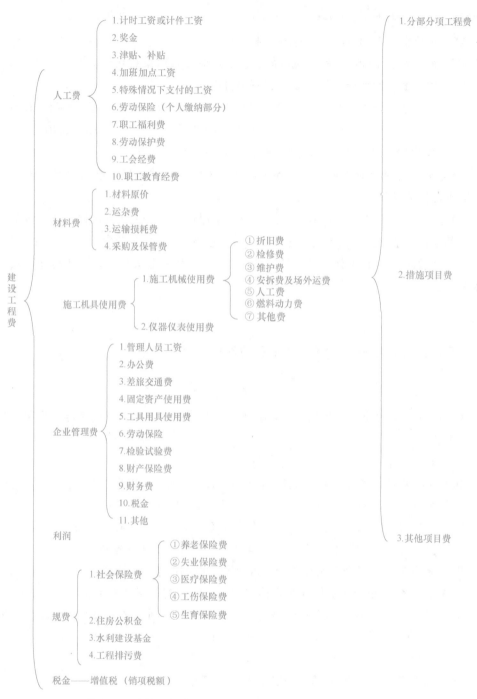

图 15-2 建设工程费用项目组成表（按费用构成要素划分）

单元二 建设工程费用项目组成（按造价形成划分）

建设工程费按照工程造价形成由分部分项工程费、措施项目费、其他项目费、规费、税金组成，分部分项工程费、措施项目费、其他项目费包含人工费、材料费、施工机具使用费、企业管理费和利润。

一、分部分项工程费

分部分项工程费是指各专业工程的分部分项工程应予列支的各项费用。

1) 专业工程：是指按现行国家计量规范划分的房屋建筑与装饰工程、仿古建筑工程、通用安装工程、市政工程、园林绿化工程、矿山工程、构筑物工程、城市轨道交通工程、爆破工程等各类工程。

2) 分部分项工程：是指按现行国家计量规范对各专业工程划分的项目。如房屋建筑与装饰工程划分的土石方工程、地基处理与桩基工程、砌筑工程、钢筋及钢筋混凝土工程等。

各类专业工程的分部分项工程划分见现行国家或行业计算规范。

二、措施项目费

措施项目费是指为完成建设工程施工，发生于该工程施工前和施工过程中的技术、生活、安全、环境保护等方面的费用。措施项目费分为总价措施项目费和单价措施项目费。

1) 安全文明施工费。

① 环境保护费：是指施工现场为达到环保部门要求所需要的各项费用。

② 文明施工费：是指施工现场文明施工所需要的各项费用（含扬尘治理增加费）。

③ 安全施工费：是指施工现场安全施工所需要的各项费用（含远程视频监控增加费）。

④ 临时设施费：是指施工企业为进行建设工程施工所必须搭设的生活和生产用的临时建筑物、构筑物和其他临时设施费用，包括临时设施的搭设、维修、拆除、清理费或摊销费等。

2) 夜间施工增加费：是指因夜间施工所发生的夜班补助费、夜间施工降效、夜间施工照明设备摊销及照明用电等费用。施工单位在建设单位没有要求提前交工为赶工期自行组织的夜间施工不计取夜间施工增加费。

3) 二次搬运费：是指因施工场地条件限制而发生的材料、构配件、半成品等一次运输不能到达堆放地点，必须进行二次或多次搬运所发生的费用。

4) 冬雨季施工增加费：是指在冬季或雨季施工需增加的临时设施、防滑、排除雨雪，人工及施工机械效率降低等费用。

5) 已完工程及设备保护费：是指竣工验收前，对已完工程及设备采取的必要保护措施所发生的费用。

6) 工程定位复测费：是指工程施工过程中进行全部施工测量放线和复测工作的费用。

7) 特殊地区施工增加费：是指工程在沙漠或其边缘地区、高海拔、高寒、原始森林等特殊地区施工增加的费用。

措施项目及其包含的内容详见内蒙古自治区各类专业工程定额。

三、其他项目费

1) 暂列金额：是指招标人在工程量清单中暂定并包括在合同价款中的一笔款项。用于工程合同签订时尚未确定或者不可预见的所需材料、工程设备、服务的采购，施工中可能发生的工程变更、合同约定调整因素出现时的合同价款调整以及发生的索赔、现场签证确认等的费用。

2）计日工：是指在施工过程中，承包人完成发包人提出的工程合同以外的零星项目或工作，按合同中约定的单价计价的一种方式。

3）总承包服务费：是指总承包人为配合协调发包人进行的专业工程发包，对发包人自行采购的材料、工程设备等进行保管以及施工现场管理、竣工资料汇总整理等服务所需的费用。

四、规费

定义同单元一规费。

五、税金

定义同单元一税金。

按造价形成划分，建设工程费用项目组成如图15-3所示。

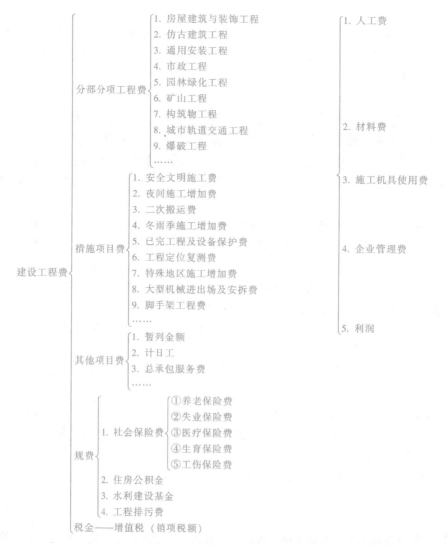

图15-3　建设工程费用项目组成表（按造价形成划分）

单元三　工程名称及费率适用范围

一、房屋建筑与装饰工程

房屋建筑与装饰工程适用于内蒙古自治区行政区域内工业与民用建筑的新建、扩建和改建房屋建筑与装饰工程。

二、土石方工程

土石方工程是指各类房屋建筑、市政工程施工中发生的土石方的爆破、挖填、运输工程；园林工程削山、刷坡、场地内超过 30cm 挖填等场地准备工程中土石方的爆破、挖填、运输工程。

单元四　建设工程费用计算方法和程序

一、建设工程费用计算方法

1. 分部分项工程费

分部分项工程费按与"费用定额"配套颁发的各类专业工程定额及有关规定计算。

2. 措施项目费

总价措施费中的安全文明施工费、夜间施工增加费、二次搬运费、冬雨季施工增加费、已完工程及设备保护费和工程定位复测费，按"总价措施项目费费率表"（表 15-1）中费率计算，计算基础为人工费（不含机上人工）。

表 15-1　总价措施项目费费率表

序号	专业工程	取费基础	分项费率(%)					
			安全文明施工费		雨季施工增加费	已完工程及设备保护费	工程定位复测费	二次搬运费
			安全文明施工与环境保护费	临时设施费				
1	房屋建筑与装饰工程	人工费	5.5	2	0.5	0.8	0.3	0.01
2	土石方工程		3	1	0.5	—	—	0.01

注：人工费的占比为 25%，人工费中不含机上人工费。

（1）安全文明施工费　除按"总价措施项目费费率表"计算安全文明施工费费用外，安全文明施工费的计算还应遵守下述规定：

1）实行工程总承包的，由总承包按相应计算基础和计算方法计算安全文明施工费，并负责整个工程施工现场的安全文明设施的搭设、维护；总承包单位依法将建筑工程分包给其他分包单位的，其费用使用和责任划分由总、分包单位依据《建设工程安全防护与文明施工措施费用及使用管理规定》在合同中约定。

2）安全文明施工费费率是以"关于发布《内蒙古自治区建筑施工标准化图集》的公告"（内建建［2013］426 号）文件内容进行测算的基准费率。招标人有创建安全文明示范工地要求的建设项目：取得盟市级标准化示范工地的在基准费率基础上上浮 15%，取得自治区级标准化示范工地的在基准费率基础上上浮 20%。

3）建设单位依法将部分专业工程分包给专业队伍施工时，分包单位应按分包专业工程及表中费率的 40% 计取，剩余部分费用由总包单位统一使用。

（2）夜间施工增加费　夜间施工增加费按表 15-2 计算。

表 15-2　夜间施工增加费

费用内容	照明设施安拆、折旧、用电	工效降低补偿	夜餐补助	合计
费用标准(元/人·班)	2.2	3.8	12	18

1）白天在地下室、无窗厂房、坑道、洞库内、工艺要求不间断施工的工程，可视为夜间施工，每工日按 6 元计夜间施工增加费；工日数按实际工作量所需定额工日数计算。

2）夜间施工增加费的计算有争议时，应由建设单位和施工单位签证确认。

3. 二次搬运费

二次搬运费按"总价措施项目费费率表"中的费率计算。

4. 冬雨季施工增加费

雨季施工增加费按"总价措施项目费费率表"中的费率计算。冬季施工增加费按下列规定计算：

1）需要冬季施工的工程，其措施费由施工单位编制冬季施工措施和冬季施工方案，连同增加费用一并报建设、监理单位批准后实施。

2）人工、机械降效费用按冬季施工工程人工费的 15% 计取。

3）对于冬季停止施工的工程，施工单位可以按实际停工天数计算看护费用。费用计算标准按 104 元/人·天计算，看护人数按实际签证看护人数计算。专业分包工程不计取看护费。看护费包括看护人员工资及其取暖、用水、用电费用。

4）冬季停止施工期间不得计算周转材料（脚手架、模板）及施工机械停滞费。

5. 已完工程及设备保护费

已完工程及设备保护费按"总价措施项目费费率表"中的费率计算。

6. 工程定位复测费

工程定位复测费按"总价措施项目费费率表"中的费率计算。

7. 特殊地区施工增加费

根据工程项目所在地区实际情况可按定额人工费的 1.5% 计取，此项费用可作为计取管理费、利润的基数。

8. 企业管理费

企业管理费费率是综合测算的，其计算基础为人工费（不含机上人工费）。企业管理费属于竞争性费用，企业投标报价时，可视拟建工程规模、复杂程度、技术含量和企业管理水平进行浮动。

专业承包资质施工企业的管理费应在总承包企业管理费费率基础上乘以系数 0.80。企业管理费费率表见表 15-3。

对建筑设计造型新颖独特，具有民族风格特色的大型建设项目结算（单项工程建筑面积>15000m²，且施工周期>18个月），管理费费率应在招标文件中明确按原费率上浮15%；考虑到幼儿园一般规模较小、设计繁杂且在我区多体现蒙元文化，管理费费率应在招标文件中明确按原费率上浮20%。

表15-3　企业管理费费率表

专业工程	房屋建筑与装饰工程	土石方工程
费率	20%	10%

9. 利润

利润是按行业平均水平测算，其计算基础为人工费（不含机上人工费）。利润是竞争性费用，企业投标报价时，根据企业自身需求并结合建筑市场实际情况自主确定。利润率表见表15-4。

表15-4　利润率表

专业工程	房屋建筑与装饰工程	土石方工程
费率	16%	8%

10. 规费

1）社会保险费（养老保险、失业保险、医疗保险、工伤保险、生育保险）、住房公积金、水利建设基金按规费费率表（表15-5）中规定的费率计算。规费不参与投标报价竞争。规费的计算基础为人工费（不含机上人工费）。

表15-5　规费费率表

费用名称	养老失业保险	基本医疗保险	住房公积金	工伤保险	生育保险	水利建设基金	合计
费率	12.5%	3.7%	3.7%	0.4%	0.3%	0.4%	21%

2）工程排污费按实际发生计算。

11. 税金

税金是指国家税法规定的应计入建设工程造价内的增值税（销项税额），税率为11%。一般纳税人为甲供工程提供的建筑服务，可以选择适用简易计税方法，征收率为3%。

二、费用计算程序

工料单价法（定额计价）的取费程序见表15-6。

表15-6　单位工程费用计算程序

序号	项目名称	计算方法
1	分部分项及措施项目	按规定计算
1.1	其中:人工费	按规定计算
1.2	其中:材料费	按规定计算
1.3	其中:机械费	按规定计算
1.4	其中:管理费	按规定计算

（续）

序号	项目名称	计算方法
1.5	其中:利 润	按规定计算
1.6	其中:其 他	见通用措施项目表
2	其他项目费	按费用定额规定计算
3	价差调整及主材	以下分项合计
3.1	其中:单项材料调整	材料价差调整表
3.2	其中:未计价主材费	定额未计价材料
4	规费	按费用定额规定计算
5	扣甲供材料	按规定计算
6	税金	按费用定额规定计算
7	工程造价	以上合计

三、劳务分包企业取费

1. 劳务分包工程造价构成

1）劳务分包工程造价由人工费、施工机械使用费（发生时计取）、管理费、利润、规费和税金构成。

2）人工费是指直接从事建筑安装工程施工的生产工人开支的各项费用，包括：计时工资或计件工资、奖金、津贴补贴、加班加点工资、特殊情况下支付的工资、劳动保险（个人缴纳部分）、职工福利费、劳动保护费、工会经费、职工教育经费。

2. 劳务分包工程造价计价办法

1）劳务分包工程人工费的计算。

① 人工费按劳务分包企业分包的工程量乘以相应定额子目人工费计算。

② 工程量应按设计图和内蒙古自治区住房和城乡建设厅颁发的相关定额中的工程量计算规则计算。

③ 定额中未包括或不完全适用的项目，可按照总承包企业或专业承包企业投标时的报价计算。

④ 人工费调整按自治区建设行政主管部门的相关规定执行。

2）劳务分包工程施工机械使用费应按定额中的台班含量和台班单价及相关规定计算。

3）管理费。劳务分包工程管理费按其分包工程量定额人工费的8%计取。

4）规费。

① 为职工办理养老、医疗保险，并缴纳各项费用（不含工伤保险、生育保险）的劳务企业，按所承包专业工程定额人工费的16.2%计取。

② 只为职工办理养老保险的，按所承包专业工程定额人工费的工2.5%计取。劳务企业未办理养老、医疗保险的，视为是总承包企业或专业承包企业的内部劳务承包，不计取规费。

③ 总承包企业或专业承包企业应负责为劳务工人办理养老、医疗保险，或直接将这部

分费用支付给劳务工人，由劳务工人自行办理养老、医疗保险。

④ 生育保险、工伤保险由总承包企业或专业承包企业缴纳，劳务分包企业不计取此项费用。

5）利润。劳务分包企业利润按分包工程定额人工费的 3% 计取。

6）税金：以包清工方式提供建筑劳务是指施工方不采购建筑工程所需的材料或只采购辅助材料并收取人工费、管理费及其他费用的建筑服务，可以选择采用简易计税方法计税，征收率为 3%。

单元五 建设工程其他项目费

一、无负荷联合试运转费

无负荷联合试运转费用是指生产性建设项目按照设计要求完成全部设备安装工程之后，在验收之前所进行的无负荷（不投料）联合试运转所发生的费用。按设备安装工程人工费的 3% 计算。

二、总承包服务费

总承包服务费是指总承包人为配合协调发包人进行的专业工程发包、对发包人自行采购的材料、工程设备等进行保管以及施工现场管理、竣工资料汇总整理等服务所需的费用。总承包单位依法将专业工程进行分包的，总承包单位向分包单位提供服务应收取总承包服务费，费用视服务内容的多少，由双方在合同中约定。

1. 总承包服务费的内容

1）配合分包单位施工的非生产人员工资（包括医务、宣传、安全保卫、烧水、炊事等工作人员）。

2）现场生产、生活用水电设施、管线敷设摊销费（不包括施工现场制作的非标准设备、钢结构用电）。

3）共用脚手架搭拆、摊销费（不包括为分包单位单独搭设的脚手架）。

4）共用垂直运输设备（包括人员升降设备）、加压设备的使用、折旧、维修费。

5）发包人自行采购的设备、材料的保管费，对分包单位进行的施工现场管理竣工资料汇总整理等服务所需的费用。

2. 总承包服务费的计算方法

总承包服务费应根据总承包服务范围计算，在招投标阶段或合同签订时确定。

1）当招标人仅要求对分包的专业工程进行总承包管理和协调时，按发包的专业工程估算造价的 1.5% 计算。

2）当招标人要求对分包的专业工程进行总承包管理和协调，并同时要求提供配合服务时，根据招标文件中列出的配合服务内容和提出的要求，按发包的专业工程估算造价的 3% 计算。

3）招标人自行供应材料的，按招标人供应材料价值的 1% 计算。

4）发包人要求总承包人为专业分包工程提供水电源并且支付水电费的，水电费的计算应进行事先约定，也可向发包人按分部分项工程费的 1.2% 计取。发包人支付的水电费应由发包人从专业分包工程价款中扣回。

总承包服务费应根据总承包服务范围计算，在招投标阶段或合同签订时确定。总承包服务费计算基础不包括外购设备的价值。

3. 停窝工损失费

停窝工损失费是指建筑安装施工企业进入施工现场后，由于设计变更、停水、停电（不包括周期性停水、停电）以及按规定应由建设单位承担责任的原因造成的、现场调剂不了的停工、窝工损失费用。

1）内容包括：现场在用施工机械的停滞费、现场停窝工人员生活补贴及管理费。

2）计算方法：施工机械停滞费按定额台班单价的 40% 乘以停滞台班数计算；停窝工人员生活补贴按每人每天 40 元乘以停工工日数计算；管理费按人工停窝工费的 20% 计算。连续 7 天之内累计停工小于 8 小时的不计算停窝工损失费。

3）对于暂时停止施工七天以上的工程，应由发承包双方协商停工期间各项费用的计算方法，并签订书面协议。

4. 工程变更及现场签证

工程变更及现场签证费是指工程施工过程中，由于设计变更、施工条件变化，建设单位供应的材料、设备、成品及半成品不能满足设计要求，由施工单位经济技术人员提出、经设计人员或建设单位（监理单位）驻工地代表认定的费用。施工合同中没有明确规定计算方法的经济签证费用按以下规定计算：

1）设计变更引起的经济签证费用应计算工程量，按各类定额规定或投标报价中的综合单价（指工程量清单报价的）计取各项费用。

2）施工条件变化、建设单位供应的材料、设备、成品及半成品不能满足设计要求引起的经济签证，由建设单位（或监理单位）与施工单位协商确定费用。按预算定额基价及劳动定额用工数量、定额人工费单价计算的部分应该按费用定额规定计取各项费用；不按预算定额基价、劳动定额用工数量及定额人工费单价计算的，只计取税金。

5. 暂列金额

暂列金额是指招标人在工程量清单中暂定并包括在合同价款中的一笔款项；用于工程合同签订时尚未确定或者不可预见的所需材料、工程设备、服务的采购，施工中可能发生的工程变更、合同约定调整因素出现时的合同价款调整以及发生的索赔、现场签证确认等的费用。

6. 计日工

计日工是指在施工过程中，承包人完成发包人提出的工程合同以外的零星项目或工作，按合同中约定的单价计价的一种方式。

7. 企业自有工人培训管理费

根据住房和城乡建设部"建立以施工总承包企业自有工人为骨干，专业承包和专业作业企业自有工人为主体，劳务派遣为补充的多元化用工方式"的改革要求，为鼓励和引导企业培养自有技术骨干工人承担结构复杂、技术含量高的建设项目，参与国际市场竞争，对于企业自有工人使用率达到总用工数量 15% 及以上的工程项目，结算时可在企业投标报价利润率基础上调增 10%，该费用应计入招标控制价内，并在招标文件中明示；实际施工使用的自有技术工人未达到 15%，结算时应扣除此项费用。企业自有技术工人的认定按住建厅相关规定执行。

8. 优质工程奖励费

为了鼓励创建国家和自治区各类质量奖项，推进我区建设工程质量水平稳步提升，更好地将建设工程造价和质量紧密结合，体现优质优价，特做如下规定：

1）获得盟市级工程质量奖项，税前工程总造价增加 0.5%。

2）获得自治区级工程质量奖项，税前工程总造价增加 1%。

3）获得国家级工程质量奖项，税前工程总造价增加 1.5%。

注：工程总造价如超过 5 亿，超过部分按上述标准乘以系数 0.9。

9. 绿色建筑施工奖励费

为了响应"创新、协调、绿色、开放、共享"五大发展理念，推进建筑业的可持续发展，合理确定绿色建筑施工的工程造价，特做如下规定：

1）获得绿色建筑一星，税前工程总造价增加 0.3%。

2）获得绿色建筑二星，税前工程总造价增加 0.7%。

3）获得绿色建筑三星，税前工程总造价增加 1.0%。

注：工程总造价如超过 5 亿，超过部分按上述标准乘以系数 0.9。

10. 施工期间未完工程保护费

在冬季及其他特殊情况下停止施工时，对未完工部分的保护费用应按照甲乙双方签证确认的方案据实结算。

11. 提前竣工（赶工补偿）

招标人应依据相关工程的工期定额合理计算工期，压缩的工期天数不得超过定额工期的20%，超过者，应在招标文件中明示增加赶工费用。

发包人要求合同工程提前竣工的，应征得承包人同意后与承包人商定采取加快工程进度的措施，并应修订合同工程进度计划。发包人应承担承包人由此增加的提前竣工（赶工补偿）费用。

发承包双方应在合同中约定提前竣工每日历天应补偿额度，此项费用应作为增加合同价款列入竣工结算文件中，应与结算款一并支付。

12. 建筑工程能效测评费

能效测评是指对建筑能源消耗量及其用能系统效率等性能指标进行计算、检测，并对其所处水平给予评价的活动。建筑工程能效测评费按表 15-7 计算。

表 15-7　建筑工程能效测评费

工程类别	检测项目	收费标准（元/m²）	备注
居住建筑	能效测评	1.05	居住建筑能效测评、能效实测评估，以 2 万 m² 为一个检测批次
	能效实测评估	1.67	
公共建筑	能效测评	2.16	公共建筑能效测评、能效实测评估，以 1 万 m² 为一个检测批次
	能效实测评估	2.73	

注：1. 招投标阶段，招标人或其委托人在编制招标控制价时应严格执行上述费用标准。

2. 建筑工程竣工结算时，应按施工企业缴费凭证据实结算，未提供缴费凭证的建筑工程不得计取上述费用。

3. 建筑能效测评费的收费标准根据相关规定进行动态调整。

单元六 建设工程造价实例

【例 15-2】 某建筑工程，分部分项及单价措施项目中的各项费用见表 15-8，单项材料价差调整 5471 元，辅助材料价差不调，建筑面积 2000m²，按现行费率执行，试计算总价措施项目费、材料检验试验费及建筑工程的工程造价。

表 15-8 分部分项及单价措施项目费　　　　　　　　单位：元

工程费用名称	人工费	材料费	机械费	管理费	利润
分部分项	44716	588927	25981	7602	6082
单价措施项目	6708	103928	4585	1341	1073
合计	51424	692855	30566	8943	7155

解：1）总价措施项目费见表 15-9。

表 15-9 总价措施项目费

序号	项目名称	单位	费率（%）	人工费（元）	其他费（元）	管理费（元）	利润（元）	合价（元）
1	安全文明施工与环境保护费	%	5.5	615	1845	123	98	2681
2	临时设施费	%	2	224	671	45	36	976
3	雨季施工增加费	%	0.5	56	168	11	9	244
4	已完工程及设备保护费	%	0.8	89	268	18	14	389
5	工程定位复测费	%	0.3	34	101	7	5	147
6	二次搬运费	%	0.01	1	3	0	0	4
	合　计			1019	3056	204	162	4441

分部分项及措施项目费见表 15-10。

表 15-10 分部分项及措施项目费　　　　　　　　单位：元

项目名称	人工费	材料费	机械费	管理费	利润	其他
分部分项及单价措施项目	51424	692855	30566	8943	7155	
总价措施项目	1019			204	162	3056
合计	52443	692855	30566	9147	7317	3056

2）材料检验试验费 = 2000×3×40% = 2400（元）

3）工程造价见表 15-11。

表 15-11 单位工程取费表

序号	项目名称	计算公式或说明	费率(%)	金额(元)
1	分部分项及措施项目	以下分项合计		795384
1.1	其中：人工费	按规定计算		52443

（续）

序号	项目名称	计算公式或说明	费率(%)	金额(元)
1.2	其中:材料费	按规定计算		692855
1.3	其中:机械费	按规定计算		30566
1.4	其中:管理费	按规定计算		9147
1.5	其中:利　润	按规定计算		7317
1.6	其中:其　他	见总价措施项目计算		3056
2	其他项目费	按费用定额规定计算		2400
3	价差调整及主材	以下分项合计		5471
3.1	其中:单项材料调整	按规定计算		5471
3.2	其中:未计价主材费	定额未计价材料		
4	规费	按费用定额规定计算	21	11013
4.1	其中:养老失业保险	按费用定额规定计算	12.5	6555
4.2	其中:基本医疗保险	按费用定额规定计算	3.7	1940
4.3	其中:工伤保险	按费用定额规定计算	0.4	210
4.4	其中:生育保险	按费用定额规定计算	0.3	158
4.5	其中:住房公积金	按费用定额规定计算	3.7	1940
4.6	其中:水利建设基金	按费用定额规定计算	0.4	210
4.7	其中:环境保护税	按费用定额规定计算		
5	扣甲供材料	按规定计算		
6	税金	按费用定额规定计算	10	81427
7	工程造价	以上合计		895695

小　结

　　本学习情境主要对工程造价的定义、建设工程费用项目组成、工程名称及费率适用范围、建设工程费用计算方法和程序、建设工程其他项目费的有关内容进行全面讲解，并附有典型实例分析。

　　通过本学习情境的学习，学生应熟练使用费用定额，熟悉费用构成和费率，掌握总价措施费计算方法，能够对一个单位工程的总价措施费及各项费用进行计算。

同 步 测 试

一、单项选择题

1. 分部分项及措施项目费主要包括（　　　）。

A. 人工费、材料费、施工管理费

B. 人工费、材料费、利润

C. 人工费、材料费、机械费、管理费、利润

D. 直接工程费和措施项目费

2. 分部分项及措施项目费中的人工费是指（   ）。

A. 施工现场所有人员的工资

B. 施工现场部分人员的工资

C. 直接从事建筑安装工程施工的非生产工人的工资

D. 按工资总额构成规定，支付给从事建筑安装工程施工的生产工人和附属生产单位工人的各项费用

3. 下列情况能计算夜间施工增加费的是（   ）。

A. 由于技术原因加夜班　　　　　　　B. 施工单位自行组织的加夜班

C. 白天在地下室工作　　　　　　　　D. 由于管理不善加的夜班

4. 以下费用中属建设工程造价中总价措施项目费的是（   ）。

A. 雨季施工增加费　　　　　　　　　B. 施工机械维修费

C. 材料采购及保管费　　　　　　　　D. 生产工人基本工资

5. 建设工程计取管理费、利润、规费的基础是（   ）。

A. 人工费　　　B. 分部分项工程费　　　C. 措施项目费　　　D. 人工费+机械费

6. 按现行费率列入建设工程费用中的增值税税率为（   ）。

A. 3.48%　　　B. 3.41%　　　　　　C. 11%　　　　　　　D. 10%

7. 某工地一周内不定期停水，停电 7 小时，致使一台台班单价为 75.94 元的卷扬机不能正常使用，施工单位（   ）。

A. 应计取 30.38 元的停滞费　　　　　B. 应计取 45.56 元的停滞费

C. 应计取 75.94 元的停滞费　　　　　D. 不应计取停滞费

8. 在计算停窝工损失费时，施工机械停滞费按定额台班单价的（   ）计算。

A. 20%　　　B. 30%　　　　　　　C. 40%　　　　　　　D. 50%

9. 现行定额建设工程其他项目费用不包括（   ）。

A. 已完工程设备保护费　　　　　　　B. 总包服务费

C. 停窝工损失费　　　　　　　　　　D. 工程变更签证费

10. 下列费用只能计取税金的是（   ）。

A. 不按预算定额结算的工程变更签证费

B. 按预算定额结算的夜间施工增加费

C. 按预算定额结算的冬季停止施工的工程看护费

D. 按预算定额结算的塔式起重机轨道铺拆费用

二、多项选择题

1. 房屋建筑与装饰工程检验试验费按建筑面积计算，其中：建筑工程和装饰工程分别按（   ）计取。

A. 20%　　　　　　　B. 30%　　　　　　　C. 40%

D. 60%　　　　　　　E. 80%

2. 规费是指按国家法律、法规规定，由省级政府和省级有关权力部门规定必须缴纳或计取的费用，包括（　　）几项内容。

A. 社会保险费　　　　B. 住房公积金　　　　C. 水利建设基金

D. 工程排污费　　　　E. 财务费

3. 总价措施项目费中有关人工费的规定，下列说法正确的是（　　）。

A. 20%　　　　　　　B. 25%　　　　　　　C. 30%

D. 不含机上人工费　　E. 含机上人工费

4. 总包服务费内容包括（　　）。

A. 共用水、电费及摊销费　　　　　　B. 共用脚手架摊销费

C. 现场签证费　　　　　　　　　　　D. 共用垂直运输设备费

E. 劳务分包费

5. 白天在地下室施工时，应计取（　　）夜间施工增加费。

A. 照明设施安拆、折旧、电费　　　　B. 功效降低补偿费

C. 夜餐补助　　　　　　　　　　　　D. 停窝工损失费

E. 总包服务费

6. 措施项目费是指为完成工程项目施工，发生于该工程施工前和施工过程中非工程实体项目的费用，由（　　）组成。

A. 人工费　　　　　　B. 总价措施项目费　　　　C. 单价措施项目费

D. 机械费　　　　　　E. 企业管理费

7. 房屋建筑与装饰工程费率适用于内蒙古自治区行政区域内工业与民用建筑的（　　）房屋建筑与装饰工程。

A. 新建　　B. 扩建　　C. 改建　　D. 原有建筑改变使用功能　　E. 升级换代

三、问答题

1. 什么是分部分项工程费？它由哪些费用组成的？

2. 什么是总价措施项目费？它由哪些费用组成？

3. 按构成要素建设工程费用由哪几项内容组成？

4. 什么是规费？包括哪些内容？

5. 停窝工损失费的内容是什么？如何计算？

6. 什么是总包服务费？总包服务费的内容有哪些？如何计算？

四、计算题

某综合框架办公楼工程，所发生的各项费用见表 15-12，辅助材料价差不调，建筑面积 5000m²，按现行费率计算总价措施费、材料检验试验费及建筑工程的工程造价。

表 15-12　分部分项及单价措施项目中的各项费用　　　　单位：元

工程费用名称	人工费	材料费	机械费	管理费	利润	价差调整
分部分项	190043	2944634	129905	38008	30409	74252
单价措施项目	33537	519641	22925	6707	5366	13103
费用金额	223580	3464275	152830	44715	35775	87355

学习情境十六

房屋建筑工程实例

知识目标

● 掌握各分部分项工程的工程量计算规则

能力目标

● 能够识读施工图
● 能正确计算各分部分项工程工程量
● 能够熟练尖用定额进行套价

单元一　某房屋建筑工程的设计说明和施工图

一、设计说明

1. 建筑设计说明

（1）工程概况

1）某林业局防火护林办公室，结构类型为砖混结构。

2）建筑层数为一层，建筑面积为 80m²，建筑高度为 3.4m。

3）抗震设计烈度为 8 度，耐火等级为二级，使用年限 50 年，室内外高差为 300mm。

（2）墙体工程

1）外墙为 370mm 厚空心黏土砖墙，内墙为 240mm 厚空心黏土砖墙，用 M5 混合砂浆砌筑。

2）外贴 60mm 厚挤塑聚苯乙烯泡沫板保温。

3）本工程墙体均做防潮层，设在地梁上皮 -0.06m 处，做法为 30mm 厚 1∶2 水泥砂浆。

（3）门窗工程　本工程的门窗尺寸（宽度×高度）均表示洞口尺寸，外侧窗户采用白色塑钢窗 60 系列，窗框宽度为 60mm，居中立樘；门采用防盗门。

（4）屋面工程　屋面类型为平屋面，工程做法如下：

1）4mm 厚高聚物改性沥青卷材防水层。

2）20mm 厚 1∶3 水泥砂浆找平层。

3）1∶8 水泥珍珠岩找坡，最薄处 30mm 厚。

4）150mm 厚聚苯板保温层。

5）现浇混凝土板，随打随抹平。

（5）地面做法

1）8~10mm 厚地砖，稀水泥擦缝。

2）撒素水泥面（撒适量清水）。

3）20mm 厚干硬性水泥砂浆结合层。

4）2mm 厚聚氨酯涂膜防潮层。

5）50mm 厚 C15 细石混凝土随打随抹平。

6）150mm 厚卵石灌 M2.5 混合砂浆。

7）素土夯实。

（6）散水工程　散水每隔 6m 留设 20mm 宽的防裂缝，内嵌沥青油膏，工程做法如下：

1）20mm 厚 1∶2.5 水泥砂浆抹面压光。

2）60mm 厚 C15 混凝土。

3）150mm 厚 3∶7 灰土。

4）素土夯实。

（7）台阶做法（沥青油膏嵌缝）

1）60mm 厚 C15 混凝土随打随抹平。

2）上撒 1∶1 水泥砂子压实赶光，台阶面向外坡 1%。

3）300mm 厚 3∶7 灰土。

4）素土夯实。

2. 结构设计说明

本工程基础形式采用毛石条形基础，设计等级为二级，用 M5 水泥砂浆砌筑 MU30 以上未风化毛石；工程施工图结构设计是根据内蒙古自治区工程建设标准设计《16 系列结构标准设计图集》（DBJT 03-21—2017）绘制；土壤类别为二类，无地下水。

（1）混凝土　混凝土采用预拌混凝土，混凝土强度等级的要求是圈梁、构造柱、过梁等混凝土构件均采用 C20。本工程混凝土的环境类别是基础、室外外露构件为二 b 类。

（2）钢筋　混凝土构件钢筋使用钢筋级别为 HPB300 和 HRB400，吊钩、吊环使用 HPB300 钢筋制作；钢筋机械连接的选用应满足《钢筋机械连接技术规程》（JGJ 107—2016）的要求。

（3）混凝土结构构造要求

1）钢筋混凝土保护层：①基础 40mm，地圈梁 25mm；②平板 15mm，圈梁、过梁 25mm，构造柱 30mm。

2）钢筋连接：当受力钢筋直径≥18mm 时，应采用机械连接接头；光圆钢筋采用绑扎连接或焊接，其他钢筋可采用机械连接。

3）混凝土板：除图中注明者外，现浇平板内设置的分布钢筋为 φ6@200，板内设置成品马凳筋，马凳筋直径≤面筋直径，按 800mm 一根设置。

4）墙体拉结筋：砌体墙沿构造柱全高每 500mm 设 2φ6 拉结筋，钢筋深入砌体墙的长度不宜小于 700mm，一般以 1000mm 为宜，且拉结筋应错开，间距不宜小于 200mm。

二、建筑工程施工图

某林业局防火护林办公室建筑工程施工图如图 16-1～图 16-6 所示，结构施工图如图 16-7～图 16-10 所示。

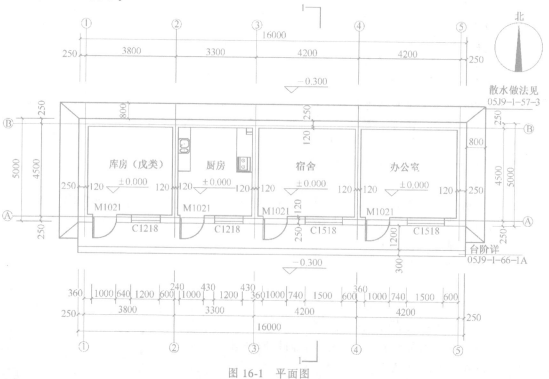

图 16-1　平面图

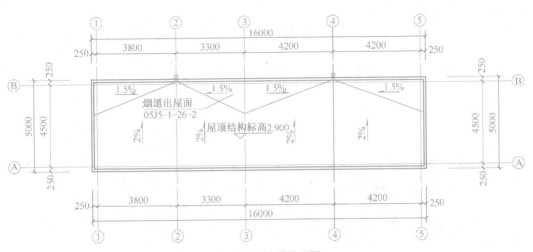

图 16-2　屋顶平面图

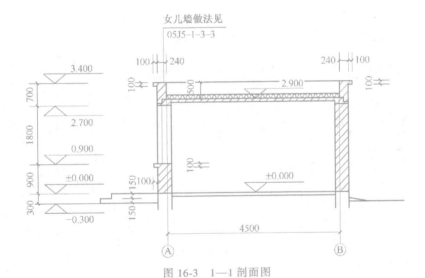

图 16-3　1—1 剖面图

图 16-4　东立面图（西立面图反）

图 16-5　北立面图

图 16-6　南立面图

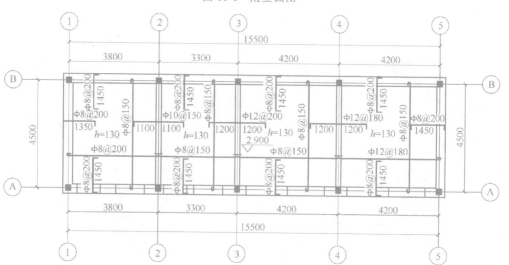

注：未标注柱均为 GZ1，所有纵横墙均设圈梁。

图 16-7　结构平面图

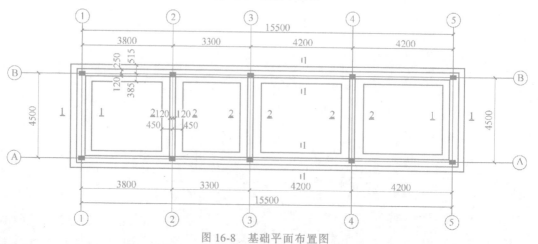

图 16-8　基础平面布置图

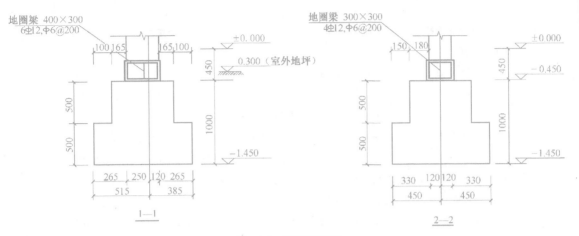

图 16-9　基础剖面图

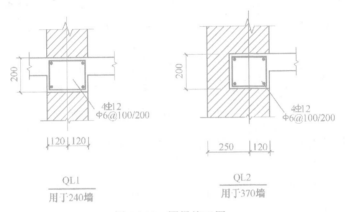

图 16-10　圈梁施工图

单元二　房屋建筑工程的工程量计算

一、分部分项工程的工程量计算

某林业局防火护林办公室分部分项工程的工程量计算见表 16-1。

表 16-1　分部分项工程量计算书

序号	工程项目名称	单位	数量	计算式
1	三线一面			
（1）	外墙中心线	m	40.52	$L_中 = (16-0.37) \times 2 + (5-0.37) \times 2$
（2）	内墙净长线	m	12.78	$L_内 = (45-0.24) \times 3$
（3）	外墙外边线	m	42.00	$L_外 = 16 \times 2 + 5 \times 2$
（4）	底层建筑面积	m²	82.53	$S_底 = (16+0.12) \times (5+0.12)$ 注：建筑面积中包括外墙保温的面积

（续）

序号	工程项目名称	单位	数量	计算式
2	土石方工程			
(1)	平整场地	m²	82.53	$S = S_{底}$
(2)	基础钎探	m²	46.54	$S = (0.515 + 0.385) \times 40.52 + 0.45 \times 2 \times (4.5 - 0.385 \times 2) \times 3$
(3)	挖沟槽土方	m³	83.26	$V_{挖} = 65.24 + 18.02$
1)	外墙沟槽土方	m³	65.24	$V_{外} = 40.52 \times 1.15 \times (0.515 + 0.385 + 0.25 \times 2)$
2)	内墙沟槽土方	m³	18.02	$V_{内} = (4.5 - 0.385 \times 2) \times 3 \times 1.15 \times (0.45 \times 2 + 0.25 \times 2)$
	注:对于一、二类土壤挖土方,挖土深度在 1.2m 以内时,不需要放坡			
(4)	回填土	m³	43.34	$V_{回} = 39 + 4.34$
1)	沟槽回填土	m³	39.00	$V = V_{挖} - V_{基础} - V_{地圈梁} = 83.26 - 32.42 - 8.84 - 2.43 - 0.57$
	扣外墙下基础	m³	32.42	$V = (0.9 \times 0.5 + 0.7 \times 0.5) \times 40.52$
	扣内墙下基础	m³	8.84	$V = (0.9 \times 0.5 + 0.6 \times 0.5) \times (4.5 - 0.285 \times 2) \times 3$
	扣外墙下地圈梁	m³	2.43	$V = 0.4 \times 0.15 \times 40.52$
	扣内墙下地圈梁	m³	0.57	$V = 0.3 \times 0.15 \times 12.78$
2)	房心回填土	m³	4.34	$V_{房} = 0.07 \times [(4.2 - 0.24) \times (4.5 - 0.24) \times 2 + (3.3 - 0.24) \times (4.5 - 0.24) + (3.8 - 0.24) \times (4.5 - 0.24)]$
(5)	运土	m³	39.92	$V_{运} = V_{挖} - V_{回} = 83.26 - 43.34$
(6)	台阶、散水挖土方	m³	12.57	$V = (1.2 + 0.3) \times 16 \times 0.3 + [(16 + 5 \times 2) \times 0.8 + 0.8 \times 0.8 \times 4] \times 0.23$
3	砌筑工程			
(1)	毛石基础	m³	40.01	$V = 31.17 + 8.84$
1)	外墙下基础(1-1 剖)	m³	31.17	$V = V_{扣外墙下基础} - V_{构造柱} = 32.42 - 0.5 \times 0.5 \times 0.5 \times 10$
2)	内墙下基础(2-2 剖)	m³	8.84	$V = (0.9 \times 0.5 + 0.6 \times 0.5) \times (4.5 - 0.285 \times 2) \times 3$
(2)	空心黏土砖外墙	m³	33.09	$V = 43.19 - 0.39 - 0.16 - 6.61 - 2.17 - 0.73$
1)	砖外墙	m³	43.19	$V = 0.365 \times (2.9 - 0.13 + 0.15) \times 40.52$
2)	扣过梁	m³	0.39	$V = 0.365 \times 0.18 \times (1.0 + 0.25 \times 2) \times 4$
3)	扣窗下板带	m³	0.16	$V = (0.365 + 0.1) \times 1.3 \times 0.06 \times 2 + (0.365 + 0.1) \times 1.6 \times 0.06 \times 2$
4)	扣门窗洞口	m³	6.61	$V = (1.0 \times 2.1 \times 4 + 1.2 \times 1.8 \times 2 + 1.5 \times 1.8 \times 2) \times 0.365$
5)	扣构造柱	m³	2.17	$V = 0.82 + 1.35$
	两面接槎	m³	0.82	$V = (0.24 \times 0.24 + 0.24 \times 0.03 \times 2) \times (2.7 + 0.15) \times 4$
	三面接槎	m³	1.35	$V = (0.24 \times 0.24 + 0.24 \times 0.03 \times 3) \times (2.7 + 0.15) \times 6$
6)	扣圈梁	m³	0.73	$V = 0.24 \times (0.2 - 0.13) \times (15.5 \times 2 + 4.5 \times 2) + (0.365 - 0.24) \times 0.06 \times (1.7 \times 2 + 2.0 \times 2)$
(3)	空心黏土砖内墙	m³	8.75	$V = 8.96 - 0.21$
1)	砖内墙	m³	8.96	$V = 0.24 \times (2.9 - 0.13 + 0.15) \times 12.78$
2)	扣圈梁	m³	0.21	$V = 0.24 \times (0.2 - 0.13) \times 12.78$

（续）

序号	工程项目名称	单位	数量	计算式
(4)	砖砌女儿墙	m³	3.94	$V=0.24\times[(16-0.24)\times2+(5-0.24)\times2]\times(0.7-0.2-0.1)$
(5)	灰土垫层	m³	10.70	$V=3.5+7.2$
1)	散水	m³	3.50	$V=[(16+5\times2)\times0.8+0.8\times0.8\times4]\times0.15$
2)	台阶	m³	7.20	$V=(1.2+0.3)\times16\times0.3$
(6)	卵石灌 M2.5 混合砂浆	m³	9.29	$V=[(4.2-0.24)\times(4.5-0.24)\times2+(3.3-0.24)\times(4.5-0.24)+(3.8-0.24)\times(4.5-0.24)]\times0.15$
4	混凝土工程			
(1)	过梁	m³	0.39	同前
(2)	窗下板带	m³	0.16	同前
(3)	构造柱	m³	3.42	$V=2.17+1.25$
1)	墙中构造柱	m³	2.17	同前
2)	构造柱伸根	m³	1.25	$V=0.5\times0.5\times0.5\times10$
(4)	圈梁	m³	2.59	$V=0.61+1.98$
1)	QL1	m³	0.61	$V=0.24\times0.2\times12.78$
2)	QL2	m³	1.98	$V=0.24\times0.2\times(15.5\times2+4.5\times2)+(0.365-0.24)\times0.06\times(1.7\times2+2.0\times2)$
(5)	地圈梁	m³	6.00	$V=4.86+1.14$
1)	DL1	m³	4.86	$V=0.4\times0.3\times40.52$
2)	DL2	m³	1.14	$V=0.3\times0.3\times(4.5-0.135\times2)\times3$
(6)	平板	m³	8.05	$V=(15.5-0.24\times4)\times(4.5-0.24)\times0.13$
(7)	女儿墙压顶	m³	1.41	$V=(0.24+0.1)\times0.1\times[(16+0.2-0.34)\times2+(5+0.2-0.34)\times2]$
(8)	散水	m²	23.36	$S=(16+5\times2)\times0.8+0.8\times0.8\times4$
(9)	台阶	m²	24	$S=(1.2+0.3)\times16$
5	钢筋工程			
(1)	板内钢筋			
1)	受力筋 ①~②轴/Ⓐ~Ⓑ轴	水平 φ8@200	t	0.032	$L=$净长$+\max($支座宽$/2,5d)\times2+2\times6.25d$ $L=3.8-0.24+0.12+0.12+2\times6.25\times0.008=3.90$m $N=($净长$-$起步距离$\times2)/$间距$+1$ $N=(4.5-0.24-0.1\times2)\div0.2+1=21$根 $G=$钢筋每延米质量$\times$单根钢筋长度$\times$根数 $G=0.395\times3.90\times21=32.35$kg
		垂直 φ8@150	t	0.044	$L=4.5-0.24+0.12+0.12+2\times6.25\times0.008=4.6$m $N=(3.8-0.24-0.075\times2)\div0.15+1=24$根 $G=0.395\times4.6\times24=43.61$kg
2)	受力筋 ②~③轴/Ⓐ~Ⓑ轴	水平 φ8@150	t	0.038	$L=3.3-0.24+0.12+0.12+2\times6.25\times0.008=3.4$m $N=(4.5-0.24-0.15)\div0.15+1=28$根 $G=3.4\times28\times0.395=37.60$kg
		垂直 φ8@150	t	0.036	$L=4.5-0.24+0.12+0.12+2\times6.25\times0.008=4.6$m $N=(3.3-0.24-0.15)\div0.15+1=20$根 $G=4.6\times20\times0.395=36.34$kg

（续）

序号	工程项目名称		单位	数量	计算式
3）	受力筋 ③~④轴/ Ⓐ~Ⓑ轴	水平 φ8@150	t	0.048	$L=4.2-0.24+0.12+0.12+2×6.25×0.008=4.3\text{m}$ $N=(4.5-0.24-0.15)÷0.15+1=28$ 根 $G=4.3×28×0.395=47.56\text{kg}$
		垂直 φ8@150	t	0.047	$L=4.5-0.24+0.12+0.12+2×6.25×0.008=4.6\text{m}$ $N=(4.2-0.24-0.15)÷0.15+1=26$ 根 $G=4.6×26×0.395=47.24\text{kg}$
4）	受力筋 ④~⑤轴/ Ⓐ~Ⓑ轴	水平 φ12@180	t	0.093	$L=4.2-0.24+0.12+0.12+2×6.25×0.012=4.35\text{m}$ $N=(4.5-0.24-0.18)÷0.18+1=24$ 根 $G=4.35×24×0.888=92.71\text{kg}$
		垂直 φ8@150	t	0.047	$L=4.5-0.24+0.12+0.12+2×6.25×0.008=4.6\text{m}$ $N=(4.2-0.24-0.15)÷0.15+1=26$ 根 $G=4.6×26×0.395=47.24\text{kg}$
5）	端支座 ①轴	负筋 φ8@200	t	0.014	$L=$负筋平直段长度+支座宽/2-保护层+15d+（板厚-保护层×2） $L=1.35+0.12-0.025+15×0.008+(0.13-0.015×2)=1.67\text{m}$ $N=$（净长-起步距离×2）/间距+1 $N=(4.5-0.24-0.2)/0.2+1=21$ 根 $G=1.67×21×0.395=13.85\text{kg}$
		分布筋 φ6@200	t	0.008	$L=$净长 $L=4.5-0.24=4.26\text{m}$ $N=$（负筋平直段长度-支座宽/2-起步间距）/间距+1 $N=(1.35-0.12-0.1)/0.2+1=7$ 根 $G=4.26×0.261×7=7.78\text{kg}$
6）	中间支座 ②轴	负筋 φ10@150	t	0.041	$L=$负筋平直段长度+（板厚-保护层×2）×2 $L=1.1×2+(0.13-0.015×2)×2=2.4\text{m}$ $N=(4.5-0.24-0.15)/0.15+1=28$ 根 $G=2.4×28×0.617=41.46\text{kg}$
		分布筋 φ6@200	t	0.006	$L=$轴线长-两端负筋平直段长度+搭接长度×2 $L=4.5-1.45×2+0.15×2=1.9\text{m}$ $N=2×[(1.1-0.12-0.1)/0.2+1]=12$ 根 $G=0.261×12×1.9=5.95\text{kg}$
7）	中间支座 ③轴	负筋 φ12@200	t	0.048	$L=1.2×2+(0.13-0.015×2)×2=2.6\text{m}$ $N=(4.5-0.24-0.2)/0.2+1=21$ 根 $G=2.6×21×0.888=48.48\text{kg}$
		分布筋 φ6@200	t	0.006	$L=4.5-1.45×2+0.15×2=1.9\text{m}$ $N=2×[(1.2-0.12-0.1)/0.2+1]=12$ 根 $G=1.9×12×0.261=5.95\text{kg}$
8）	中间支座 ④轴	负筋 φ12@180	t	0.055	$L=1.2×2+(0.13-0.015×2)×2=2.6\text{m}$ $N=(4.5-0.24-0.18)/0.18+1=24$ 根 $G=2.6×24×0.888=55.41\text{kg}$
		分布筋 φ6@200	t	0.006	$L=4.5-1.45×2+0.15×2=1.9\text{m}$ $N=2×[(1.2-0.12-0.1)/0.2+1]=12$ 根 $G=1.9×0.261×12=5.95\text{kg}$

（续）

序号	工程项目名称		单位	数量	计算式
8）	中间支座④轴	负筋 φ8@200	t	0.015	$L=1.45+0.12-0.025+15\times0.008+(0.13-0.015\times2)=1.77m$ $N=(4.5-0.24-0.2)/0.2+1=21$ 根 $G=1.77\times21\times0.395=14.68kg$
9）	端支座⑤轴	分布筋 φ6@200	t	0.009	$L=4.5-0.24=4.26m$ $N=(1.45-0.12-0.1)/0.2+1=8$ 根 $G=4.26\times0.261\times8=8.89kg$
10）	端支座①~⑤轴/Ⓐ轴①~⑤轴/Ⓑ轴	负筋 φ8@200	t	0.102	$L=1.45+0.12-0.025+15\times0.008+(0.13-0.015\times2)=1.77m$ $N=[(3.8-0.24-0.2)/0.2+1+(3.3-0.24-0.2)/0.2+1]\times2+$ $[(4.2-0.24-0.2)/0.2+1]\times4=146$ 根 $G=1.77\times146\times0.395=102.08kg$
		分布筋 φ6@200	t	0.061	$L=(3.8-0.24)\times2+(3.3-0.24)\times2+(4.2-0.24)\times4=29.08m$ $N=(1.45-0.12-0.1)/0.2+1=8$ 根 $G=29.08\times0.261\times8=60.72kg$
11）	马凳筋		个	122	$N=(4.5-0.24)/0.8\times2\times2+(3.8-0.24)/0.8\times2\times2+(3.3-0.24)/0.8\times2\times2+(4.2-0.24)/0.8\times2\times4+(4.5-0.24)/0.8\times1\times6$ 注：马凳筋每根长度按800mm，负筋下每隔600mm设置一排
（2）	构造柱	纵筋 4φ12	t	0.175	$L=$柱高+伸根长度+锚固+搭接长度 $L=2.9+0.45-0.03+0.5-0.04+15\times0.012\times2+6.25\times0.012\times4+0.5=4.94m$ $N=4\times10=40$ 根 $G=4.94\times40\times0.888=175.47kg$
		箍筋 φ6.5@200	t	0.043	$L=($构件边长$-$保护层$\times2-$箍筋直径$)\times4+[\max(10d,75mm)+1.9d]\times2$ $L=(0.24-0.03\times2-0.0065)\times4+(0.075+1.9\times0.0065)\times2=0.87m$ $N=(2.9+0.45-0.03-0.04)/0.2+1+2=19$ 根 $G=0.87\times19\times10\times0.261=43.14kg$
（3）	圈梁内钢筋				
1）	Ⓐ轴Ⓑ轴	纵筋 4φ12	t	0.117	$L=$外皮长度$-$保护层$\times2+$锚固$\times2+$搭接长度$(1.2l_a)$ $L=16-0.13\times2-0.025\times2+15\times0.012\times2+1.2\times38\times0.012=16.51m$ $N=8$ 根 $G=16.51\times8\times0.888=117.28kg$
		箍筋 φ6@200	t	0.032	$L=[(0.24-0.025\times2-0.006)\times2+(0.2-0.025\times2-0.006)\times2]+(0.075+1.9\times0.006)\times2=0.83m$ $N=[(3.8-0.24-0.1)/0.2+1]\times2+[(3.3-0.24-0.1)/0.2+1]\times2+[(4.2-0.24-0.1)/0.2+1]\times4=148$ 根 $G=0.83\times0.261\times148=32.06kg$
2）	①、②、③、④、⑤轴	纵筋 4φ12	t	0.090	$L=5-0.13\times2-0.025\times2+15\times0.012\times2=5.05m$ $N=4\times5=20$ 根 $G=5.05\times20\times0.888=89.69kg$
		箍筋 φ6@200	t	0.024	$L=0.83m$ $N=[(4.5-0.24-0.1)/0.2+1]\times5=110$ 根 $G=0.83\times0.261\times110=23.83kg$

（续）

序号	工程项目名称		单位	数量	计算式
（4）	地圈梁内钢筋				
1）	Ⓐ轴 Ⓑ轴	纵筋 6Φ12	t	0.176	$L = 16 - 0.13 \times 2 - 0.025 \times 2 + 15 \times 0.012 \times 2 + 1.2 \times 38 \times 0.012 = 16.51m$ $N = 6 \times 2 = 12$ 根 $G = 16.51 \times 12 \times 0.888 = 175.93kg$
		箍筋 Φ6@200	t	0.053	$L = [(0.4 - 0.025 \times 2 - 0.006) \times 2 + (0.3 - 0.025 \times 2 - 0.006) \times 2] + (0.075 + 1.9 \times 0.006) \times 2 = 1.35m$ $N = [(15.5 - 0.24 \times 4 - 8 \times 0.05)/0.2 + 4] \times 2 = 150$ 根 $G = 1.35 \times 0.261 \times 150 = 52.85kg$
2）	①轴 ⑤轴	纵筋 6Φ12	t	0.054	$L = 5.05m$ $N = 6 \times 2 = 12$ 根 $G = 5.05 \times 12 \times 0.888 = 53.81kg$
		箍筋 Φ6@200	t	0.016	$L = 1.35m$ $N = [(4.5 - 0.24 - 0.05 \times 2)/0.2 + 1] \times 2 = 44$ 根 $G = 1.35 \times 44 \times 0.261 = 15.5kg$
3）	②轴 ③轴 ④轴	纵筋 4Φ12	t	0.054	$L = 5.05m$ $N = 4 \times 3 = 12$ 根 $G = 5.05 \times 12 \times 0.888 = 53.81kg$
		箍筋 Φ6@200	t	0.020	$L = (0.3 - 0.025 \times 2 - 0.006) \times 4 + (0.075 + 1.9 \times 0.006) \times 2 = 1.15m$ $N = [(4.5 - 0.24 - 0.05 \times 2)/0.2 + 1] \times 3 = 66$ 根 $G = 1.15 \times 0.261 \times 66 = 19.81kg$
（5）	过梁 M1021 （查图集）	Φ8	t	0.007	$1.86 \times 4 = 7.44kg$
		Φ6.5	t	0.016	$(1.21 + 2.86) \times 4 = 16.28kg$
（6）	窗下板带	Φ6.5	t	0.002	$(1.3 - 0.03 + 1.6 - 0.03) \times 3 \times 0.261 = 2.21kg$
（7）	砌体拉结筋	转角处 Φ6	t	0.019	$L = (1 + 0.12 + 6.25 \times 0.006) \times 4 = 4.64m$ $N = (2.85/0.5 - 1) \times 2 = 10$ 根；Ⓐ轴两转角处 $N_{估} = 3 \times 2 = 6$ 根 $G = 4.64 \times 16 \times 0.261 = 19.38kg$
		丁字处 Φ6	t	0.041	$L = (2 + 0.24 + 6.25 \times 0.006 \times 2) + (1 + 6.25 \times 0.006) \times 4 = 6.48m$ $N = (2.85/0.5 - 1) \times 3 = 15$ 根；Ⓐ轴三丁字处 $N_{估} = 3 \times 3 = 9$ 根 $G = 6.48 \times 24 \times 0.261 = 40.59kg$
（8）	以上钢筋合计				
1）	HPB300；$d \leq 10$		t	0.569	
2）	HPB300；$d \leq 18$		t	0.371	
3）	HRB400；$d \leq 18$		t	0.491	
4）	箍筋 $d \leq 10$		t	0.204	
5）	砌体拉结筋		t	0.060	
6）	成品马凳筋		个	122	
6	门窗工程				
（1）	防盗门		m²	8.40	$S = 1 \times 2.1 \times 4$
（2）	塑钢窗		m²	9.72	$S = 1.2 \times 1.8 \times 2 + 1.5 \times 1.8 \times 2$

（续）

序号	工程项目名称	单位	数量	计算式
7	屋面工程及防水工程			
（1）	屋面面积	m²	70.15	$S_屋 = (16-0.24×2)×(5-0.24×2)$
（2）	改性沥青卷材防水	m²	90.19	$S_防 = 70.15+0.5×(16-0.24×2+5-0.24×2)×2$
（3）	落水管	m	6.26	$L = (2.9+0.3-0.07)×2$
（4）	雨水口	个	2	
（5）	雨水斗	个	2	
（6）	墙体防潮层	m²	16.40	$S = (40.52-1.0×4)×0.365+12.78×0.24$
（7）	散水、台阶填缝	m	43.60	$L = (5+0.8)×2+16×2$
（8）	散水沥青油膏防裂缝	m	4.8	$L = [(16+5.8+5.8)/6+1]×0.8$
8	保温、隔热、防腐工程			
（1）	屋面150mm厚聚苯板保温	m²	70.15	$S = S_屋$
（2）	水泥珍珠岩找坡	m³	5.61	$V = 70.15×[1/2×(5-0.24×2)×2\%+0.03]$
（3）	外墙面60mm厚挤塑板保温	m²	133.35	$S = [16+0.03×2+(5+0.03×2)×2]×3.7+(16+0.03×2)×3.4$
（4）	洞口侧壁30mm厚保温	m²	9.51	侧壁保温厚度：$D = (0.365-0.06)/2+0.06 = 0.21m$ $S_窗 = [(1.2-0.015×2)+(1.8-0.015×2)]×2×0.21×2+$ $[(1.5-0.015×2)+(1.8-0.015×2)]×2×0.21×2 = 5.19 m²$ $S_门 = [2.1×2+(1.0-0.03×2)]×0.21×4 = 4.32 m²$ $S = 5.19+4.32$
（5）	4mm厚抗裂砂浆	m²	142.86	$S = 133.35+9.51$
（6）	排气孔	个	4	按每6m间距设2个

二、单价措施的工程量计算

某林业局防火护林办公室单价措施的工程量计算见表16-2。

表16-2　单价措施工程量计算书

序号	工程项目名称	单位	数量	计算式
1	模板工程			
（1）	过梁	m²	3.62	$S = (0.18×1.5×2+1.0×0.365)×4$
（2）	窗下板带	m²	1.27	$S = 1.3×0.06×2×2+1.3×0.1×2+1.6×0.06×2×2+1.6×0.1×2$
（3）	构造柱	m²	5.47	$S = 1.37+4.10$
1）	两面留槎	m²	1.37	$S = 0.06×2.85×2×4$
2）	三面留槎	m²	4.10	$S = 0.06×2.85×4×6$
（4）	圈梁	m²	6.84	$S = 1.79+5.05$
1）	QL1	m²	1.79	$S = (0.2-0.13)×12.78×2$
2）	QL2	m²	5.05	$S = (0.2-0.13)×(15.5-0.24×4+4.5-0.24)×2+0.365×(1.2×2+1.5×2)+0.06×(1.7×2+2.0×2)$
（5）	地圈梁	m²	31.38	$S = 23.77+7.61$

（续）

序号	工程项目名称	单位	数量	计算式
1)	DL1	m²	23.77	$S = 0.3 \times 40.52 \times 2 - 0.3 \times 0.3 \times 6$
2)	DL2	m²	7.61	$S = 0.3 \times 12.69 \times 2$
(6)	平板	m²	61.94	$S = (15.5 - 0.24 \times 4) \times (4.5 - 0.24)$
(7)	女儿墙压顶	m²	12.53	$S = (0.1 + 0.1) \times [(16 + 0.2 - 0.34) \times 2 + (5 + 0.2 - 0.34) \times 2] + 0.1 \times (16.1 + 5.1) \times 2$
(8)	台阶	m²	24	$S = (1.2 + 0.3) \times 16$
2	脚手架工程			
	综合脚手架	m²	82.53	
3	大型机械设备进出场及安拆			
	履带式挖掘机 1m³ 以内	台次	1	

单元三　土方工程费用计算

一、土方工程概预算

某林业局防火护林办公室土方工程概预算表见表 16-3，总价措施项目计价分析表见表 16-4。

表 16-3　土方工程概预算表

序号	定额号	工程项目名称	单位	工程量	单价（元）	合价（元）	定额人工费（元）单价	定额人工费（元）合价
1		分部分项工程				2385		1359
2	t1-121	人工场地平整	m²	82.53	2.63	217	2.23	184
3	t1-123	基底钎探	m²	46.54	5.19	242	3.50	163
4	t1-49	挖掘机挖槽坑土方 一、二类土	m³	43.34	6.23	270	3.53	153
5	t1-52	挖掘机挖装槽坑土方 一、二类土	m³	39.92	6.80	272	3.53	141
6	t1-131	夯填土 机械 槽坑	m³	39	10.68	416	7.10	277
7	t1-131	夯填土 机械 房心回填土	m³	4.39	10.68	47	7.10	31
8	t1-141	场内外土方运输 自卸汽车运土 5km 以内	m³	39.92	8.61	344	0.26	10
9	t1-9	人工挖沟槽土方（散水,台阶） 一、二类土 ≤2m	m³	12.57	28.20	354	23.90	300

续表

序号	定额号	工程项目名称	单位	工程量	单价（元）	合价（元）	定额人工费（元） 单价	定额人工费（元） 合价
10	t1-27	人工装车土方（散水，台阶）	m³	12.57	9.15	115	7.75	97
11	t1-141	场内外土方运输 自卸汽车运土5km以内（散水，台阶）	m³	12.57	8.61	108	0.26	3
12		单价措施项目				4446		1348
13	t17-367	履带式挖掘机进出场费1m³以内	台次	1	4445.53	4446	1348	1348
		合计				6830		2707

表 16-4　总价措施项目计价分析表

序号	项目名称	单位	费率（%）	人工费（元）	其他费（元）	管理费（元）	利润（元）	合价（元）
1	安全文明施工费	%	4	27.07	81.24	2.71	2.17	113
1.1	安全文明施工与环境保护费	%	3	20.31	60.93	2.03	1.62	85
1.2	临时设施费	%	1	6.77	20.31	0.68	0.54	28
2	雨季施工增加费	%	0.5	3.39	10.15	0.34	0.27	14
3	二次搬运费	%	0.01	0.07	0.2	0.007	0.01	0.29
4	已完工程及设备保护费	%						
5	工程定位复测费	%						
	合　计			31	92	3	2	128

注：1. 总价措施项目的计算基数为分部分项人工费与单价措施项目人工费之和，再按照各项总价措施费的25%计算人工费，在此基础上取管理费和利润，将其计入各项总价措施项目费中，形成综合单价。

　　2. 如有特殊地区施工增加费按定额人工费的1.5%计算，在此基础上再按10%、8%取其管理费与利润。

二、材料价差调整

某林业局防火护林办公室工程土方工程材料价差调整见表16-5。

表 16-5　土方工程材料价差调整表

编号	材料名称	单位	数量	定额价（元）	市场价（元）	价差（元）	价差合计（元）
1	柴油	kg	124.02	6.39	7.25	0.86	107
2	电	kW·h	82.34	0.58	0.59	0.01	1
	合计						108

三、土方工程计价取费

某林业局防火护林办公室工程土方工程计价取费见表16-6。

表 16-6　土方工程计价取费表

序号	费用名称	计算公式	费率(%)	费用金额(元)
1	分部分项及措施项目	按规定计算		6958
1.1	人工费	按规定计算		2739
1.2	材料费	按规定计算		158
1.3	机械费	按规定计算		3234
1.4	管理费	按规定计算		409
1.5	利润	按规定计算		326
1.6	其他	见总价措施项目表		92
2	其他项目费	按费用定额规定计算		
2.1	材料检验试验费	按费用定额规定计算		
3	价差调整及主材	以下分项合计		108
3.1	单项材料调整	详见材料价差调整表		108
3.2	未计价主材费	定额未计价材料		
4	规费	按费用定额规定计算	21	575
5	扣甲供材料	按规定计算		
6	税金	按费用定额规定计算	10	764
7	工程造价	以上合计		8405

单元四　建筑工程费用计算

一、建筑工程概预算

某林业局防火护林办公室建筑工程概预算表见表 16-7，总价措施项目计价表见表 16-8。

表 16-7　建筑工程概预算表

序号	定额号	工程项目名称	单位	工程量	单价(元)	合价(元)	定额人工费(元) 单价	定额人工费(元) 合价
1		分部分项工程				79207		21512
2		一、砌筑工程				29071		10957
3	t4-68 换	石基础 毛料石(条形)【M5-S-3 现拌砂浆】	m³	40.01	276.25	11053	114.74	4590
4	t4-16 换	混水多孔砖墙 1 砖半【M5-H-3 现拌砂浆】	m³	33.09	314.67	10413	109.49	3623
5	t4-15 换	混水多孔砖墙 1 砖【M5-H-3 现拌砂浆】	m³	8.75	323.62	2832	115.93	1014
6	t4-15 换	混水多孔砖墙 1 砖 女儿墙【M5-H-3 现拌砂浆】	m³	3.94	323.62	1275	115.93	457

（续）

序号	定额号	工程项目名称	单位	工程量	单价（元）	合价（元）	定额人工费（元）	
							单价	合价
7	t4-90	垫层 灰土	m³	10.7	144.84	1550	59.31	635
8	t4-100 换	垫层 卵石 灌浆【现拌砂浆】	m³	9.29	209.64	1948	68.71	638
9		二、混凝土及钢筋工程				18010		4374
10	t5-27	预拌 C20 现浇混凝土过梁	m³	0.39	421.62	164	114.22	45
11	t5-68	预拌 C20 现浇混凝土窗下板带	m³	0.16	498.25	80	171.04	27
12	t5-17	预拌 C20 现浇混凝土构造柱	m³	3.42	439.16	1502	135.63	464
13	t5-25	预拌 C20 现浇混凝土圈梁	m³	2.59	388.85	1007	94.18	244
14	t5-42	预拌 C20 现浇混凝土平板	m³	8.05	318.85	2567	39.47	318
15	t5-25	预拌 C20 现浇混凝土地圈梁	m³	6	388.85	2333	94.18	565
16	t5-68	现浇混凝土 女儿墙压顶	m³	1.41	498.26	703	171.04	241
17	t5-61	现浇混凝土 散水	m²	23.36	42.74	998	14.76	345
18	t5-62	现浇混凝土 台阶	m²	24	54.17	1300	16.15	387
19	t5-104	现浇构件圆钢筋 HPB300 直径≤10mm	t	0.569	4199.61	2390	1027.78	585
20	t5-105	现浇构件圆钢筋 HPB300 直径≤18mm	t	0.371	3826.28	1420	694.32	258
21	t5-109	现浇构件 带肋钢筋 HRB400 以内 直径≤18mm	t	0.491	3734.07	1833	735.89	361
22	t5-131	箍筋 圆钢 HPB300 直径≤10mm	t	0.204	5281.47	1077	1801.08	367
23	t5-140	砌体内加固钢筋	t	0.06	6257.50	375	2536.86	152
24	t5-187	成品钢筋铁马凳安装	个	122	2.14	261	0.124	15
25		三、门窗工程				6833		529
26	t8-14	钢质防盗门安装	m²	8.4	505.83	4249	35.39	297
27	t8-82	塑钢成品窗 安装 平开	m²	9.72	265.88	2584	23.84	232
28		四、屋面及防水工程				8296		878
29	t9-46 换	卷材防水 高聚物改性沥青自粘卷材 自粘法一层	m²	90.19	45.04	4062	3.07	277
30	t9-47 换	卷材防水 高聚物改性沥青自粘卷材 自粘法每增一层	m²	90.19	34.41	3104	1.96	176
31	t9-107	屋面塑料管排水 水落管 φ≤110mm	m	6.26	32.02	200	4.39	28

（续）

序号	定额号	工程项目名称	单位	工程量	单价（元）	合价（元）	定额人工费（元）	
							单价	合价
32	t9-110	屋面塑料管排水 落水斗	个	2	34.25	69	5.65	11
33	t9-112	屋面塑料管排水 落水口	个	2	46.70	93	4.58	9
34	t9-132	嵌填缝 沥青砂浆 平面	m	43.6	12.31	537	5.93	259
35	t9-130	嵌填缝 建筑油膏 防裂缝	m	4.8	7.67	37	4.18	20
36	t9-239 换	防水砂浆 平面 【现拌砂浆】	m²	16.4	11.80	194	5.97	98
37		五、保温隔热防腐工程				16997		4774
38	t10-18	屋面 水泥珍珠岩	m³	5.61	286.62	1608	82.95	465
39	t10-41 换	屋面 干铺聚苯乙烯板 厚度 150mm	m²	70.15	49.67	3484	2.74	192
40	t10-82 换	墙、柱面 聚苯乙烯板 厚度 60mm	m²	133.35	53.74	7166	18.15	2421
41	t10-82 换	墙、柱面 聚苯乙烯板 洞口侧壁 厚度 30mm	m²	9.51	44.55	424	18.15	173
42	t10-87	墙、柱面 抗裂保护层 耐碱网格布 抗裂砂浆 厚度 4mm	m²	142.86	29.60	4228	10.36	1480
43	t10-53	屋面 保温层 排气孔安装 钢管	个	4	21.70	87	10.72	43
44		单价措施项目				9227		3998
45		一、脚手架工程				1704		799
46	t17-1×j0.8 换	单层建筑综合脚手架 建筑面积 500m² 以内 建筑工程 单价×0.8	m²	82.53	20.65	1704	9.69	799
47		二、模板工程				7523		3199
48	t17-135	构造柱 复合模板 钢支撑	m²	5.47	42.19	231	17.34	95
49	t17-148	圈梁 直形 复合模板 钢支撑	m²	6.84	53.47	366	25.28	173
50	t17-151	过梁 复合模板 钢支撑	m²	3.62	68.15	247	35.03	127
51	t17-174	平板 复合模板 钢支撑	m²	61.94	50.13	3105	21.83	1352
52	t17-211	窗下板带 复合模板 木支撑	m	1.27	39.32	50	20.51	26
53	t17-148	地圈梁 直形 复合模板 钢支撑	m²	31.38	53.48	1678	25.28	793
54	t17-211	压顶 复合模板木支撑	m	12.53	39.31	493	20.51	257
55	t17-199	台阶 复合模板木支撑	m²	24	56.39	1353	15.67	376
		合　计				88434		25510

表 16-8　总价措施项目计价表

序号	项目名称	单位	费率（%）	人工费（元）	其他费（元）	管理费（元）	利润（元）	合价（元）
1	安全文明施工费	%	7.5	478.31	1434.94	95.66	76.53	2085
1.1	安全文明施工与环境保护费	%	5.5	350.76	1052.29	70.15	56.12	1529
1.2	临时设施费	%	2	127.55	382.65	25.51	20.41	556
2	雨季施工增加费	%	0.5	31.89	95.66	6.38	5.10	139
3	已完工程及设备保护费	%	0.8	51.02	153.06	10.20	8.16	222
4	工程定位复测费	%	0.3	19.13	57.40	3.83	3.06	83
5	二次搬运费	%	0.01	0.64	1.91	0.13	0.10	3
合　计				581	1743	116	92	2532

注：1. 总价措施项目的计算基数为分部分项人工费与技术措施项目人工费之和。

　　2. 如有特殊地区施工增加费按定额人工费的 1.5% 计算，在此基础上再按 20%、16% 取其管理费与利润。

二、材料价差调整

某林业局防火护林办公室工程建筑工程材料价差调整见表 16-9。

表 16-9　建筑工程材料价差调整表

编号	材料名称	单位	数量	定额价（元）	市场价（元）	价差（元）	价差合计（元）
1	HPB300φ10 以内	kg	788.46	2.70	3.45	0.75	591
2	HPB300φ12~18	kg	380.27	2.70	3.49	0.79	300
3	钢筋 HRB400 以内 φ12~18	kg	503.27	2.54	3.58	1.04	523
4	水泥 32.5	t	7.24	188.76	268.35	79.59	576
5	砂子中粗砂	m³	29.01	48.50	63.11	14.61	424
6	碎石综合	m³	10.23	69.60	67.96	−1.64	−17
7	生石灰	kg	3885.38	0.13	0.16	0.03	117
8	石灰膏	m³	1.17	102.96	216.41	113.45	133
9	毛石综合	m³	44.89	61.78	70.00	8.22	369
10	烧结多孔砖 240×115×90	千块	15.41	411.84	562.67	150.83	2324
11	板枋材	m³	0.76	1501.50	1471.67	−29.83	−23
12	钢制防盗门	m²	8.22	463.32	580.00	116.68	959
13	塑钢窗	m²	9.19	257.30	190.44	−66.86	−614
14	珍珠岩	m³	6.77	111.54	138.50	26.96	182
15	聚苯乙烯板 150mm	m³	10.73	300.30	259.70	−40.60	−436
16	挤塑板	m³	8.45	300.30	432.83	132.53	1120
17	水	m³	45.45	5.27	5.41	0.14	6
18	预拌混凝土 C20	m³	26.52	252.20	271.84	19.64	521
19	柴油	kg	11.68	6.39	7.25	0.86	10
20	电	kW·h	142.94	0.58	0.59	0.01	1
合　计							7066

三、建筑工程计价取费

某林业局防火护林办公室工程建筑工程计价取费见表16-10。

表16-10 建筑工程计价取费表

序号	费用名称	计算公式	费率(%)	费用金额
1	分部分项及措施项目	按规定计算		90966
1.1	人工费	按规定计算		26091
1.2	材料费	按规定计算		52569
1.3	机械费	按规定计算		1171
1.4	管理费	按规定计算		5218
1.5	利润	按规定计算		4174
1.6	其他	见总价措施项目表		1743
2	其他项目费	按费用定额规定计算		99
2.1	材料检验试验费	按费用定额规定计算		99
3	价差调整及主材	以下分项合计		7066
3.1	单项材料调整	详见材料价差调整表		7066
3.2	未计价主材费	定额未计价材料		
4	规费	按费用定额规定计算	21	5479
5	扣甲供材料	按规定计算		
6	税金	按费用定额规定计算	10	10361
7	工程造价	以上合计		113971

小　结

本学习情境是对本门课程的一个系统总结,主要通过一套完整的施工图,详细地计算了分部分项工程和措施项目的工程量以及使用定额进行正确套价,并进行了材料价差调整和建筑工程取费。通过本学习情境的学习,学生应掌握编制施工图预算的整套程序。

参 考 文 献

[1] 内蒙古自治区建设工程造价管理总站. 内蒙古自治区建筑工程计价依据：DNM3-101—2017 [S]. 呼和浩特：内蒙古自治区新闻出版局，2017.

[2] 张强，易红霞. 建筑工程计量与计价——透过案例学造价 [M]. 北京：北京大学出版社，2010.

[3] 马丽华，王秀英. 建筑工程计量与计价 [M]. 北京：机械工业出版社，2013.

[4] 中华人民共和国住房和城乡建设部标准定额研究所. 建筑工程建筑面积计算规范：GB/T 50353—2013 [S]. 北京：中国计划出版社，2014.